Dimensionierung von Holz-, Stahl- sowie Stahlbetonprofilen

Behnen Uerek

Dimensionierung von Holz-, Stahl- sowie Stahlbetonprofilen

Anhand praxisnaher Beispiele

Behnen Uerek
Hamburg, Deutschland

ISBN 978-3-658-48701-0   ISBN 978-3-658-48702-7   (eBook)
https://doi.org/10.1007/978-3-658-48702-7

Die Deutsche Nationalbibliothek verzeichnet diese Publikation in der Deutschen Nationalbibliografie; detaillierte bibliografische Daten sind im Internet über https://portal.dnb.de abrufbar.

© Der/die Herausgeber bzw. der/die Autor(en), exklusiv lizenziert an Springer Fachmedien Wiesbaden GmbH, ein Teil von Springer Nature 2025

Das Werk einschließlich aller seiner Teile ist urheberrechtlich geschützt. Jede Verwertung, die nicht ausdrücklich vom Urheberrechtsgesetz zugelassen ist, bedarf der vorherigen Zustimmung des Verlags. Das gilt insbesondere für Vervielfältigungen, Bearbeitungen, Übersetzungen, Mikroverfilmungen und die Einspeicherung und Verarbeitung in elektronischen Systemen.
Die Wiedergabe von allgemein beschreibenden Bezeichnungen, Marken, Unternehmensnamen etc. in diesem Werk bedeutet nicht, dass diese frei durch jede Person benutzt werden dürfen. Die Berechtigung zur Benutzung unterliegt, auch ohne gesonderten Hinweis hierzu, den Regeln des Markenrechts. Die Rechte des/der jeweiligen Zeicheninhaber*in sind zu beachten.
Der Verlag, die Autor*innen und die Herausgeber*innen gehen davon aus, dass die Angaben und Informationen in diesem Werk zum Zeitpunkt der Veröffentlichung vollständig und korrekt sind. Weder der Verlag noch die Autor*innen oder die Herausgeber*innen übernehmen, ausdrücklich oder implizit, Gewähr für den Inhalt des Werkes, etwaige Fehler oder Äußerungen. Der Verlag bleibt im Hinblick auf geografische Zuordnungen und Gebietsbezeichnungen in veröffentlichten Karten und Institutionsadressen neutral.

Planung/Lektorat: Ralf Harms
Springer Vieweg ist ein Imprint der eingetragenen Gesellschaft Springer Fachmedien Wiesbaden GmbH und ist ein Teil von Springer Nature.
Die Anschrift der Gesellschaft ist: Abraham-Lincoln-Str. 46, 65189 Wiesbaden, Germany

Wenn Sie dieses Produkt entsorgen, geben Sie das Papier bitte zum Recycling.

Vorwort

Die Bemessungsstatik nimmt im Bauwesen eine zentrale Rolle ein. Während die abstrakte Statik vor allem theoretische Grundlagen vermittelt, steht in diesem Buch die praxisgerechte Bemessung von Bauteilen im Vordergrund. Ziel ist es die wesentlichen Prinzipien der Bemessung anhand einfacher und nachvollziehbarer Beispiele darzustellen. Dadurch soll den Leserinnen und Lesern nicht nur ein tieferes Verständnis für die Bemessung vermittelt werden, sondern auch eine Handlungskompetenz, die im Berufsalltag unmittelbar angewendet werden kann.

Ein besonderer Schwerpunkt liegt auf der Bereitstellung eines klaren Ablaufplans, der die relevanten Formeln übersichtlich zusammenführt und an praxisnahen Beispielen unmittelbar angewendet wird. Dabei wird konsequent auf Primärquellen zurückgegriffen – die zum Zeitpunkt der Erstellung des Manuskriptes gültigen DIN-Normen. Dies hat den Vorteil, dass die Herleitung und Nachvollziehbarkeit der Formeln gewährleistet ist und die Leserinnen und Leser gleichzeitig im Umgang mit den Originalquellen geschult werden. Gerade im Zeitalter der künstlichen Intelligenz ist die Fähigkeit, die gültigen Primärquellen und damit den Stand der Technik zu kennen und zu beherrschen von wachsender Bedeutung - nicht zuletzt deshalb, weil im rechtlichen Kontext stets die Norm maßgeblich bleibt. Aber hauptsächlich, weil es im fachlichen Kontext im Bauwesen um den Schutz von Leib und Leben geht.

Darüber hinaus greift das Buch eine didaktische Herausforderung auf: in vielen Lehrplänen werden Holzbau, Stahlbau und Stahlbetonbau getrennt behandelt, was dazu führen kann, dass Schnittstellen unberücksichtigt bleiben oder Unterschiede nicht klar erkannt werden. In diesem Buch werden die theoretischen Grundlagen kompakt dargestellt, so dass ein integratives Verständnis der verschiedenen Bemessungsverfahren möglich wird. Ergänzend dazu wird eine kleine Statik mit mehreren Baustoffen durchgerechnet, um die Lastweiterleitung von einem Bauteil zum anderen zu verdeutlichen. Hierbei lernen die Leserinnen und Leser Bauteile nicht isoliert, sondern im konstruktiven Zusammenhang zu betrachten.

Das Buch richtet sich gleichermaßen an Studierende des Bauwesens, der Bautechnik sowie an Lehrkräfte und natürlich zum Auffrischen in der Praxis. Es soll ein verlässlicher Begleiter im Studium und in der Praxis sein und dabei helfen, das Fachgebiet der Bemessungsstatik thematisch, praxisnah und fundiert zu erschließen.

Hamburg, 22. September 2025
Behnen Uerek

Inhaltsverzeichnis

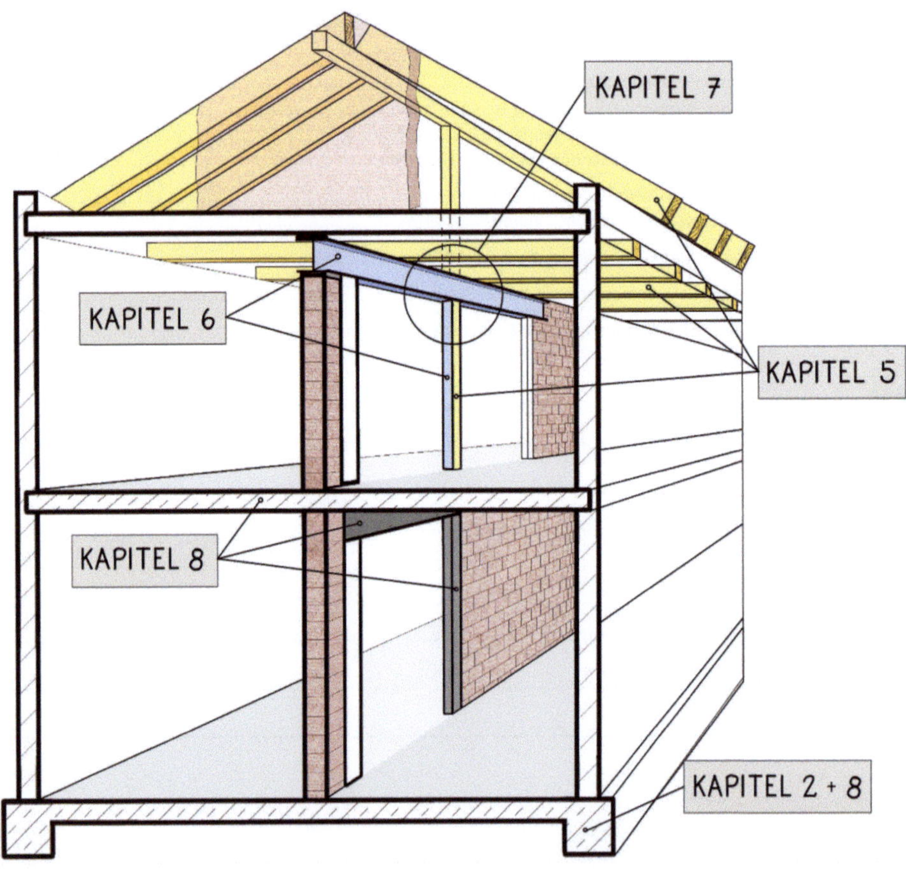

Die von den Bundesländern eingeführten Normen sind der Liste der Technischen Baubestimmungen zu entnehmen. Der in diesem Buch zugrunde gelegte Normenstand richtet sich nach der in der „Verwaltungsvorschrift Technische Baubestimmungen Hamburg ... Stand 28.02.2025" aufgeführten Übersicht der zu beachtenden DIN-Normen.

Die im Buch enthaltenen DIN-Tabellen sind auszugsweise dargestellt und beschränken sich auf die für den jeweiligen Aufgabenbereich relevanten Inhalte. Für weitergehende oder komplexere Bemessungssituationen wird auf die im Literaturverzeichnis genannten DIN-Normen verwiesen.

1 Lasten

1.1 Die physikalische Einheit „Newton"

Nach Isaac Newton (1643-1727) benannte Größe für die Gewichtskraft.

$$1\,\text{N} = 1\,\frac{kg \cdot m}{s^2}$$

> 1 Newton ist die Größe der Kraft, die aufgebracht werden muss, um einen Körper der Masse von 1 kg auf 1 m/s² zu beschleunigen.

Die Gravitationskraft (Anziehungskraft) der Erde resultiert aus der Erdbeschleunigung von 9,81 m/s², die auf jede Masse einwirkt. Wir gehen nachfolgend vereinfacht von 10 m/s² aus.

Beispiel:
Eine Tafel Schokolade mit einer Masse von 100 g wird durch die Erdbeschleunigung „angezogen".

$$100\,\text{g} \cdot 10\,\text{m/s}^2 \quad = \quad 0{,}1\,\text{kg} \cdot 10\,\text{m/s}^2 \quad = \quad 1\,\frac{kg \cdot m}{s^2} \,\triangleq\, 1\,\text{N}$$

Auf einer Tafel Schokolade mit einer Masse von 100 g wirkt somit eine Kraft von 1 N.

<u>Auf der Erde gilt:</u>

1 N ≈ 100 g
1 kN ≈ 100 kg
1 MN ≈ 100 t

Inwiefern unterscheiden sich Masse (z.B. Gramm) und Kraft (z.B. Newton) voneinander?
Die Masse eines Körpers hängt von seiner Dichte im Verhältnis zu seinem Volumen ab. Die Masse eines Körpers im Ruhezustand (also ohne Bewegung) bleibt konstant, vorausgesetzt, Druck und Temperatur ändern sich nicht.

Beispiel:
Eine Person mit einer Masse von 80 kg stellt sich auf dem Mond und auf der Erde auf eine Waage. Die Gravitationskräfte an diesen beiden Orten betragen näherungsweise:
-   Gravitation auf der Erde: 10 m/s²
-   Gravitation auf dem Mond: 1,6 m/s²

Die Waage zeigt an den beiden Orten für die Person folgende Gewichtskräfte an:
- Gewichtskraft auf der Erde   80 kg · 10 m/s² = 800 N = 0,80 kN
- Gewichtskraft auf dem Mond   80 kg · 1,6 m/s² = 128 N = 0,128 kN

Daraus ergibt sich: Die Gewichtskraft, die auf einen Körper wirkt, hängt von seiner Masse *in Verbindung mit* der auf ihr einwirkenden Gravitation ab. Im Beispiel bleibt die Masse des Körpers gleich – die auf ihr einwirkenden Gewichtskräfte auf dem Mond und der Erde unterscheiden sich jedoch um ca. das 6-fache.

© Der/die Autor(en), exklusiv lizenziert an
Springer Fachmedien Wiesbaden GmbH, ein Teil von Springer Nature 2025
B. Uerek, *Dimensionierung von Holz-, Stahl- sowie Stahlbetonprofilen*,
https://doi.org/10.1007/978-3-658-48702-7_1

Warum ist die Gewichtskraft entscheidend für die Statik:

Newton beschreibt eine Kraft, die eine Masse „anzieht" und damit in Bewegung setzt. In Bauwerken äußern sich diese Bewegungen als Verformungen der einzelnen Bauteile.
Bei der Tragwerksplanung spielen diese (Gewichts-)Kräfte und die daraus resultierenden Verformungen eine zentrale Rolle, da sie die Standsicherheit des Bauwerks beeinflussen. Ziel der Statik ist es, solche Verformungen zu begrenzen, indem die Bauteile unter Berücksichtigung ihrer Festigkeiten dimensioniert werden.

In einer statischen Berechnung wird eine Konstruktion so ausgelegt, dass sie sowohl standsicher als auch gebrauchstauglich ist:

- **Standsicherheit** (Tragfähigkeit): Hierbei wird nachgewiesen, dass die Bauteile nicht durch übermäßige Verformungen versagen. Hierbei geht es im Gesamtkontext um den Schutz von Leib und Leben.
- **Gebrauchstauglichkeit:** Dieser Nachweis stellt sicher, dass Bauteile nicht zu stark durchhängen. Zu große Verformungen könnten die Ästhetik, den Komfort oder sogar die Funktionalität der Konstruktion beeinträchtigen, etwa durch Schäden an Anschlusskonstruktionen (Glasfassaden) oder Verbindungsmitteln.

In der Statik ist nicht die Masse eines Bauteils entscheidend, sondern die von dieser Masse ausgehende Gewichtskraft. Die Gewichtskräfte werden als „Lasten" bezeichnet, die auf Gebäude bzw. Konstruktionen „einwirken". Bei der Bemessung wird der Verlauf dieser Kräfte von der Dachkonstruktion bis ins Erdreich verfolgt. Ziel ist es, die Kräfte sicher in den Boden abzuleiten, sodass der Untergrund die Belastung aufnehmen kann, ohne nachzugeben. Nur dann handelt es sich um ein „statisches" System – im Gegensatz zu einem „dynamischen" System.

Die Masse eines Bauteils ist jedoch in anderen bauphysikalischen Bereichen, wie dem Wärme-, Schall- und Brandschutz, von Bedeutung.

g/m^3, kg/cm^3 etc. $\rightarrow$ Dichte

N/m^3, kN/cm^3 etc. $\rightarrow$ Wichte (spezifisches Gewicht)

1.2 Übungsbeispiele zum Umrechnen von Einheiten

			Lösung
3 km	≙	m	3000 m
19 m²	≙	cm²	190000 cm²
8000 kg	≙	t	8 t
11800 g	≙	kg	11,8 kg
180 s	≙	min	3 min
9 g	≙	kg	0,009 kg
5 m	≙	dm	50 dm
90000 g	≙	kg	90 kg
1 kg/cm²	≙	g/mm²	10 g/mm²
2 g/cm²	≙	kg/m²	20 kg/m²
2,4 g/cm²	≙	kg/mm²	0,000024 kg/mm²
0,5 kg/mm²	≙	g/cm²	50000 g/cm²
2,7 kg/cm³	≙	g/cm³	2700 g/cm³
2,3 g/mm³	≙	kg/m³	2300000 kg/m³
1 N (Newton)	≙	g	100 g
1 kN (Kilo-Newton)	≙	g	100 000 g
	≙	kg	100 kg
1 MN (Mega-Newton)	≙	kg	100 000 kg
	≙	t	100 t
1 kN/cm²	≙	kN/m²	10 000 kN/m²
1 N/mm²	≙	kN/cm²	0,1 kN/cm²
1 MN/m²	≙	N/mm²	1 N/mm²
1 N/mm²	≙	kN/m²	1000 kN/m²
1 kN/cm²	≙	MN/m²	10 MN/m²

Siehe hierzu die Einheitentreppen auf den nachfolgenden Seiten.

EINHEITENTREPPE

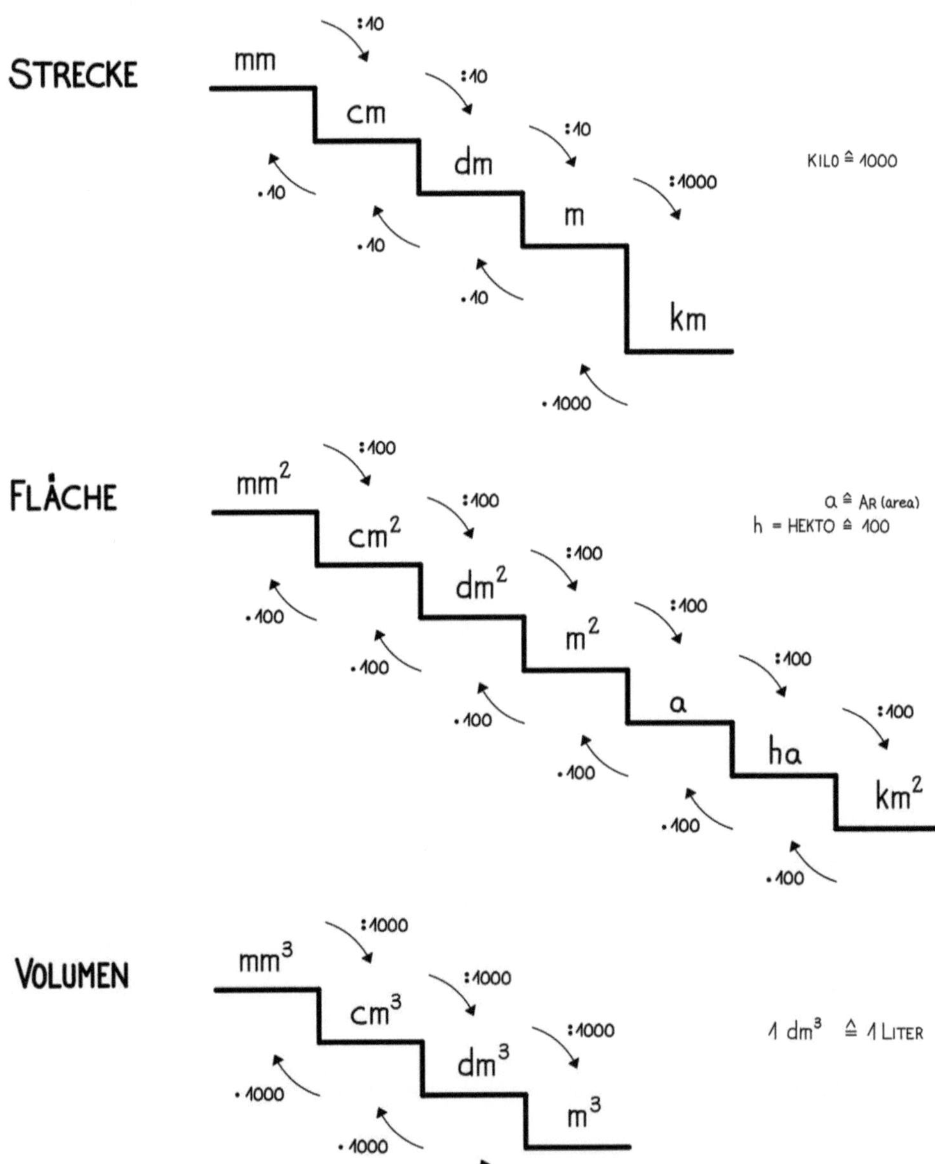

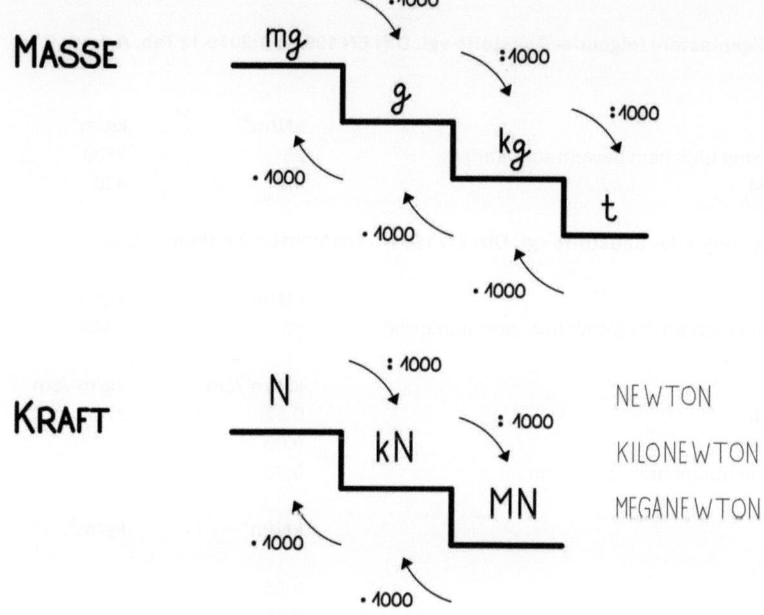

Bild 1.1: Darstellungshilfe zur Umrechnung von Einheiten.

Beispiel:

$2 \frac{g}{cm^2}$ soll in $\frac{kg}{m^2}$ umgerechnet werden: $2 \frac{g}{cm^2} = \frac{2}{1} \cdot \frac{g}{cm^2}$

$2\frac{g}{cm^2} = \frac{2 : 1000}{1 : 100 : 100} \frac{kg}{m^2}$ (siehe Einheitentreppe: z. B. cm² → m² : 2 Stufen abwärts : 100 : 100)

$\qquad = \frac{0{,}002}{0{,}0001} \frac{kg}{m^2}$

$\qquad = 20 \frac{kg}{m^2}$

Alternativ:

$2\frac{g}{cm^2} = \frac{2\,g}{1\,cm \cdot 1cm}$

$\qquad = \frac{0{,}002\,kg}{0{,}01\,m \cdot 0{,}01\,m}$

$\qquad = 20 \frac{kg}{m^2}$

1.3 Wichten/Flächenlasten beispielhafter Baustoffe

Wichten g_k (Eigenlasten) folgender Baustoffe vgl. DIN EN 1991-1-1:2010-12 Tab. A.1 + A. 3

Wichten

	kN/m³	kg/m³
Normalbeton (mit üblichem Bewehrungsgrad)	25	2500
Nadelholz C24	4,2	420

Eigenlasten g_k folgender Baustoffe vgl. DIN EN 1991-1-1/NA:2010-12 Anhang NA.A:

	kN/m³	kg/m³
Mauerwerk (Rohdichte 1,80 g/cm³; inkl. Normalmörtel)	18	1800

	kN/m²/cm	kg/m²/cm
Zementestrich	0,22	22
Gipskartonplatten	0,09	9
Holzwolle-Leichtbauplatten; d = 10 cm	0,06	6

	kN/m²	kg/m²
Falzziegel	0,55	55
Kalkmörtel; d = 20 mm	0,35	35
Kalkzementmörtel; d = 20 mm	0,40	40
Gipsputz, d = 15 mm	0,18	18
Bitumen Dachdichtungsbahn nach DIN 52130 im verlegten Zustand, je Lage	0,07	7
Dampfsperre, einschließlich Klebemasse bzw. Schweißbahn, je Lage	0,07	7
Kiesschüttung auf Dachabdichtung, Dicke 5 cm	1,0	100

Nutzlasten q_k vgl. DIN EN 1991-1-1/NA:2010-12 Tabelle 6.1DE:

	kN/m²	kg/m²)
Wohn- und Aufenthaltsraum:		
- Decken mit ausreichender Querverteilung	1,50	150
- Decken ohne ausreichende Querverteilung	2,00	200
Büroflächen	2,00	200
Trennwandzuschlag (Wandeigenlast bis 3 kN/m)	0,80	80
Trennwandzuschlag (Wandeigenlast 3-5 kN/m)	1,20	120

Die Werte in kg/... stehen nicht in der DIN und dienen hier nur der Information. Mit diesen Werten wird nicht gerechnet. Für eine Plausibilitätskontrolle kann die Umrechnung ggf. sinnvoll sein, da die Einheit kg alltäglich verwendet wird und somit ggf. greifbarer ist.

1.4 Kraftarten

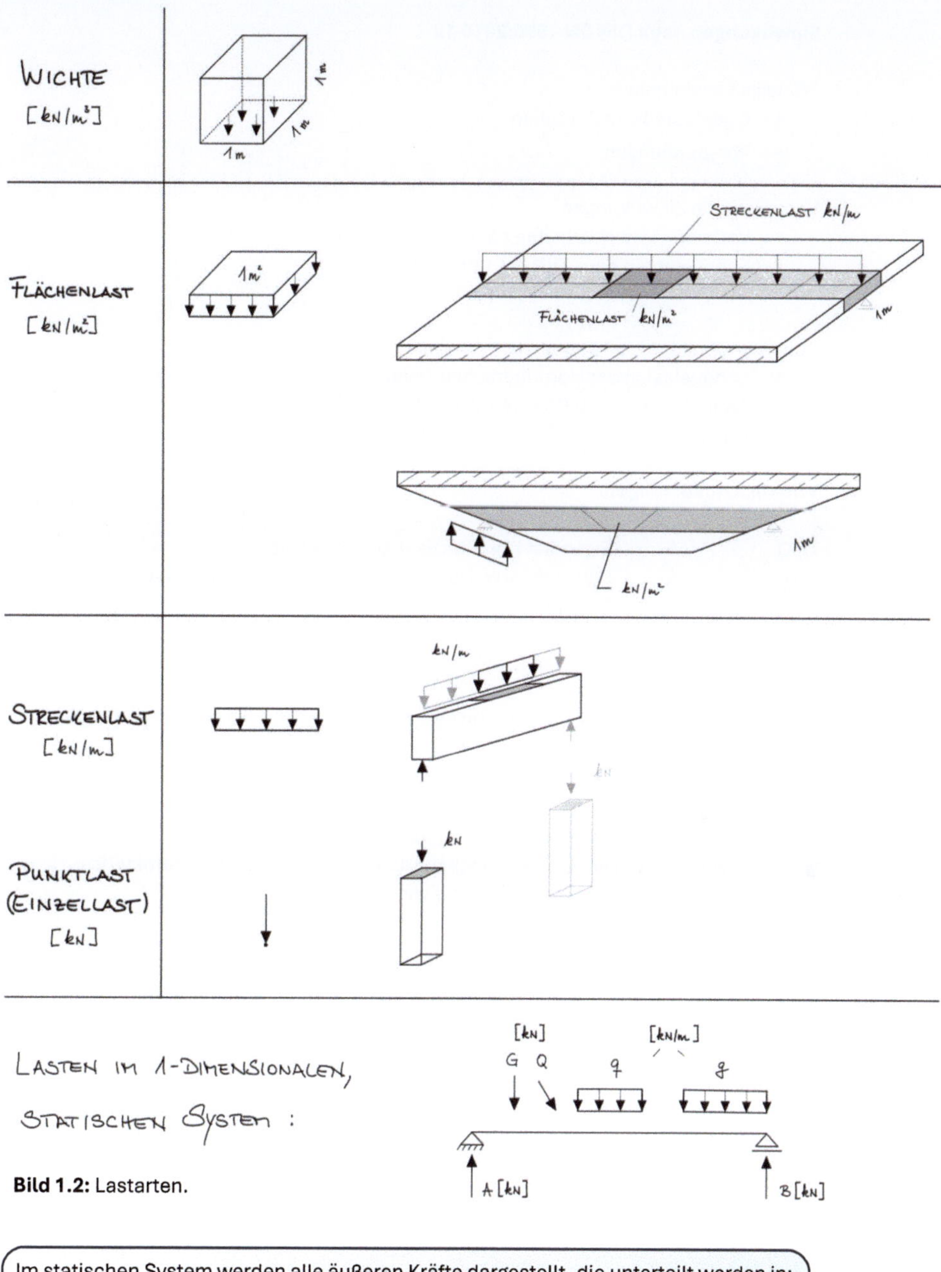

Bild 1.2: Lastarten.

Im statischen System werden alle äußeren Kräfte dargestellt, die unterteilt werden in:

Aktionskräfte   → hier: Einwirkende Kräfte G, Q, q, g.
Reaktionskräfte   → hier: Auflagerkräfte A und B.

1.5   Sicherheitskonzept gemäß DIN EN 1990

-   **Einwirkungen nach DIN EN 1990:2010-12**

Ständige Einwirkungen
- Eigenlasten von Bauteilen
- Vorspannungen

Veränderliche Einwirkungen
- Verkehrs- und Nutzlasten nach DIN EN 1991-1-1
- Schneelasten nach DIN EN 1991-1-3
- Windlasten nach DIN EN 1991-1-4

Außergewöhnliche Einwirkungen
- Schneelast in der Norddeutschen Tiefebene
- Anpralllasten nach DIN EN 1991-1-7
- Explosionslasten nach DIN EN 1991-1-7

-   **Wichtige Abkürzungen:**

G, Q	$\triangleq$	Eigenlast bzw. Nutzlast als Einzellast
g, q	$\triangleq$	Eigenlast bzw. Nutzlast als Flächen- / Streckenlast
s bzw. w	$\triangleq$	Schnee- (s) bzw. Windlast (w)

-   **Charakteristische Lasten (index „k")**

Eigenlasten und Nutzlasten aus der DIN EN 1991, Bauaufsichtliche Zulassungen etc.:
charakteristische Eigenlasten → g_k oder G_k
charakteristische Nutzlasten → q_k oder Q_k

-   **Bemessungslasten (index „d" für Designlast)**
Für die Bemessung (Dimensionierung) von Bauteilen werden die charakteristischen Lasten mit einem Sicherheitsfaktor versehen.

Sicherheitsfaktoren vgl. DIN EN 1990/NA/A1:2024-05 Tabelle NA. A2.1:

Ständige Einwirkung (Eigenlasten)	→	$\gamma_G = 1{,}35$
Veränderliche Einwirkung (Nutzlasten)	→	$\gamma_Q = 1{,}50$
Außergewöhnliche Einwirkung (z. B. Nordd. Tiefebene)	→	$\gamma_A = 1{,}00$

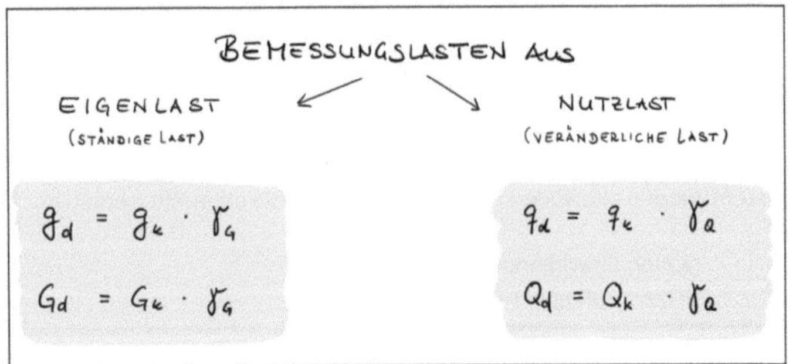

$$g_d = g_k \cdot \gamma_G$$
$$G_d = G_k \cdot \gamma_G$$

$$q_d = q_k \cdot \gamma_Q$$
$$Q_d = Q_k \cdot \gamma_Q$$

Kombination von Bemessungslasten:

Sofern Eigenlasten und nur eine Art von veränderlichen Lasten wirken, werden ihre Bemessungslasten addiert vgl. hierzu DIN EN 1990:2021-10 Abs. 6.4.3.2 (Gl 6.10):

Ständige und eine vorübergehende Bemessungssituation:

$$E_d = G_d + Q_d$$
$$e_d = g_d + q_d$$

Bei mehreren veränderlichen Lasten unterschiedlicher Kategorien werden Kombinationsbeiwerte ψ_0 berücksichtigt (Beispiel: Eigenlast + Wind + Schnee):

$$E_d = G_d + Q_{1d} + \Sigma\, Q_{id} \cdot \psi 0$$
$$e_d = g_d + q_{1d} + \Sigma\, q_{id} \cdot \psi 0$$

Gleichungen aus der v. g. DIN wurden hier vom Verfasser für die übliche Bemessungssituation im Hochbau wiedergegeben.

Beispiel:

g_d $\triangleq$ Eigenlast (ständige Last)
s_d $\triangleq$ Schneelast (veränderliche Last)
w_d $\triangleq$ Windlast (veränderliche Last)

ψ_0 = 0,50 (Schnee)
ψ_0 = 0,60 (Wind)

$$e_{d1} = g_d + s_d + w_d \cdot \psi_0$$
$$= g_d + s_d + w_d \cdot 0,60$$

$$e_{d2} = g_d + w_d + s_d \cdot \psi_0$$
$$= g_d + w_d + s_d \cdot 0,50$$

> Der größere Wert von e_{d1} bzw. e_{d2} ist in der Regel maßgebend für die Bemessung.

Tab.1.1: Ausgewählte Kombinationsbeiwerte ψ_0 für Einwirkungen auf Hochbauten (vgl. DIN EN 1990, Tabelle A1.1)

Veränderliche Einwirkungen	ψ_0
Wohngebäude / Bürogebäude	**0,7**
Schnee- und Eislasten für Orte bis zu NN + 1000 m	**0,5**
Windlasten für Hochbauten	**0,6**

1.6 Beispielhafte Berechnung üblicher Flächenlasten

1.6.1 Außenwand

Wandeigengewicht [kN/m^2]: (Baustoffe siehe Kapitel 1.3)

	kN/..	kN/m^2
2 cm Kalkzementputz		0,40
24 cm KS-Mauerwerk 1,8 g/cm^3, Normalmörtel	18 kN/m^3 · 0,24 m	4,32
18 cm Mineralwolle (Flächenlast: 0,04 kN/m^2 pro cm)	0,04 kN/m^2/cm · 18 cm	0,72
2 cm Luftschicht	-	-
11^5 cm Vollziegel, 1,8 g/cm^3, Normalmörtel	18 kN/m^3 · 0,115 m	2,07
		Σg_{k1} = 7,51 kN/m^2

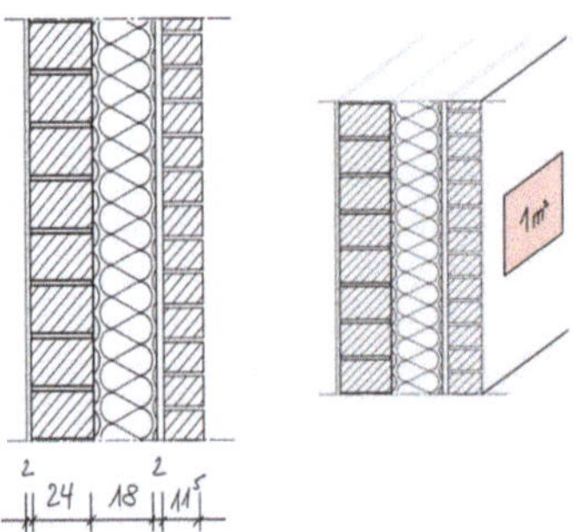

Bild 1.3: Querschnitt einer Außenwand.

1.6.2 Geschossdecke

Deckeneigengewicht [kN/m^2]:

	kN/..	kN/m^2
5 cm Zementestrich (0,22 kN/m^2 pro cm)	0,22 kN/m^2/cm · 5 cm	1,10
8 cm Trittschalldäm. (Flächenlast 0,05 kN/m^2 pro cm)	0,05 kN/m^2/cm · 8 cm	0,40
18 cm Stahlbetondecke (Normalbeton, üblicher Bewehrungsgrad)	25 kN/m^3 · 0,18 m	4,5
2 cm Kalkzementputz		0,40
		Σg_{k2} = 6,40 kN/m^2

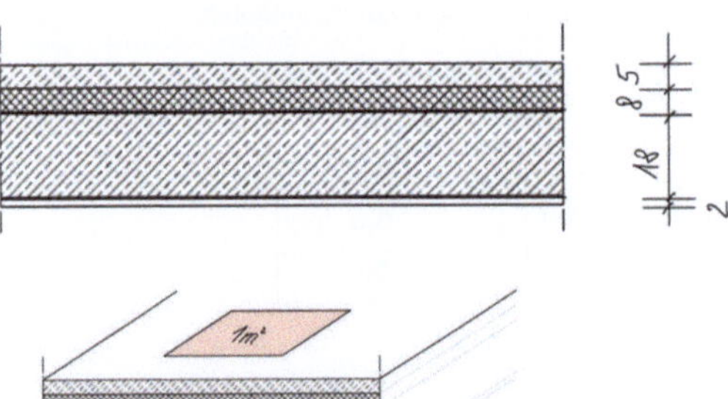

Bild 1.4: Querschnitt einer Stahlbetondecke.

1.6.3 Holzbalkendecke

Prinzip-Skizze: Holzbalkendecke mit einem Balkenabstand von e = 90 cm

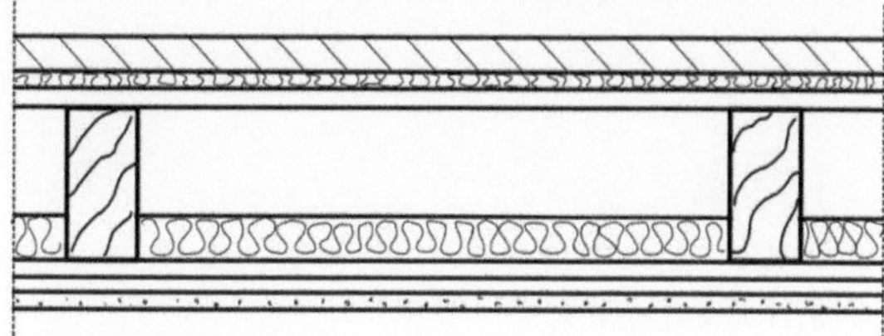

Bild 1.5: Querschnitt einer Holzbalkendecke.

0,5cm Teppich (Nutzschicht):
0,03 [kN/m^2/cm] * 0,5 [cm]   = 0,015 kN/m^2

4 cm Zementestrich:
0,22 [kN/m^2/cm] * 4 [cm]   = 0,880 kN/m^2

3,0 cm Trittschalldämmung:
0,04 [kN/m^2/cm] * 3,0 [cm]   = 0,120 kN/m^2

2,2 cm Holzspanplatten:
6,00 [kN/m^3] * 0,022 [m]   = 0,132 kN/m^2

10 / 18 cm Holzbalken C24, e = 90cm:
4,2 [kN/m^3] * 0,1 [m] * 0,18 [m] / 0,9 [m]   = 0,084 kN/m^2

5 cm Mineralfaserdämmung, 5cm, 80cm breit:
0,004 [kN/m^2/cm] * 5 [cm] * 0,8 [m] / 0,9 [m]   = 0,018 kN/m^2

2,4 / 4,8 cm Konterlattung, 2,4/4,8cm, e=50cm:
4,2 [kN/m^3] * 0,024 [m] * 0,048 [m] / 0,5 [m]   = 0,010 kN/m^2

2 x 12,5 mm Gipskartonplatten:
0,09 [kN/m^2/cm] * 2,5 [cm]   = 0,225 kN/m^2

Summe der Eigenlast: $\sum g_{k3}$ **= 1,484 kN/m^2**

1.7 Windlast nach DIN EN 1991-1-4:2010-12

1.7.1 Allgemein

$$W_e = q_p \cdot c_{pe}$$

q_p ist abhängig von der:
- Windzone
- Gebäudehöhe

Hierfür maßgebend ist die DIN 1991-1-4/NA:2010:12

Tab.1.2: Ausgewählte, vereinfachte Geschwindigkeitsdrücke q_p für Bauwerke bis 25 m Höhe
vgl. DIN 1991-1-4/NA:2010:12 Tabelle NA.B.3. *Ergänzungen in Fettdruck durch den Verfasser hinzugefügt.*

Windzone		Geschwindigkeitsdruck q_p in kN/m²		
		$h \leq 10m$	$10m < h \leq 18m$	$18m < h \leq 25m$
1	Binnenland **(z. B. Hessen/Saarland/Nürnberg/Stuttgart)**	0,50	0,65	0,75
2	Binnenland **(z. B. Hamburg/Berlin/Brandenburg/Sachsen/S.-Anh./München/Augsburg)**	0,65	0,80	0,90

1.7.2 Sattel- und Pultdächer

Die Windlast auf Dächern kann durch Windverwirbelungen im Trauf- und Eckbereich nicht gleichmäßig über die gesamte Dachfläche angenommen werden. Daher werden die Dachflächen in unterschiedlich belastete Bereiche untergeteilt. Der Traufbereich eines Daches wird gemäß DIN bei Sattel- bzw. Pultdächern mit „G" gekennzeichnet, der Traufbereich in den Eckkanten des Gebäudes mit „F" und der übrige Bereich bis zum First mit „H".

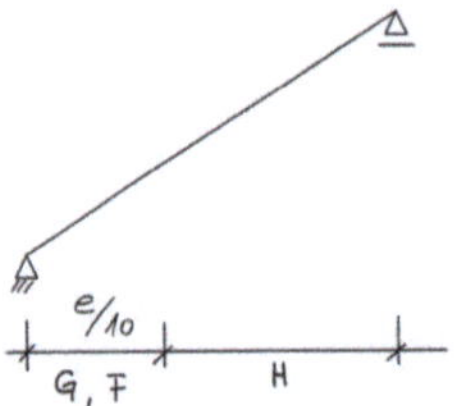

Bild 1.6: Dachflächeneinteilung zur Bestimmung von Windlasten entsprechend DIN EN 1991-1-4:2010-12, Abs. 7.2.4 und 7.2.5. *Quelle: Eigene Darstellung entsprechend der v. g. DIN.*

e ≙ b oder 2 · h | der kleinere Wert ist maßgebend

Dabei sind:
b ≙ Längsseite der Dachfläche
h ≙ Höhe des Gebäudes bis zum First

Empfohlene c_{pe}-Werte für Außendruckbeiwerte für die Bereiche G und H von Sattel- und Pultdächern entsprechend der DIN EN 1991-1-4:2010-12 Tabelle 7.4a:

Tab.1.3: Ausgewählte aerodynamische Außendruckbeiwerte c_{pe}:

Neigungs-winkel α	G $c_{pe,10}$	H $c_{pe,10}$
5°	+0,00	+0,00
15°	+0,20	+0,20
30°	**+0,70**	**+0,40**
45°	+0,70	+0,60
60°	+0,70	+0,70

> **Hier wird nur der Winddruck betrachtet!**
> Windsog spielt im üblichen Wohnungsbau i. d. R. bei der Aussteifung, Bemessung von Verbindungsmitteln zur Befestigung von Außenschalen, oder bei auskragenden Bauteilen (Dachauskragung) eine Rolle. Windsog wird hier aus didaktischen Gründen daher nicht betrachtet.

$c_{pe,10}$ beschreibt dabei den Beiwert für eine Fläche von 10 m². Für die Bemessung von Verbindungsmitteln wird mit dem Beiwert $c_{pe,1}$ gerechnet, der eine Fläche von 1 m² umfasst. Hier nicht Gegenstand der Betrachtung.

Beispiel:

Charakteristischer Winddruck im Binnenland (**Windzone 2**) auf **Sattel- und Pultdächer** im Dachbereich **G und H** bei einer Gebäudehöhe h ≤ 10 m und einer Dachneigung von **30°**:

Allgemeine Formel: $w_e = q_p \cdot c_{pe}$ (q_p siehe Kapitel 1.7.1)

$w_G = 0{,}65 \ kN/m^2 \cdot (+0{,}70) = 0{,}455 \ kN/m^2$

$w_H = 0{,}65 \ kN/m^2 \cdot (+0{,}40) = 0{,}260 \ kN/m^2$

1.7.3   Wände

Für die Windbelastung auf Gebäudewänden sind die Längswände mit den größeren Windangriffsflächen entscheidend. Hierbei werden die beiden gegenüberliegenden Längsseiten betrachtet, wobei in einer Windrichtung eine Wand dem Winddruck und die gegenüberliegende gleichzeitig dem Windsog ausgesetzt ist. Ausgewählte aerodynamische Beiwerte Wände gemäß DIN werden in der nachfolgenden Tabelle angegeben:

Tab.1.4 Außendruckbeiwerte der Bereiche D und E für vertikale Wände rechteckiger Gebäude vgl.DIN EN 1991-1-4/NA:2010-12 Tabelle NA.1

Bereich	Längswände des Gebäudes	
	D Winddruck	E Windsog
h / d	cpe,10	cpe,10
≥ 5	+ 0,80	- 0,50
1	+ 0,80	- 0,50
≤ 0,25	+ 0,70	- 0,30

h ≙ Höhe des Gebäudes
d ≙ Giebelseite! (cpe,10-Werte gelten jedoch für die Längswände)

<u>SCHNITT</u>

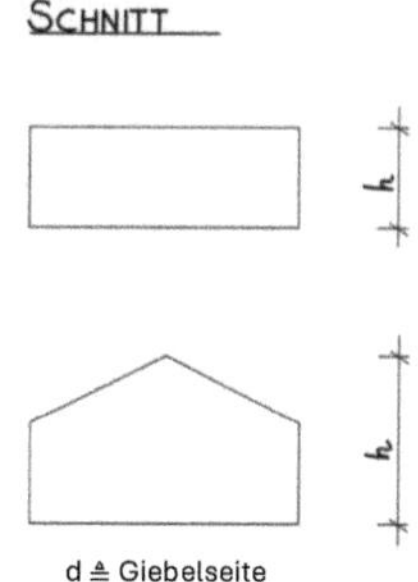

Bild 1.7: Gebäudeschnitt mit Kennzeichnung von h und d.

> **Beispiel:**
> Charakteristischer Winddruck im Binnenland (**Windzone 2**) auf **Wandfläche**
> im Wandbereich **D + E** bei einer Gebäudehöhe h =10 m, Giebelbreite d = 5 m → h / d = 2.
>
> Allgemeine Formel: $w_e = q_p \cdot c_{pe}$ (q_p siehe Kapitel 1.7.1)
>
> $w_D = 0,65$ kN/m² $\cdot$ (+ 0,80) = + 0,520 kN/m²
> $w_S = 0,65$ kN/m² $\cdot$ (- 0,50) = - 0,325 kN/m²

Bei Gebäudehöhen über 10 m bis 25 m wird die Windlast gestaffelt. Zur Wandflächeneinteilung zur Bestimmung von Windlasten in Abhängig von der Wandhöhe siehe DIN EN 1991-1-4:2010-12 Bild 7.4 in Verbindung mit DIN 1991-1-4/NA:2010:12 Tabelle NA.B.3.

1.8 Schneelast nach DIN EN 1991-1-3:2010-12

1.8.1 Allgemeines

> $s = \mu \cdot C_e \cdot C_t \cdot s_k$ (o. g. DIN Abs. 5.2, Gl 5.1)

- μ Formbeiwert für Dächer (siehe Kapitel 1.8.2)

- $C_e = 1,0$ und $C_t = 1,0$ gemäß DIN EN 1991-1-3/NA:2019-04 zu 5.2 (7), (8).

- s_k vgl. DIN EN 1991-1-3/NA:2019-04 zu Abs. 4.1 (1)

> Zone 1: $s_k = 0,65$ kN/m² (bis 400 m ü. d. Meeresniveau) **z. B. München, Nürnberg, Köln**
> Zone 2: $s_k = 0,85$ kN/m² (bis 285 m ü. d. Meeresniveau) **z. B. Hamburg, Kassel, Freiburg**

Ergänzungen in Fettdruck durch den Verfasser hinzugefügt.
Weitere Zonen bzw. Städtezuordnung
siehe Schneezonenkarte: DIN EN 1991-1-3/NA:2019-04 Bild NA.F.3

1.8.2 Sattel- und Pultdächer

Für die Formbeiwerte μ von Sattel- und Pultdächern gilt:

- **Tab.1.5:** Formbeiwerte μ bei Grundrissabmessungen ≤ 50 m

Formbeiwert	Dachneigung	
	$0° \leq \alpha \leq 30°$	$30° < \alpha < 60°$
μ_1 bzw. μ_2	0,8	$0,80 \cdot (60 - \alpha)/30$

vgl. DIN EN 1991-1-3/NA:2019-04 NDP zu 5.3.1 (3); Tab. NA.1
$\mu_1 \triangleq$ Pultdächer; $\mu_2 \triangleq$ Satteldächer

Bei Satteldächern mit unterschiedlichen Dachneigungen können unterschiedliche Formbeiwerte pro Dachseite und unterschiedliche Lastfälle durch z. B. Schneeverwehungen berücksichtigt werden. Siehe hierzu Formbeiwert μ gemäß DIN EN 1991-1-3/A1: 2015-12 Abs.7 Bild 5.1 + Abs.8 Bild 5.2.

Dachneigung $\geq 60°$: μ_1 und $\mu_2 = 0$

Dachneigung $\leq 30°$: Tabellenwerte gelten nur bei Gebäuden, deren kürzere Seitenlänge weniger als 50 m beträgt. Ansonsten ist der Formbeiwert $\mu1(\alpha)$ oder $\mu2(\alpha)$ mit der Gleichung gemäß DIN EN 1991-1-3/NA:2019-04 NDP zu 5.3.1 Gleichung (NA.5) zu berechnen.

Beispiel:

Charakteristische Schneelast in der **Zone 2** auf der Dachfläche eines **Sattel- bzw. Pultdaches** mit einer **Dachneigung von 30°**. Abgleiten des Schnees wird verhindert. Grundrissabm. $\leq 50m$.

Allgemeine Formel: $s = \mu \cdot C_e \cdot C_t \cdot s_k$ (Formel siehe Abs. 1.8.1 mit $C_e \cdot C_t = 1,0$)

$s = 0,80 \cdot 0,85 \ kN/m^2 = 0,68 \ kN/m^2$

1.8.3 Norddeutsche Tiefebene

Gemäß DIN EN 1991-1-3/NA:2019-04 treten im norddeutschen Tiefland in seltenen Fällen Schneelasten bis zum mehrfachen der in Kapitel 1.8.1 angegebenen Werte auf. Die zuständige Behörde könne in den betroffenen Regionen eigene Rechenwerte festlegen. Die v. g. DIN gibt für das norddeutsche Tiefland für $C_{esl} = 2,3$ an. Im „Amtlichen Anzeiger" der Hansestadt Hamburg wurde unter den Technischen Baubestimmungen in Anlage A 1.2.1/4 Abs. 2 (Jahr 2024) hierzu folgendes bekanntgegeben:

„In Gemeinden, die in der Tabelle ‚Zuordnung der Schneelastzonen nach Verwaltungsgrenzen' mit Fußnote …gekennzeichnet sind … , ist für alle Gebäude in den Schneelastzonen 1 und 2 zusätzlich zu den ständigen und vorübergehenden Bemessungssituationen auch die Bemessungssituation mit Schnee als einer außergewöhnlichen Einwirkung zu überprüfen. Dabei ist der Bemessungswert der Schneelast mit si = 2,3 · μ_i · s_k anzunehmen."

(https://www.hamburg.de/resource/blob/190622/4a9e821c1571a98dbc76ec6f2b329b0b/verwaltungsvorschrift-technische-baubestimmungen-vv-tb--data.pdf 5. Okt. 2024)

Beispiel: wie vor

Charakteristische Schneelast in der **Zone 2** auf der Dachfläche eines **Sattel- bzw. Pultdaches** mit einer **Dachneigung von 30°**. Abgleiten des Schnees wird verhindert.

Allgemeine Formel: $s = 2,3 \cdot \mu \cdot s_k$

$s = 2,30 \cdot 0,80 \cdot 0,85 \ kN/m^2 = 1,564 \ kN/m^2$

Die erhöhte Schneelast in der norddeutschen Tiefebene wird als außergewöhnliche Einwirkung gemäß DIN EN 1990 behandelt. Hiernach beträgt der Sicherheitsfaktor für die Berechnung der Bemessungslast aus Schnee $\gamma_A = 1,00$.

1.8.4 Wann ist die Bemessungssituation „Norddeutsche Tiefebene" maßgebend

Beispiel Flachdach ohne Berücksichtigung von Winddruck

Welche Bemessungssituation ist bei Flachdächern maßgebend:

Ständige und vorübergehende Bemessungssituation:
(Annahme: Flachdach ohne Berücksichtigung von Winddruck!)

$g_d = 1,35 \cdot g_k$
$s_d = 1,50 \cdot \mu \cdot s_k$

Außergewöhnliche Bemessungssituation:

$g_d = 1,00 \cdot g_k$
$s_d = 1,00 \cdot 2,30 \cdot \mu \cdot s_k$

Gegenüberstellung der Bemessungssituationen:

$1,35 \cdot g_k + 1,50 \cdot \mu \cdot s_k \geq 1,00 \cdot g_k + 1,00 \cdot 2,30 \cdot \mu \cdot s_k$

$(1,35 - 1,00) \cdot g_k \quad \geq \quad (2,30 - 1,50) \cdot \mu \cdot s_k$
$0,35 \cdot g_k \quad \geq \quad 0,80 \cdot \mu \cdot s_k$

$$g_k \geq \frac{0,80 \cdot \mu \cdot s_k}{0,35}$$

Beispiel Flachdach:

Betrachtung für folgenden Fall: Zone 2, Flachdach $\leq 5°$, kein Winddruck.

$$g_k \geq \frac{0,80 \cdot 0,80 \cdot 0,85}{0,35} = 1,554 \text{ kN/m}^2$$

Fazit:
Beträgt das Eigengewicht des Daches mehr als $g_k = 1,554 \text{ kN/m}^2$, ist die ständige und vorübergehende Bemessungssituation maßgebend. Liegt die Dachlast hingegen unter $1,554 \text{ kN/m}^2$, ist die außergewöhnliche Bemessungssituation „Norddeutsche Tiefebene" anzusetzen. Diese Regelung gilt ausschließlich für Bemessungssituationen, in denen nur Eigen- und Schneelasten als Einwirkungen berücksichtigt werden.

Beispiel Sattel- bzw. Pultdach

Nach DIN EN 1990/NA:2010-12 - NDP zu A.1.2.1 NDP zu A.1.2.1 gilt:
*„Bei dem Kombinationsfall mit Schnee als außergewöhnlicher Leiteinwirkung **darf auf Wind als Begleiteinwirkung verzichtet werden.**"*

Ständige und vorübergehende Bemessungssituation: Sicherheitsfaktoren
(s. Kapitel 1.5)

$g_d = 1{,}35 \cdot g_k$ $\gamma_G = 1{,}35$

$w_d = 1{,}50 \cdot q_p \cdot c_{pe}$ $\gamma_Q = 1{,}50$

$s_d = 1{,}50 \cdot \mu \cdot s_k$

Kombination von Bemessungslasten (siehe Abs. 1.5)

LK 1: $ed_1 = 1{,}35 \cdot g_k + 1{,}50 \cdot \mu \cdot s_k + 1{,}50 \cdot \mathbf{0{,}6} \cdot w_d$

LK 2: $ed_2 = 1{,}35 \cdot g_k + 1{,}50 \cdot w_d + 1{,}50 \cdot \mathbf{0{,}5} \cdot \mu \cdot s_k$

Außergewöhnliche Bemessungssituation:
(Wind braucht nicht berücksichtigt zu werden s.o.)

$g_d = 1{,}00 \cdot g_k$ $\gamma_A = 1{,}00$

$s_d = 1{,}00 \cdot 2{,}30 \cdot \mu \cdot s_k$ $\gamma_A = 1{,}00$

LK 3: $ed_3 = 1{,}00 \cdot g_k + 1{,}00 \cdot 2{,}30 \cdot \mu \cdot s_k$

Für die Bemessung ist die Lastfallkombination (LK 1-3) mit dem höchsten Wert für e_d maßgebend. Die Bemessungssituation „Norddeutsche Tiefebene" ist nur dann maßgebend, wenn ed_3 den höchsten Wert annimmt.

2 Einhaltung der zulässigen Bodenpressung unter Fundamenten

2.1 Nachweis zur Einhaltung der zul. Bodenpressung

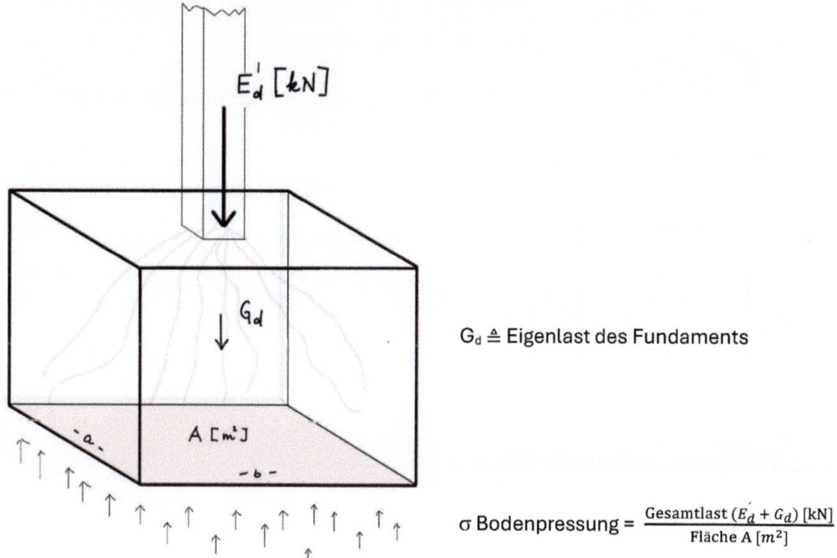

Bild 2.1: Einzelfundament und Stütze mit Darstellung der einwirkenden Lasten sowie der Fundamentdruckfläche.

Bodenpressung

- vorhandene Bodenpressung vorh. σ_d [kN/m²] $= \dfrac{\text{Last [kN]}}{\text{Fläche } [m^2]}$

- zulässige Bodenpressung zul. σ_d [kN/m²] (Bodengutachten)

Nachweisverfahren

1) Berechnung der vorhandenen Bodenpressung unter dem Fundament

$$\text{vorh. } \sigma_d = \frac{E_d' + G_d}{A} = \frac{E_{d\,Gesamt}}{A}$$

2) Vergleich der vorhandenen mit der zulässigen Bodenpressung:

$$\frac{\text{vorh. } \sigma_d}{\text{zul. } \sigma_d} \leq 1 \qquad \text{oder} \qquad \text{vorh. } \sigma_d \leq \text{zul. } \sigma_d$$

Bei der Quotienten-Schreibweise wird die Spannungsreserve prozentual ersichtlich, weshalb diese Schreibweise bevorzugt wird.

© Der/die Autor(en), exklusiv lizenziert an
Springer Fachmedien Wiesbaden GmbH, ein Teil von Springer Nature 2025
B. Uerek, *Dimensionierung von Holz-, Stahl- sowie Stahlbetonprofilen*,
https://doi.org/10.1007/978-3-658-48702-7_2

2.2 Beispiel Einzelfundament

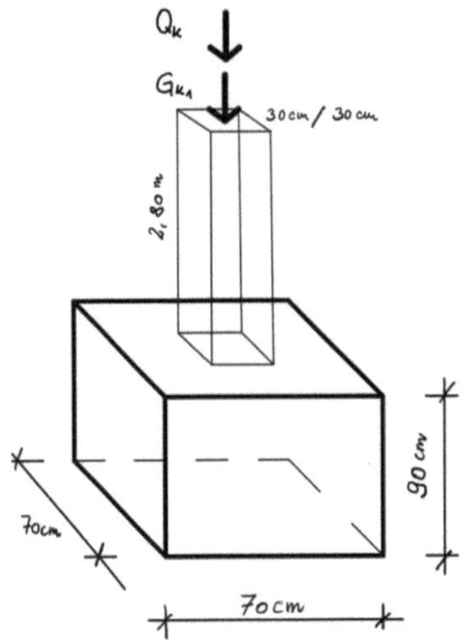

- G_{k1} = 70 kN
- Q_k = 50 kN

- Stahlbetonstütze: b/h = 30 / 30 cm
  Länge 2,80 m

- Stahlbetonfundament: l / b / h = 70 / 70 / 90 cm

- Wichte des Stahlbetons: 25 kN/m³
- zulässige Bodenpressung: σ_d = 230 kN/m²

Bild 2.2: Einzelfundament unter Pendelstütze.

Weisen Sie nach, ob die zulässige Bodenpressung mit den angegebenen Fundamentmaßen eingehalten wird:

1. Bemessungslast:

G_{d1} = 70 kN · 1,35	= 94,5 kN	1,35; 1,50 ≙ Sicherheitsfakt.
Q_d = 50 kN · 1,50	= 75 kN	Nutzlasten
G_{d2} = 25 kN/m³ · 0,30 m · 0,30 m · 2,80 m · 1,35	= 8,505 kN	Stützeneigenlast
G_{d3} = 25 kN/m³ · 0,70 m · 0,70 m · 0,90 m · 1,35	= 14,884 kN	Fundamenteigenlast

$\rightarrow E_d$ = 94,5 kN + 75 kN + 8,505 kN + 14,884 kN   = 192,889 kN

2. Nachweis zur Einhaltung der zul. Bodenpressung:

Grundfläche des Fundaments
A = 0,70 m · 0,70 m = 0,49 m²

$$\text{vorh. } \sigma_d = \frac{E_d}{A} = \frac{192{,}889\,kN}{0{,}49\,m^2} = 393{,}651 \text{ kN/m}^2 > \text{zul. } \sigma_d = 230 \text{ kN/m}^2$$

→ **Die zulässige Bodenpressung wird mit den gegebenen Fundamentmaßen überschritten.** Um die vorhandene Bodenpressung zu reduzieren, kann die Grundfläche des Fundamentes vergrößert werden. Allerdings führt dies gleichzeitig zu einer Erhöhung der Eigenlast des Fundamentes G_d, wodurch eine Anpassung der Bemessungslast E_d erforderlich wird.

Um eine iterative Vorgehensweise zu vermeiden, wird im Folgenden eine Formel zur Berechnung der Mindestfläche des Stahlbetonfundamentes hergeleitet. Dabei werden sowohl die zulässige Bodenpressung als auch die auf der Oberkante des Fundamentes einwirkenden Lasten berücksichtigt.

Ausgangsformel: $\sigma_d \left[\frac{kN}{m^2}\right] = \frac{E_d}{A} = \frac{E_d{}^` + G_d}{A}$

$E_d{}^` \triangleq$ Sämtliche Eigen- und Nutzlasten _bis_ zur Oberkante des Fundamentes.

Das Eigengewicht des Fundamentes G_d ist in $E_d{}'$ nicht enthalten, da die Maße der Fundamentgrundfläche und somit das Fundamenteigengewicht noch bestimmt werden müssen. Für das Eigengewicht G_d wird als Baustoff „Stahlbeton" mit einer Wichte von 25 kN/m³ zugrunde gelegt:

G_d = 25 kN/m³ · l · b · h · 1,35

Sicherheitszuschlag:
Eigenlast γ_G = 1,35

σd = $\dfrac{E_d{}^` + 25\ kN/m^3 \cdot l \cdot b \cdot h \cdot 1{,}35}{A}$ (aus $\sigma_d = \frac{E_d{}^` + G_d}{A}$)

Wichte Stb. 25 kN/m³

$\sigma d \cdot A$ = $E_d{}'$ + 25 $kN/m^3 \cdot A \cdot h \cdot 1{,}35$ (mit A = l · b)

$E_d{}'$ = $\sigma_d \cdot A - 25\ kN/m^3 \cdot A \cdot h \cdot 1{,}35$ (Formel nach $E_d{}'$ umgestellt)

$E_d{}'$ = $A \cdot (\sigma_d - 25\ kN/m^3 \cdot h \cdot 1{,}35)$ (A ausgeklammert)

erforderlich A [m²] = $\dfrac{E_d{}^`[kN]}{\sigma_d\ [kN/m^2] - 25\ [kN/m^3] \cdot h\ [m] \cdot 1{,}35}$ (Formel nach A umgestellt)

→ Allgemeine Formel zur Bestimmung der erforderlichen Mindestgrundfläche A eines Stahlbetonfundamentes mit einer Wichte von 25 kN/m³.

Fortsetzung „Beispiel Einzelfundament"

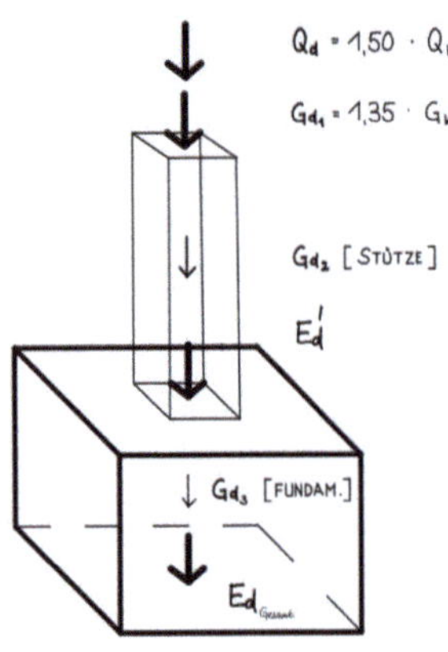

- Q_k = 50 kN
- G_{k1} = 70 kN

- Stahlbetonstütze: b/h = 30 / 30 cm
  Länge 2,80 m

- Fundamenthöhe: h = 90 cm
- Fundament aus Stahlbeton: Wichte 25 kN/m³
- zulässige Bodenpressung: σ_d = 230 kN/m²

Bild 2.3: Einzelfundament unter Pendelstütze. Aus Platzgründen ist der Lastpfeil für G_{d2} in der Mitte der Stütze dargestellt – Angriffspunkt von G_{d2} ist die Fundamentoberkante.

Bestimmen Sie die erforderliche Grundfläche des Fundaments unter Berücksichtigung der zulässigen Bodenpressung.

1. Bemessungslast E_d' (ohne Fundament-Eigenlast)

E_d' = 192,889 kN - 14,884 kN = 178,005 kN   (Werte siehe Abschnittsanfang)

2. Bestimmung der erforderlichen Grundfläche des Fundaments

$$\text{erf. A } [m^2] \; = \; \frac{E_d' \, [kN]}{\sigma_d \, [kN/m^2] - 25 \, [kN/m^3] \cdot h \, [m] \cdot 1{,}35}$$

(Herleitung der Formel siehe vorherige Seite)

$$\text{erf. A } [m^2] \; = \; \frac{178{,}005 \; kN}{230 \, [kN/m^2] - 25 \; kN/m^3 \cdot 0{,}90 \; m \cdot 1{,}35}$$

$$\text{erf. A } [m^2] \; = \; 0{,}892 \; m^2$$

$\rightarrow$ $l \triangleq b = \sqrt{0{,}892 \, m^2}$ = 0,944 m   (bei quadratischer Grundfläche)

Gewählt: baupraktisches Maß $l \triangleq b$ = 95 cm

mit vorh. A [m²]   = 0,95 m $\cdot$ 0,95 m = 0,903 m² $\geq$ erf. A = 0,892 m²

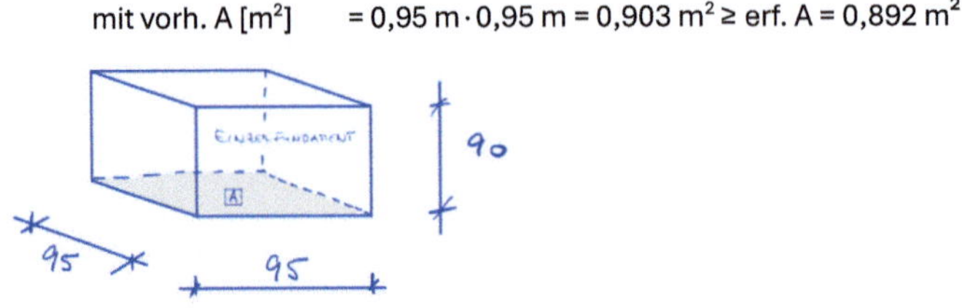

Bild 2.4: Einzelfundament mit dimensionierter Grundfläche.

3. Bestimmung der Bemessungslast (inkl. Fundament)

$$E_{d,Gesamt} = E_d' + G_{d3}$$

$$= 178,005 \text{ kN} + 25 \text{ kN/m}^3 \cdot 0,90 \text{ m} \cdot 0,95 \text{ m} \cdot 0,95 \text{ m} \cdot 1,35$$

$$= 205,418 \text{ kN}$$

4. Nachweis zur Einhaltung der zul. Bodenpressung.

$$\sigma d = \frac{205,434 kN}{0,903 m^2} = 227,502 \text{ kN/m}^2 \leq \text{zul. } \sigma d = 230 \text{ kN/m}^2$$

Nachweis erfüllt!

Die hergeleitete Formel gibt mit Einsetzen der rechnerisch erforderlichen Mindestfläche erf. A = 0,892... m² als Ergebnis den eingesetzten Grenzwert zul. σ aus:.

vorh. σd ≙ zul. σ $\qquad = \dfrac{178,005 \text{ kN} + 25\frac{kN}{m^3} \cdot 0,90 \text{ m} \cdot 0,892... \text{ m}^2 \cdot 1,35}{0,892... \text{ m}^2} = 230 \text{ kN/m}^2$

2.3 Übungsaufgaben inkl. Lösung zu Einzelfundamenten

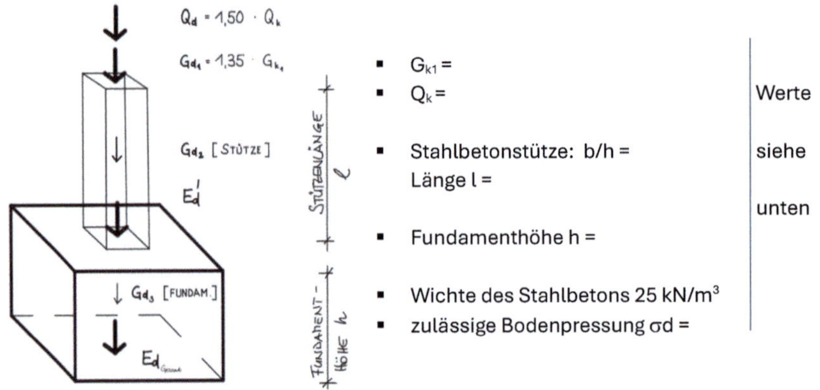

Bild 2.5: Prinzipskizze eines Einzelfundamentes unter einer Pendelstütze mit Eintragung der Variablen für die u. a. Übungsaufgaben. Aus Platzgründen ist der Lastpfeil für G_{d2} in der Mitte der Stütze dargestellt. Angriffspunkt von G_{d2} ist jedoch die Fundamentoberkante.

1) $$\text{erf. A} \quad = \frac{E_d`}{zul.\sigma - 25\ kN/m^3 \cdot h \cdot 1{,}35}$$

2) $$\text{vorh. } \sigma_d \quad = \frac{E_{d_{Gesamt}}}{A}$$

3) Nachweis: vorh. $\sigma_d \leq$ zul. σ_d

Weisen Sie nach, ob die zulässige Bodenpressung eingehalten wird:

Übung 1:

Lasten aus dem Bauwerk:	G_{k1}	= 80 kN
	Q_k	= 65 kN
Fundamentmaße:	h	= 75 cm a ≙ b = 90 cm (a ≙ b überprüfen und ggf. neu wählen)
Stützenabmessung:	b/h	= 50 / 50 cm, l = 3,20 m
Zulässige Bodenpressung:	zul. σ_d	= 250 kN/m²

Übung 2:

Lasten aus dem Bauwerk:	G_{k1}	= 100 kN
	Q_k	= 90 kN
Fundamentmaße:	h	= 90 cm
Stützenabmessung:	b/h	= 20 / 20 cm, l = 3,00 m
Zulässige Bodenpressung:	zul. σ_d	= 200 kN/m²

Lösungen:

Lösung zu Übung 1:

vorh. σd = 312,350 kN/m² ≥ zul.σd = 250 kN/m² (mit a ≙ b = 90 cm Nachweis nicht erfüllt)

E_d' = 232,500 kN (ohne Fundament-Eigenlast)

erf. A =1,035 m² → gew. a ≙ b = 1,05 m (a ≙ b neu gewählt)

$E_{d\,Gesamt}$ = 260,407 kN

vorh. σd = 236,197 kN/m² ≤ zul.σ_d=250 kN/m² (Nachweis mit a ≙ b = 1,05m erfüllt)

Lösung zu Übung 2:

E_d' = 274,050 kN (ohne Fundamenteigenlast)

erf. A = 1,616 m² → gew. a ≙ b = 1,30 m

$E_{d\,Gesamt}$ = 325,384 kN

vorh. σd = 192,535 kN/m² ≤ zul.σ_d = 200 kN/m²

2.4 Streifenfundament

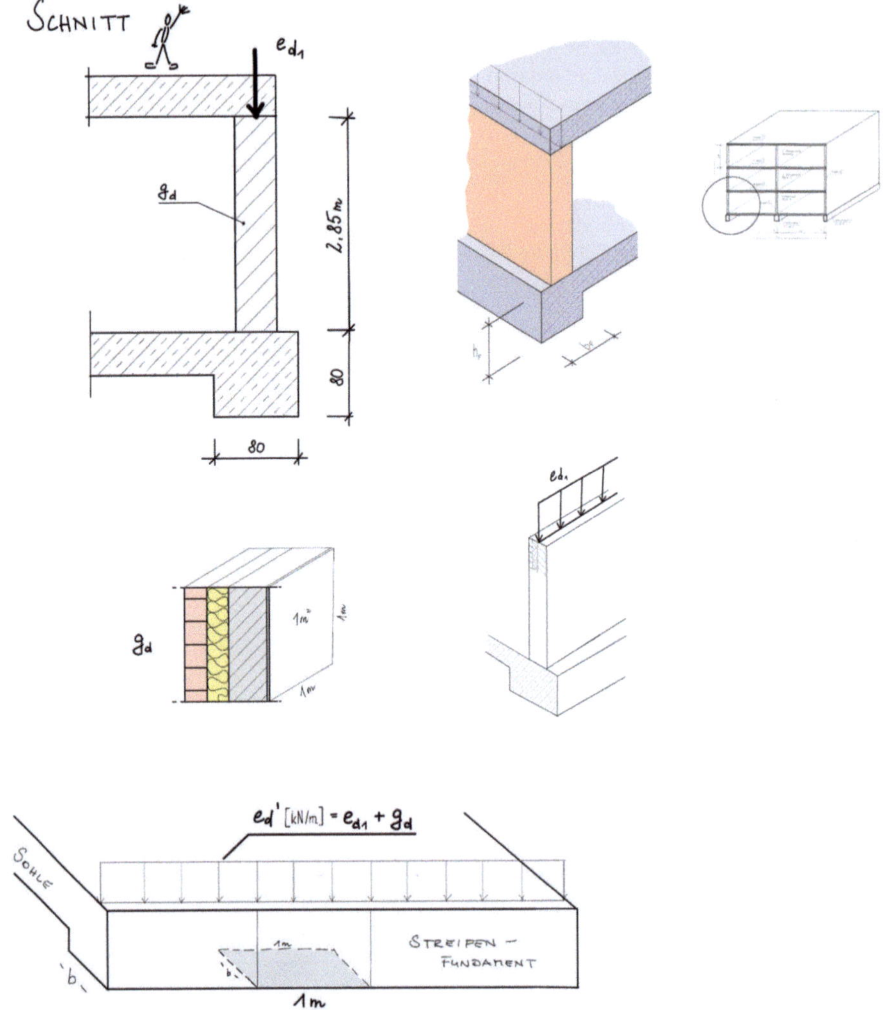

Bild 2.6: Skizzen von Decke, Wand und Streifenfundament zur Darstellung der vertikalen Lastweiterleitung.

Die Bemessungslast e_d' [kN/m] auf der Fundamentoberkante setzt sich aus der Eigenlast der Wand g_d und sämtlichen Lasten e_{d_1} aus dem Bauwerk zusammen, die in das Streifenfundament weitergeleitet werden. Für das Streifenfundament wird die Breite „b" pro Meter bemessen. Die Tragfähigkeit des Fundamentbaustoffs wird dabei nicht berücksichtigt. Eine Bemessung von Fundamenten erfolgt in Kapitel 8.10 f. Im Folgenden wird lediglich die Einhaltung der zulässigen Bodenpressung unter der grau markierten Grundfläche $A = b \cdot 1{,}0$ m (siehe Abbildung oben) des Fundamentes nachgewiesen. Der Nachweis erfolgt, wie bereits im vorherigen Kapitel zu den Einzelfundamenten, durch den Vergleich der zulässigen mit der vorhandenen Bodenpressung. Für die Bestimmung des Fundamenteigengewichtes wird in den folgenden Aufgaben stets die Fundamenthöhe vorgegeben.

Übung:

1. Bestimmen Sie die Bemessungslast [kN/m] unmittelbar über dem Streifenfundament.
2. Berechnen Sie die erforderliche Breite des Streifenfundaments bei einer zulässigen Bodenpressung von $\sigma_d = 280$ kN/m²

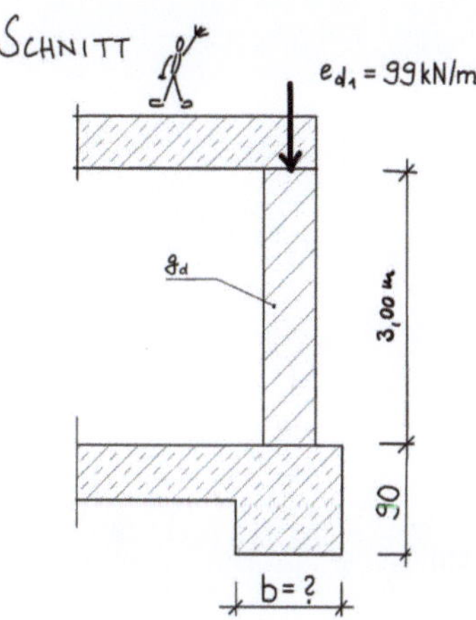

Bild 2.7: Querschnitt eines Geschosses aus Decke, Wand und Streifenfundament.

Charakteristische Eigenlast g_k der Wand:

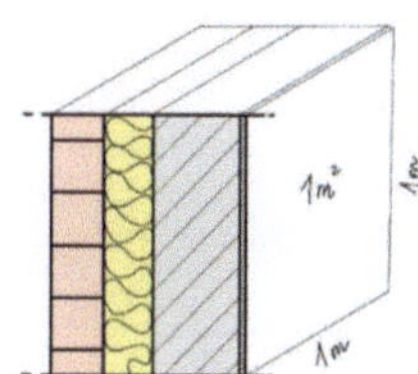

1^5 cm Gipsputz
24 cm Hochlochziegel, Normalmörtel (NM), 1,4 g/cm³,
18 cm Mineralwolle, 0,02 kN/m² pro cm
11^5 cm Verblendmauerwerk, 1,8 g/cm³

Bild 2.8: Prinzipskizze einer zweischaligen Wand zur Darstellung des vorgegebenen Wandaufbaus.

Wandeigengewicht [kN/m²]:

	kN/..	kN/m²
Gipsputz, d = 1,5 cm	0,18 kN/m²	0,18
Hochlochziegel, d = 24 cm, 1,4 g/cm³, NM	16 kN/m³ · 0,24 m	3,84
Dämmung, 18 cm, 0,02 kN/m² pro cm	0,02 kN/m² · 18 cm	0,36
Vollziegel, d = 11^5 cm, 1,8 g/cm³	18 kN/m³ · 0,115 m	2,07
	Σg_{k1} =	**6,45 kN/m²**

1. Bestimmung der Bemessungslast $e_d{}^{\backprime}$ auf der Fundamentoberkante

e_{d1}	= 99 kN/m	Last OK Wand
g_d	= 6,45 kN/m^2 · 3,00 m · 1,35 = 26,123 kN/m	Eigenlast Wand
$e_d{}^{\backprime}$	= 99 kN/m + 26,123 kN/m = 125,123 kN/m	Last OK-Fundament

2. Bestimmung von erf. b des Streifenfundamentes

$$\text{erf. A } [m^2] \;=\; \frac{e'_d\,[kN/m]\;\cdot\;1,0\;m}{\sigma_d\,[kN/m^2]\;-\;25\,[kN/m^3]\cdot h\,[m]\cdot 1,35}$$

$$\text{erf. A } [m^2] \;=\; \frac{125,123\;kN/m\;\cdot\;1,0\;m}{280\;kN/m^2\;-\;25\;kN/m^3\cdot 0,90\;m\cdot 1,35}$$

$$=\; 0,501\;m^2$$

$\rightarrow$ A   = 0,501 m · 1,0 m = 0,501 m^2
   erf. b = 0,501 m pro Meter

gew.:   baupraktisches Maß vorh. b = 55 cm $\geq$ erf. b = 50,1 cm
mit vorh. A = 0,55 m · 1,0 m = 0,55 m^2

3. Bemessungslast inkl. Fundament-Eigengewicht

e_d = $e_d{}^{\backprime}$ + $g_{d\text{ Fundament}}$
   = 125,123 kN/m + 25 kN/m^3 · 0,55 m · 0,90 m · 1,35
   = 141,829 kN/m

4. Nachweis zur Einhaltung der zul. Bodenpressung

$$\text{vorh. } \sigma_d \;=\; \frac{141,829\;kN/m\;\cdot\;1,0\,m}{0,55\;m^2}$$

= 257,871 kN/m^2 $\leq$ zul. σ_d = 280 kN/m^2

Nachweis erfüllt!

2.5 Übungsaufgaben inkl. Lösung zu Streifenfundamenten

Übung 1:

Lasten aus Bauwerk:
g_k = 40 kN/m

q_k = 20 kN/m

e_{d1} = 1,35 · g_k + 1,50 · q_k

Fundamenthöhe: h = 90 cm

Zul. Bodenpressung: zul. σ_d = 200 kN/m^2

<u>Wand unmittelbar über dem Streifenfundament:</u>

Eigenlast der Wand: g_{k1} = 5,10 kN/m^2

Höhe der Wand: l = 3,00m

Übung 2:

Lasten aus Bauwerk:
g_k = 80 kN/m

q_k = 70 kN/m

e_{d1} = 1,35 · g_k + 1,50 · q_k

Fundamenthöhe: h = 70 cm

Zul. Bodenpressung: zul. σ_d = 300 kN/m^2

<u>Wand unmittelbar über dem Streifenfundament:</u>

Wandaufbau:

- Gipsputz, d = 1,5 cm

- Poroton, d = 30 cm, 0,70 g/cm^3, Dünnbettmörtel

- Verblendmauerwerk, d = 11,5 cm 1,60 g/cm^3, Normalmörtel

Höhe der Wand: l = 2,75 m

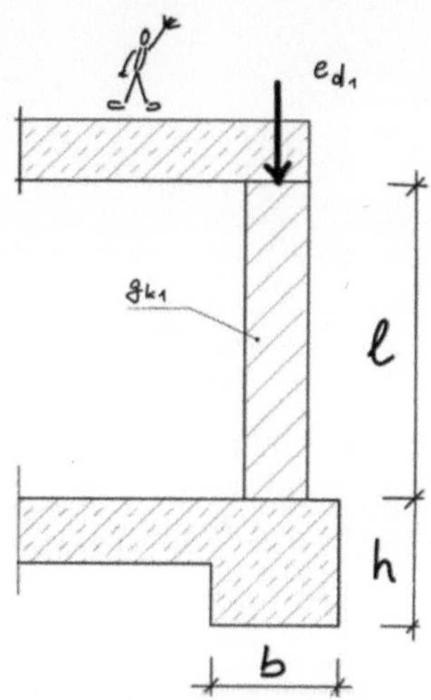

Bild 2.9: Prinzipskizze eines Streifenfundamentes unter einer Wand und Decke mit Eintragung der Variablen für die nebenstehende Übungsaufgaben.

Lösungen:

zu Übung 1)

$e_d{}'$ = 104,655 kN/m (OK Fundament)

erf. b = 0,617m → gew. b = 0,65m

$e_{d\,Gesamt}$ = 124,399 kN/m (inkl. Fundamenteigengewicht)

vorh. σ_d = 191,383 kN/m^2 ≤ zul. σ_d = 200 kN/m^2

zu Übung 2)

Gipsputz 0,18 kN/m^2, Poroton (8 kN/m^3·0,30m) 2,40 kN/m^2, VM 1,84 kN/m^2 → g_{k1}= 4,42k N/m^2

$e_d{}'$ = 229,409 kN/m (OK Fundament)

erf. b = 0,830m → gew. b = 0,85m

$e_{d\,Gesamt}$ = 249,491 kN/m (inkl. Fundamenteigengewicht)

vorh. σ_d = 293,518 kN/m^2 ≤ zul. σ_d = 300 kN/m^2

3 Auflagerkraftermittlung an statischen Systemen

3.1 Modellierung statischer Systeme

Das statische System

In der unten dargestellten Konstruktion soll der Sturzbalken unter der Wand exemplarisch modelliert werden. Zu diesem Zweck wird das reale 3-dimensionale Bauteil vereinfacht als 1-dimensionales Stabwerk dargestellt, um die Kräfte, die auf und in dem Balken wirken, weiter zu betrachten. Das Prinzip einer statischen Berechnung basiert auf der Ermittlung der Auflager- und Schnittkräfte eines starren, nicht beweglichen Stabes, der sich im Kräfte-Gleichgewicht befindet. Bei der statischen Modellierung eines starren Systems und der Berechnung der Kräfte ist der Baustoff zunächst nicht von Bedeutung. Diese Betrachtung ist rein mathematisch. Erst nachdem die im Gleichgewicht befindlichen Kräfte ermittelt wurden, kann mit diesen Kräften ein beliebiger Baustoff mit seinen spezifischen Tragfähigkeiten dimensioniert bzw. bemessen werden.

Reales System:

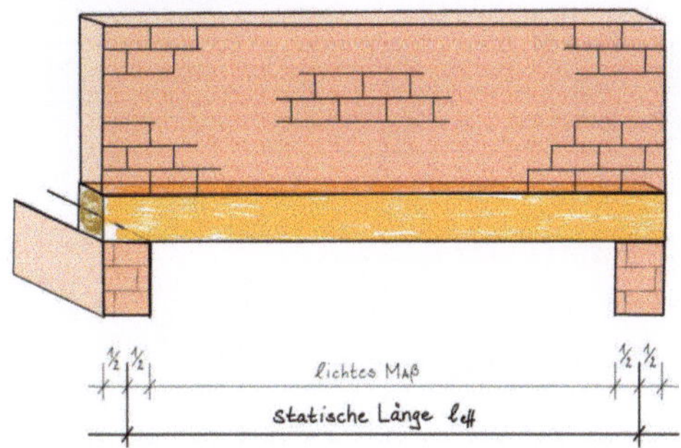

Bild 3.1: Holzbalkenträger unter einer Wand.

© Der/die Autor(en), exklusiv lizenziert an
Springer Fachmedien Wiesbaden GmbH, ein Teil von Springer Nature 2025
B. Uerek, *Dimensionierung von Holz-, Stahl- sowie Stahlbetonprofilen*,
https://doi.org/10.1007/978-3-658-48702-7_3

Das statische System:

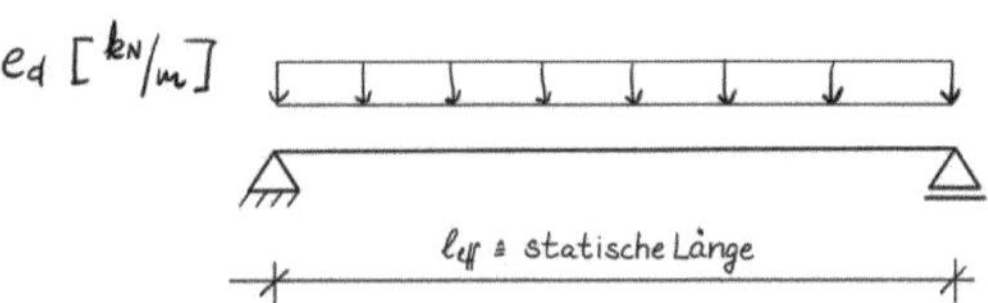

$$e_d \ [\,^{kN}/_m\,]$$

Statisches System bestehend aus:

- Bemessungslast
- Auflagersymbole + Stab
- statische Länge

l_{eff} = lichtes Maß + jeweils halbe Auflagerlänge

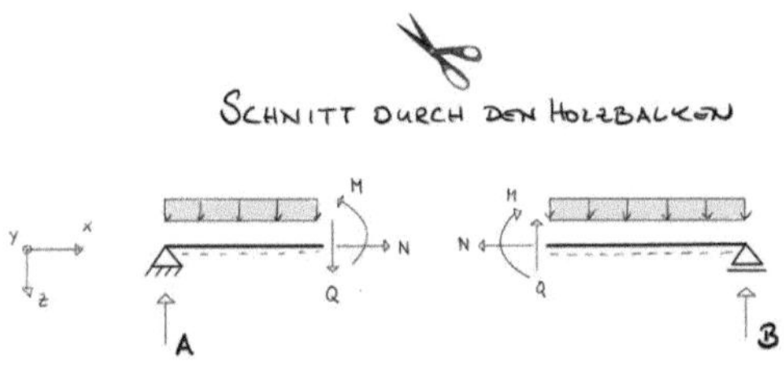

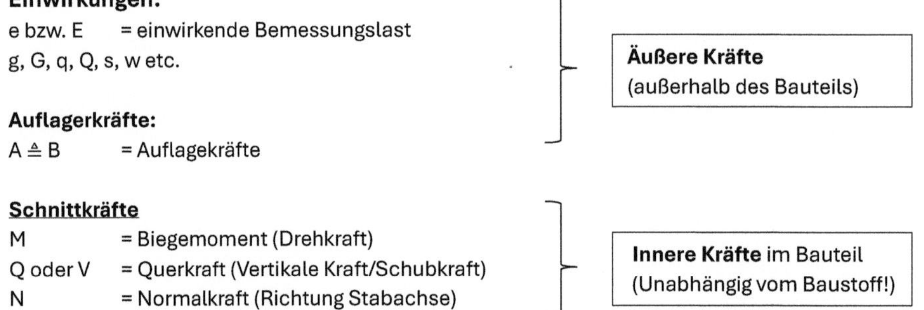

Bild 3.2: Statisches System des Balkens.

Effektive Stützweite bei Stahlbeton vgl. DIN EN 1992-1-1:2011-01 Abs. 5.3.2.2:
lichtes Maß + a [0,5·h; 0,5·t]
h $\triangleq$ Balken-/Deckenhöhe
t $\triangleq$ Auflagertiefe - wie weit der Balken- bzw. die Decke auf dem Auflager aufliegt.

In diesem Buch wird aus praktischen Gründen, und auf der sicheren Seite liegend, stets die halben Auflagerlängen in Ansatz gebracht.

Einwirkungen:

e bzw. E   = einwirkende Bemessungslast
g, G, q, Q, s, w etc.

> **Äußere Kräfte**
> (außerhalb des Bauteils)

Auflagerkräfte:

A $\triangleq$ B   = Auflagekräfte

Schnittkräfte

M   = Biegemoment (Drehkraft)
Q oder V   = Querkraft (Vertikale Kraft/Schubkraft)
N   = Normalkraft (Richtung Stabachse)
                   Zug- / Druckkraft

> **Innere Kräfte** im Bauteil
> (Unabhängig vom Baustoff!)

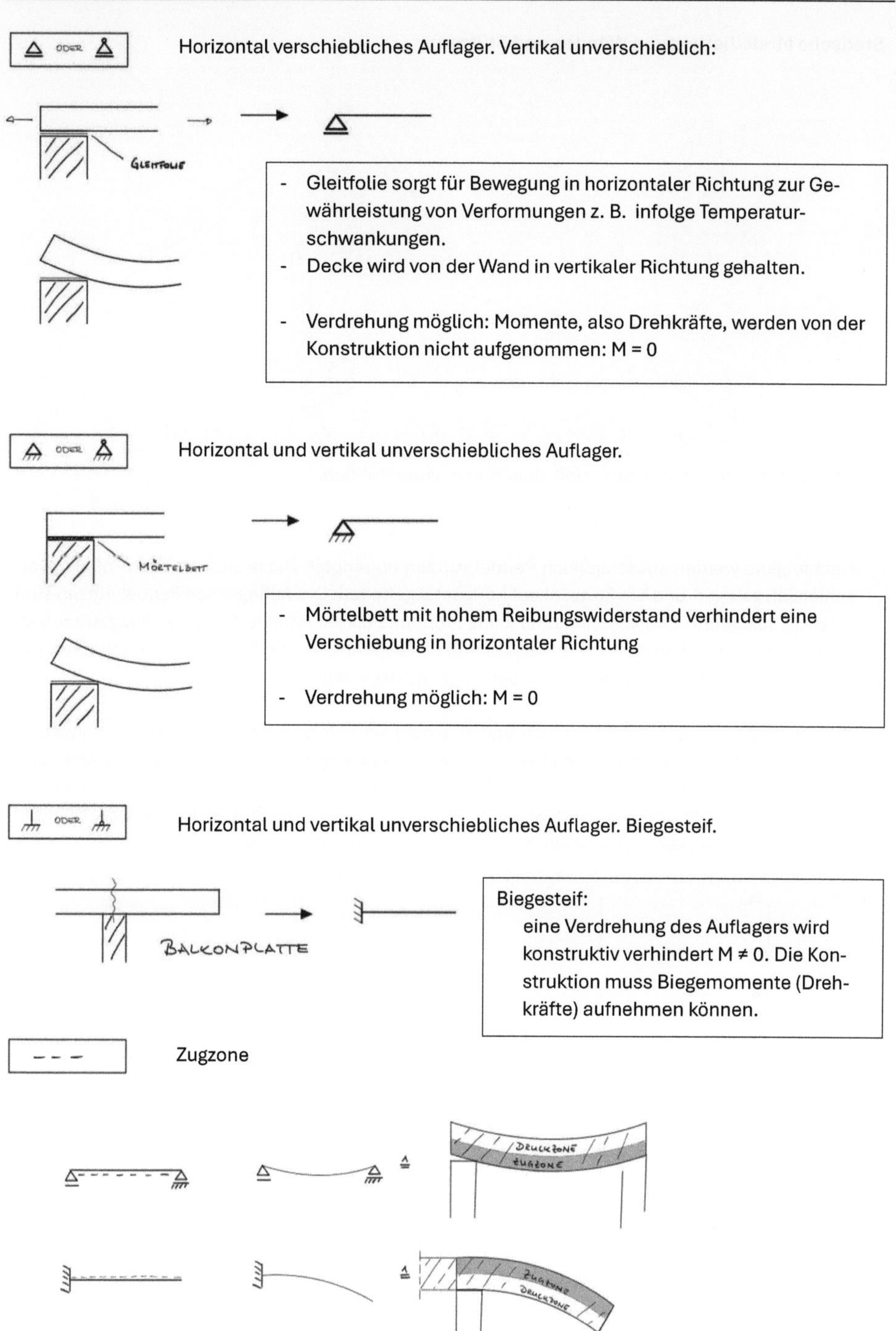

Horizontal verschiebliches Auflager. Vertikal unverschieblich:

- Gleitfolie sorgt für Bewegung in horizontaler Richtung zur Gewährleistung von Verformungen z. B. infolge Temperaturschwankungen.
- Decke wird von der Wand in vertikaler Richtung gehalten.
- Verdrehung möglich: Momente, also Drehkräfte, werden von der Konstruktion nicht aufgenommen: M = 0

Horizontal und vertikal unverschiebliches Auflager.

- Mörtelbett mit hohem Reibungswiderstand verhindert eine Verschiebung in horizontaler Richtung
- Verdrehung möglich: M = 0

Horizontal und vertikal unverschiebliches Auflager. Biegesteif.

Biegesteif:
eine Verdrehung des Auflagers wird konstruktiv verhindert M ≠ 0. Die Konstruktion muss Biegemomente (Drehkräfte) aufnehmen können.

Zugzone

Bild 3.3: Verformungsfiguren von Balken/Decken im Bereich von Auflagern.

Statische Modellierung von Wänden und Stützen:

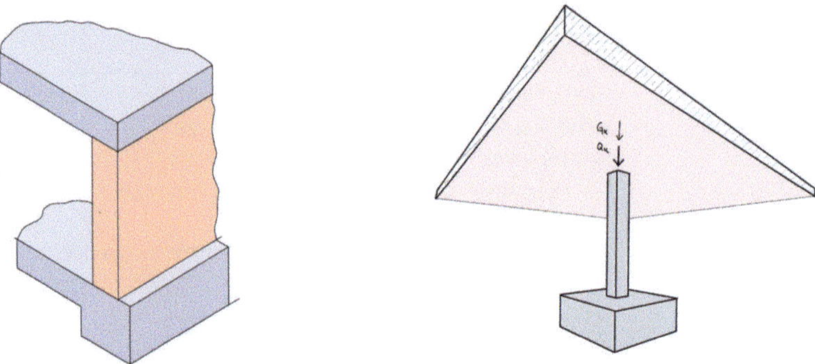

Bild 3.4: Skizzen einer Wand- und einer Stützenkonstruktion.

Nachfolgend werden ausschließlich **Pendelstützen** behandelt. Diese sind am Stützenfuß unverschieblich gelagert und am Stützenkopf horizontal gehalten. Die Auflager von Pendelstützen sind gelenkig ausgeführt und können daher keine Momente (Drehkräfte) aufnehmen. **Kragstützen** (z. B. Ampelanlagen) hingegen sind am Stützenfuß eingespannt, wodurch eine Verdrehung konstruktiv verhindert wird. Der Stützenkopf ist bei Kragstützen beweglich.

Wände werden ähnlich wie Stützen behandelt, wobei ein 1 Meter breiter Wandstreifen stellvertretend für die übrigen Wandbereiche bemessen wird (siehe Kapitel 3.6). Das statische System dieses Wandstreifens entspricht dem einer Stütze. Auch hier sind die Befestigungen der Wand am Fuß- und Kopfpunkt entscheidend. Statisch relevant ist sowohl bei Stützen als auch bei Wänden die Gefahr des Knickens, was zu einem Stabilitätsversagen führen kann.

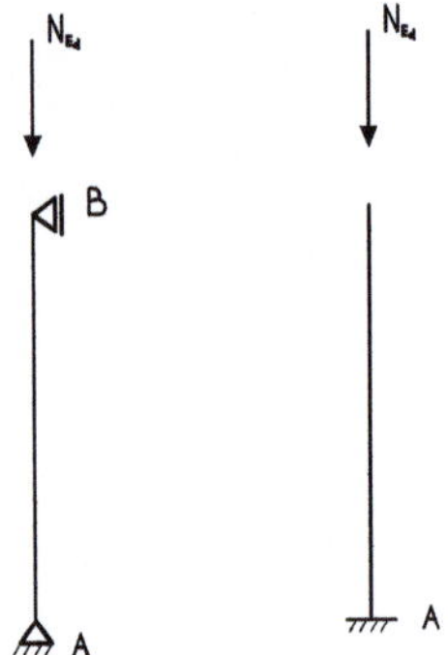

Pendelstütze
(bzw. 1m Wandstreifen)

Kragstütze
(bzw. 1m Wandstreifen)

Bild 3.5: Statische Systeme von Wänden bzw. Stützen.

3.2 Das statische Prinzip

Die folgenden drei Gleichgewichtsbedingungen gelten für „statische", also unbewegliche Systeme. Andernfalls verhalten sich Systeme „labil" bzw. „dynamisch".

1. Alle **vertikalen** Kräfte heben sich in der Summe auf: $\Sigma V = 0$
2. Alle **horizontalen** Kräfte heben sich in der Summe auf: $\Sigma H = 0$
2. Alle **Momente (Drehkräfte)** heben sich in der Summe auf: $\Sigma M = 0$

Die Summe bezieht sich bei vollständigen Systemen auf alle äußeren Kräfte. Bei beliebig geschnittenen Systemen umfasst die Summe alle inneren und äußeren Kräfte des geschnittenen Teilsystems.

Beispiel für $\Sigma V = 0$:

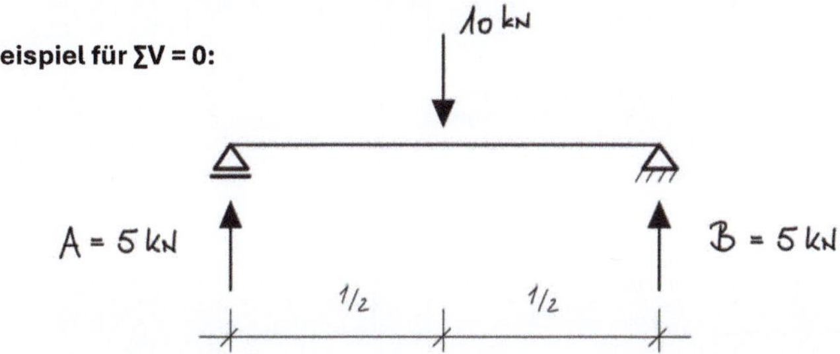

Bild 3.6: Statisches System inkl. Lasteinwirkung und Auflagerkräfte.

In diesem symmetrischen System verteilen sich die mittig angreifenden 10 kN gleichmäßig auf beide Auflager. Jedes Auflager muss daher eine Kraft von 5 kN in die entgegengesetzte Richtung stemmen können. Die Pfeile der Auflagerkräfte zeigen deshalb nach oben und repräsentieren die Reaktionskräfte der nach unten wirkenden Aktionskräfte (Bemessungslasten). **Rechnerisch werden die nach unten wirkenden Kräfte positiv und die nach oben gerichteten Kräfte negativ miteinander verrechnet.** Die Vorzeichen geben also nur die Kraftrichtung an.

$$\Sigma V = 10\ kN - 5\ kN - 5\ kN = 0$$

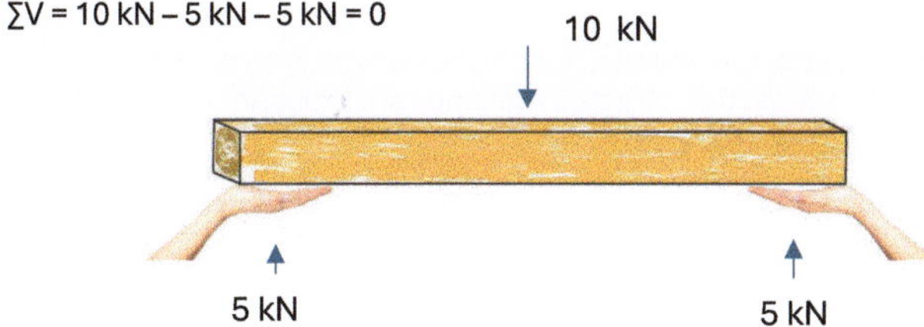

Bild 3.7: Prinzipskizze zur Veranschaulichung von Aktions- und Reaktionskräften.

Die dargestellten Hände müssen jeweils 5 kN nach oben stemmen können, um die einwirkenden 10 kN (Eigengewicht des Holzbalkens wird hier vernachlässigt) zu tragen. Wenn es den Händen nicht gelingt, diese Kraft aufzubringen, verschiebt sich der Balken nach unten, und die Konstruktion wäre statisch instabil. In einer statischen Berechnung werden bei der Bemessung eines Balkens starre, vertikal nicht bewegliche Auflager angesetzt. Bei dieser Betrachtung spielen die Baustoffe der Auflager noch keine Rolle, sondern nur die Kraft, die von den Auflagern mindestens aufgenommen werden muss. Erst nach der Bemessung des Balkens wird das Auflager selbst bemessen, wobei die Auflagerkräfte in Verbindung mit den Baustoffeigenschaften des Auflagers berücksichtigt werden. Das Auflager wird so dimensioniert, dass die ankommenden Kräfte aufgenommen werden können und der Ansatz eines starren Auflagers bei der Bemessung des Balkens damit weiterhin seine Gültigkeit behält.

3.3 Das Moment

Ein Moment (bzw. die Drehkraft) beschreibt eine Drehwirkung (Drehung nach links oder rechts) um einen Punkt:

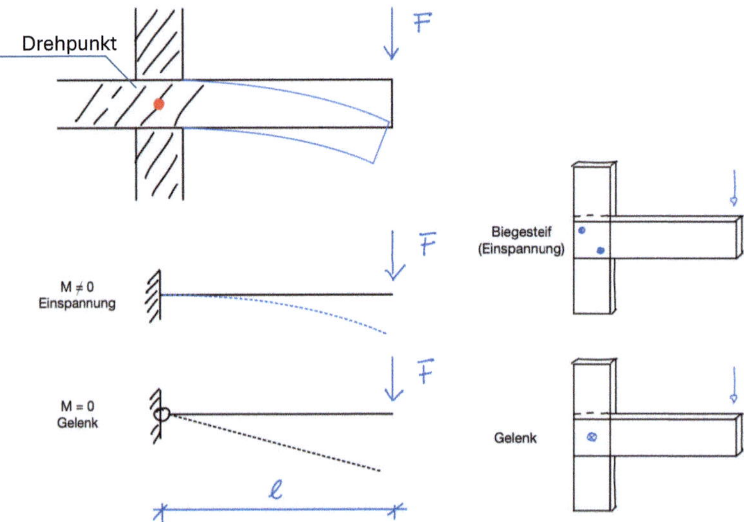

Bild 3.8: Kragarm mit Darstellung einer biegesteifen bzw. gelenkigen Verbindung.

Das Hebelgesetz:

Das Prinzip eines Momentenschlüssels:

$$M = F \cdot \ell$$

Der Hebelarm „l" ist der <u>lotrechte</u> Abstand vom Drehpunkt zur zugehörigen Wirkungslinie einer Kraft.

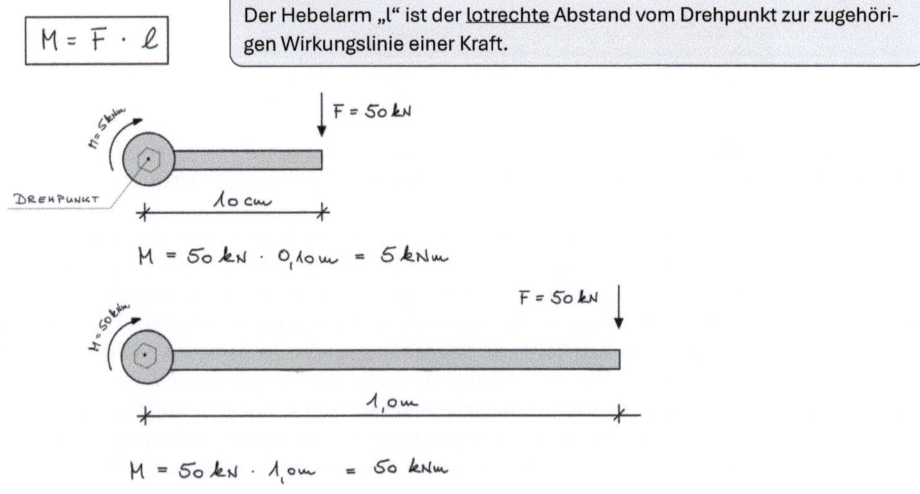

Bild 3.9: Prinzipskizze eines Momentenschlüssels.

Wenn der Schraubschlüssel symbolisch für ein auskragendes Bauteil steht, wie zum Beispiel eine Balkonplatte, muss die Schraube fest angezogen sein, damit sich der Schraubschlüssel nicht bewegt. Analog dazu muss eine Balkonplatte an ihrem Drehpunkt konstruktiv biegesteif eingespannt sein, damit die Biegemomente (Drehkräfte) von der Konstruktion aufgenommen werden können. Dies kann bei Stahlbetonbauteilen beispielsweise durch eine biegesteife Bewehrungsanordnung erreicht werden.

In der folgenden Abbildung sind zwei Schraubschlüssel miteinander verbunden, die an zwei nicht angezogenen Schrauben hängen. Die linke Schraube weist ein Spiel in horizontaler Richtung auf, um der Konstruktion Längenänderungen, beispielsweise durch große Temperaturschwankungen, zu ermöglichen, ohne dass innere Zwänge und damit unter Umständen Beschädigungen auftreten. Die Schrauben stellen Auflager dar, die die vertikalen Kräfte aufnehmen und an ein angeschlossenes Bauteil weiterleiten. Die Schrauben sind nicht angezogen, weshalb Verdrehungen um ihre Achsen möglich sind. Das Moment am Auflager ist damit durch die Konstruktion bedingt gleich Null: M = 0.

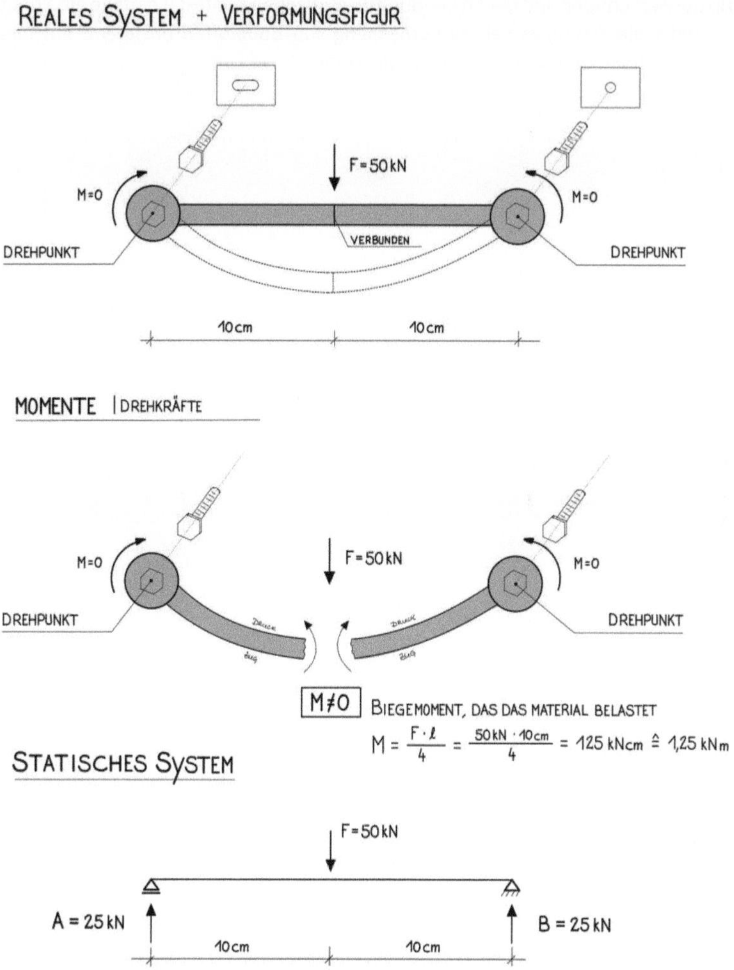

$$M = \frac{F \cdot l}{4} = \frac{50\,kN \cdot 10\,cm}{4} = 125\ kNcm \mathrel{\hat=} 1{,}25\ kNm$$

Bild 3.10: Prinzipskizze zweier verbundener Momentenschlüssel und das hieraus abgeleitete statische System.

Werden die miteinander verbundenen Schraubschlüssel durch eine Kraft F belastet, verbiegt sich das Material der beiden Schraubschlüssel. Dabei dreht sich die linke Schraube im Uhrzeigersinn und die rechte gegen den Uhrzeigersinn. Die dabei entstehende Drehkraft im Material wird als Biegemoment bezeichnet, dem das Material Widerstand leisten muss. Dieses Biegemoment lässt sich mathematisch berechnen und ist (nach Theorie I. Ordnung) unabhängig vom verwendeten Baustoff. Es gilt das Prinzip „Moment = Kraft · Hebelarm". Die Widerstandsfähigkeit gegenüber diesen und anderen im Material auftretenden Kräften hängt jedoch vom jeweiligen Baustoff ab.

Die Auflager- und Schnittkräfte in Verbindung mit den Widerstandsfähigkeiten von verwendeten Baustoffen sind Grundlage für die Dimensionierung/Bemessung von Bauteilen aus z. B. Holz, Stahl oder Stahlbeton.

Im folgenden Kapitel werden anhand statischer Systeme beispielhaft Auflager- und Schnittkräfte ermittelt. Aus didaktischen Gründen werden dabei lediglich 1- und 2-Feld-Systeme betrachtet, da hierbei das Prinzip der Berechnung und die Anwendung im statischen Kontext (Lastfälle etc.) deutlich wird. Ab Kapitel 5 erfolgt die Dimensionierung/Bemessung von Baustoffen basierend auf ihren Widerstandsfähigkeiten im Rahmen baupraktischer Situationen.

3.4 Auflagerkraftermittlung am 1-Feld-System

3.4.1 Grundlagen zu $\Sigma M = 0$

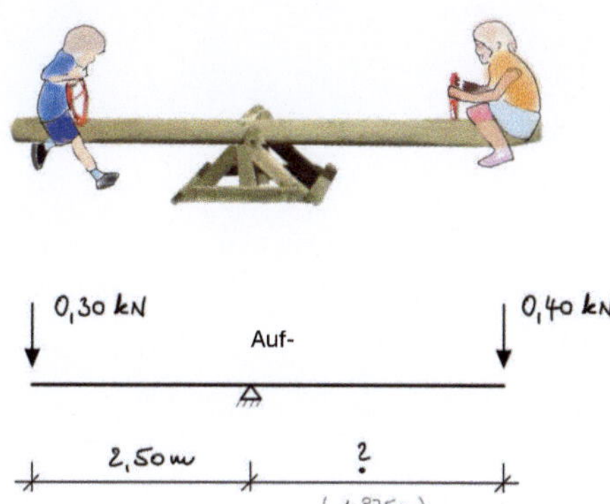

Bild 3.11: Statisches System einer Schaukel.

Die Wippe stellt durch die gelenkige Ausbildung des Auflagers grundsätzlich ein bewegliches, also dynamisches System dar. In der folgenden Betrachtung wird jedoch ein statischer Zustand angestrebt: Die Kinder möchten auf der Wippe sitzen und in der waagerechten bleiben, ohne dass sich die Wippe bewegt. In diesem Zustand ist die Gleichgewichtsbedingung $\Sigma M = 0$ maßgebend, bei der die Summe aller Drehkräfte am Auflager gleich Null ist. Am Auflager der Waage treffen zwei Drehkräfte (Momente) aufeinander, die in entgegengesetzter Richtung wirken. Die linksseitige Kraft von 0,30 kN erzeugt mit dem zugehörigen Hebelarm von 2,50 m bis zum Auflagerpunkt eine Drehung gegen den Uhrzeigersinn. Die Kraft auf der rechten Seite erzeugt an derselben Stelle des Auflagers eine Drehung im Uhrzeigersinn. Wenn sich beide Drehkräfte und damit die Drehwirkungen am Auflager der Wippe aufheben, bewegt sich die Wippe nicht. Im Folgenden wird der rechte Hebelarm ermittelt, bei dem dieser Gleichgewichtszustand erreicht wird:

$$\Sigma M \quad = M_{\text{links}} + M_{\text{rechts}} = 0:$$
$$M_{\text{links}} = 0{,}30 \text{ kN} \cdot 2{,}50 \text{ m} = 0{,}75 \text{ kNm}$$
$$M_{\text{rechts}} = 0{,}40 \text{ kN} \cdot \textbf{?} \textbf{ m} = -0{,}75 \text{ kNm}$$

> Definition:
> Moment im Uhrzeigersinn (MiU) $\quad \rightarrow \quad$ positives Vorzeichen
> Moment gegen den Uhrezigersinn (MgU) $\rightarrow$ negatives Vorzeichen

$$M_{\text{Mittelpunkt}} = 0$$
$$= -0{,}30 \text{ kN} \cdot 2{,}50 \text{ m} \qquad + 0{,}40 \text{ kN} \cdot x$$
$$\text{(MgU negativ)} \qquad \text{(MiU positiv)}$$

$$x \quad = 0{,}30 \text{ kN} \cdot 2{,}50 \text{ m} / 0{,}40 \text{ kN}$$
$$x \quad = 1{,}875 \text{ m}$$

## 3.4.2	Beispiel 1: Einzellast

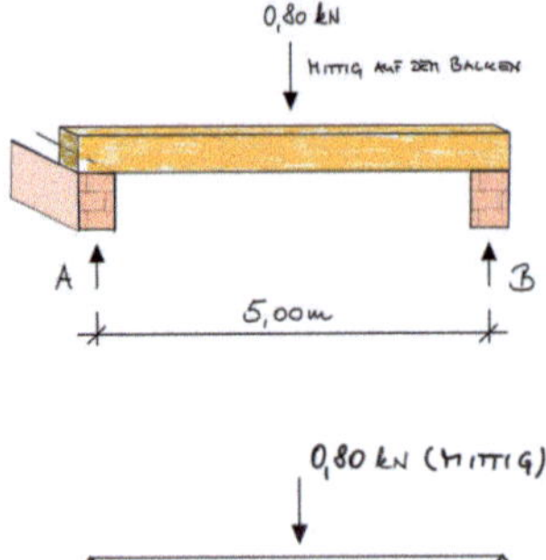

Bild 3.12: Statisches System mit einer mittig angreifenden Einzellast.

Ermittlung der Auflagerkräfte mit Hilfe der Gleichgewichtsbedingung $\sum M = 0$:

Die Auflager A und B sind als Gelenke ausgeführt und können sich verdrehen. Die Momente an den Auflagern A und B nehmen daher den Wert Null an. Mit dieser Information lässt sich eine Gleichung aufstellen, die nur eine Variable enthält:

Momente um das Auflager A:

$M_A = 0$: (konstruktionsbedingt)

$$0 = 0{,}80\,\text{kN} \cdot 2{,}50\,\text{m} - \mathbf{B} \cdot 5{,}00\,\text{m}$$

$$B \cdot 5{,}00\,\text{m} = 0{,}80\,\text{kN} \cdot 2{,}50\,\text{m}$$

$$B = \frac{0{,}80\,kN \cdot 2{,}50\,m}{5{,}00\,m}$$

$$\mathbf{B} = 0{,}40\,\text{kN}$$

Momente um das Auflager B:

$M_B = 0$:

$$0 = -\,0{,}80\,\text{kN} \cdot 2{,}50\,\text{m} + A \cdot 5{,}00\,\text{m}$$

$$-\,A \cdot 5{,}00\,\text{m} = -\,0{,}80\,\text{kN} \cdot 2{,}50\,\text{m}$$

$$A = \frac{0{,}80\,kN \cdot 2{,}50\,m}{5{,}00\,m}$$

$$\mathbf{A} = 0{,}40\,\text{kN}$$

Wie zu erwarten ist:

$$A \triangleq B = \frac{0{,}80\,kN}{2} = 0{,}40\,\text{kN}$$

Drehrichtungen um A:

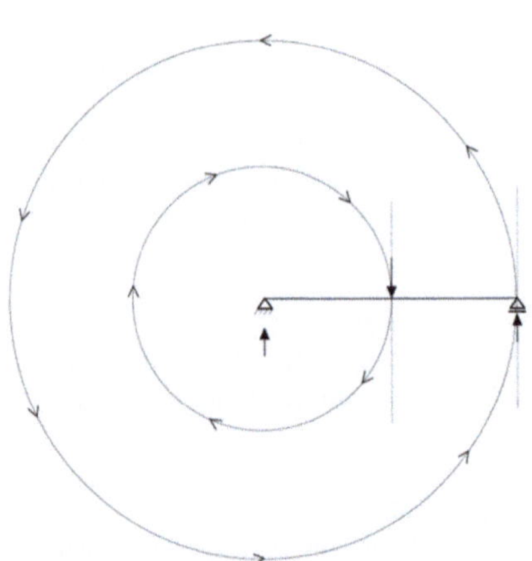

Kreis:
Mittelpunkt $\triangleq$ betrachteter Drehpunkt
Radius $\triangleq$ Hebelarm zur Kraft
Tangente $\triangleq$ Wirkungslinie der Kraft

Bild 3.13: Darstellung der Drehrichtung der Momente resultierend aus den Kräften.

3.4.3 Beispiel 2: Streckenlast

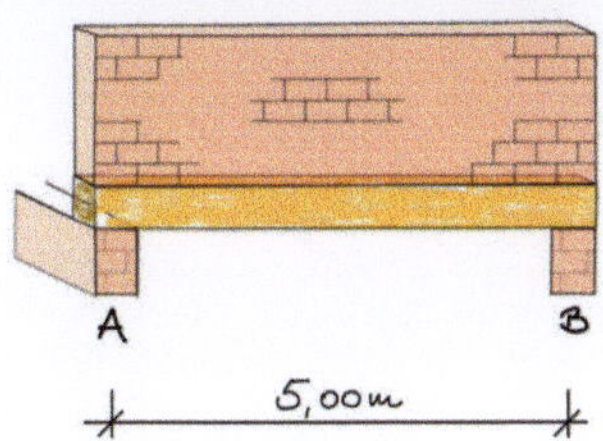

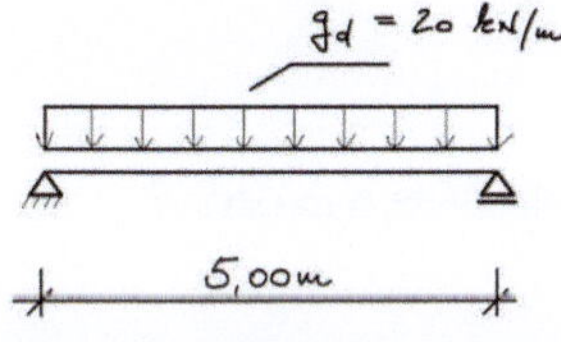

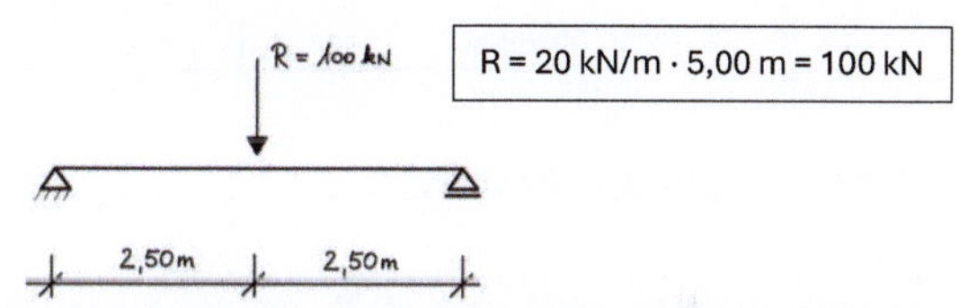

R = 20 kN/m · 5,00 m = 100 kN

Bild 3.14: Prinzipskizze + statisches System und Ersatzsystem eines 1-Feld-Balkens mit einer Streckenlast.

Zur vereinfachten Berechnung der Auflagerkräfte wird aus der Streckenlast die resultierende Kraft „R" ermittelt. Diese stellt die gesamte Kraft aus der Streckenlast am Kraftschwerpunkt dar und wird in einem Ersatzsystem abgebildet (siehe oben). In diesem Ersatzsystem können die Auflagerkräfte, wie im Beispiel 1, berechnet werden:

<u>Momente um das Auflager A:</u>

$M_A = 0$ $= 100\ \text{kN} \cdot 2{,}50\ \text{m} - \mathbf{B} \cdot 5{,}00\ \text{m}$

B $= \dfrac{100\ kN \cdot 2{,}50\ m}{5{,}00\ m}$

$= 50\ \text{kN}$

<u>Momente um das Auflager B:</u>

$M_B = 0$ $= -100\ \text{kN} \cdot 2{,}50\ \text{m} + A \cdot 5{,}00\ \text{m}$

A $= \dfrac{100\ kN \cdot 2{,}50\ m}{5{,}00\ m}$

$= 0{,}40\ \text{kN}$

Wie zu erwarten ist:

$A \mathrel{\hat{=}} B$ $= \dfrac{e_d \cdot l_{eff}}{2} = \dfrac{R}{2} = \dfrac{100\ kN}{2} = 50\ \text{kN}$

$\rightarrow \Sigma V$ $= 100\ \text{kN} - 50\ \text{kN} - 50\ \text{kN} = 0$

3.4.4 Beispiel 3: Kombination I

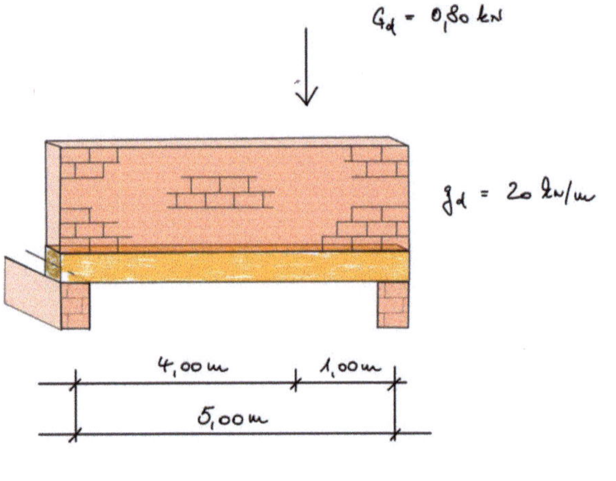

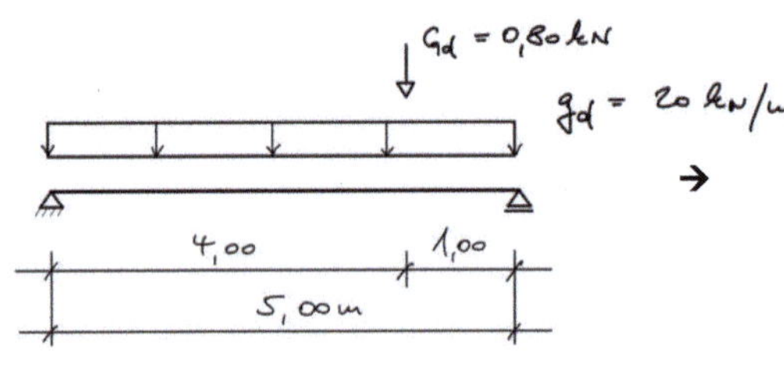

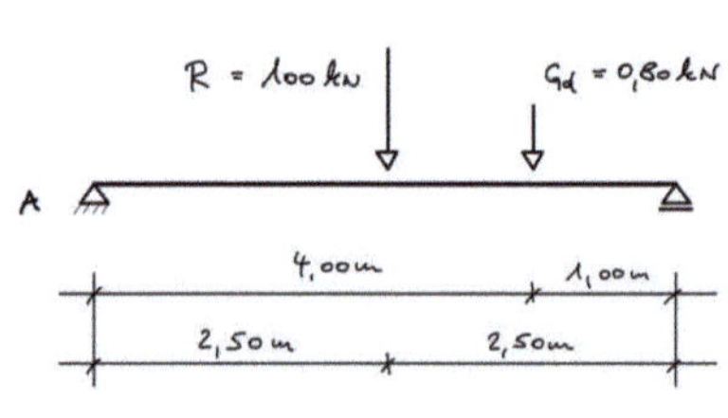

R ≙ Resultierende aus der Streckenlast.
R = 20 kN/m · 5 m = 100 kN

Bild 3.15: Prinzipskizze + statisches System und Ersatzsystem mit einer Einzel- und Streckenlast.

Momente um das Auflager A:

$M_A = 0$

$0 \quad = +100 \text{ kN} \cdot 2{,}50 \text{ m} + 0{,}80 \text{ kN} \cdot 4{,}00 \text{ m} - B \cdot 5{,}00 \text{ m}$

$B \quad = \dfrac{100 \text{ kN} \cdot 2{,}50 \text{ m} + 0{,}80 \text{ kN} \cdot 4{,}00 \text{ m}}{5{,}00 \, m}$

$\mathbf{B} \quad = 50{,}64 \text{ kN}$

Momente um das Auflager B

$M_B = 0$ $= -100\,\text{kN} \cdot 2{,}50\,\text{m} - 0{,}80\,\text{kN} \cdot 1{,}00\,\text{m} + A \cdot 5{,}00\,\text{m}$

$$A = \frac{100\,\text{kN} \cdot 2{,}50\,\text{m} + 0{,}80\,\text{kN} \cdot 1{,}00\,\text{m}}{5{,}00\,m}$$

A $= 50{,}16\,\text{kN}$

Kontrolle:

$\sum V = 0 \;\rightarrow\;$ $\quad A + B$ $= R + G_d$

$\qquad\qquad\quad 0$ $= R + G_d - A - B$

$\qquad\qquad\quad 0$ $= 100\,\text{kN} + 0{,}80\,\text{kN} - 50{,}64\,\text{kN} - 50{,}16\,\text{kN}$

3.4.5 Beispiel 4: Kombination II

Das statische System:

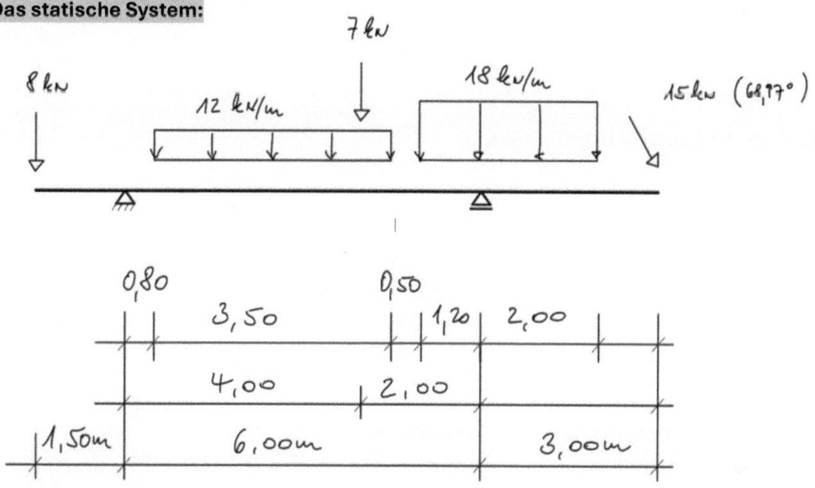

Ersatzsystem:

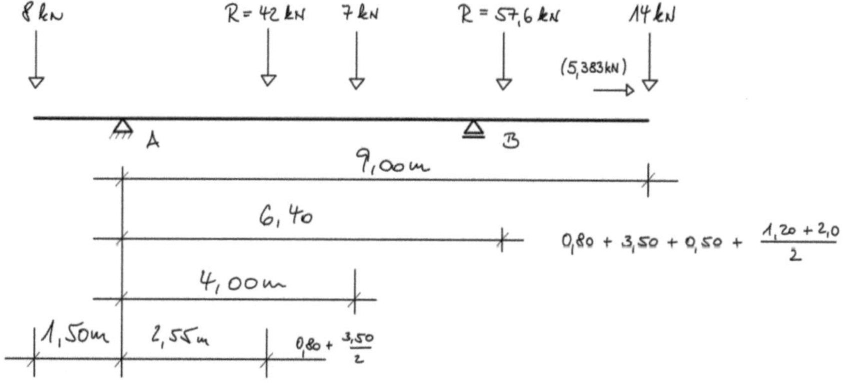

Bild 3.16: Statisches System und Ersatzsystem mit diversen Einzel- und Streckenlasten.

Diagonalkraft 15 kN:

Grundsätzlich gilt: Der Hebelarm eines Momentes ist der lotrechte Abstand von einem betrachteten Drehpunkt zur Wirkungslinie einer Kraft. Bei einer Kraft, deren Wirkungsrichtung diagonal verläuft, kann der lotrechte Abstand, wie in der unten dargestellten Abbildung, bestimmt werden. Der lotrechte Abstand entspricht dabei dem Radius und die Wirkungslinie der Kraft der Tangente des eingezeichneten Kreises.

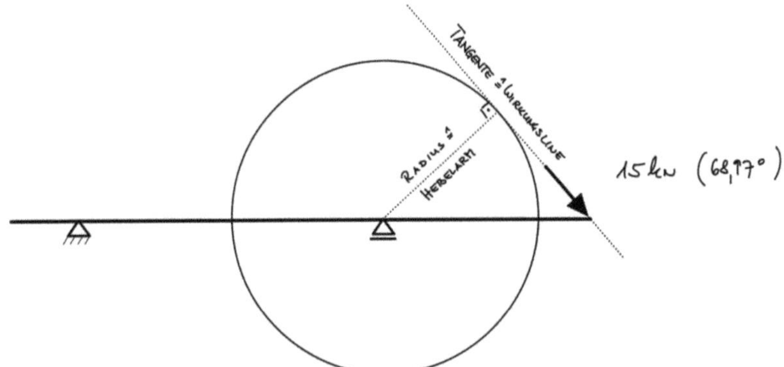

Bild 3.17: Hebelarm zur Diagonalkraft.

Es gibt jedoch auch eine alternative Vorgehensweise:
Eine weitere Möglichkeit, Momente aus diagonal wirkenden Kräften zu bestimmen, besteht darin, Diagonalkräfte in ihre vertikalen und horizontalen Komponenten aufzuteilen. Statt des Hebelarms zur diagonalen Wirkungslinie werden nun die lotrechten Abstände zu den Wirkungslinien dieser Kraftkomponenten bestimmt. Der Kraftangriffspunkt dieser Komponenten liegt auf dem Stab des statischen Systems. Im Beispiel beträgt der lotrechte Abstand vom Auflager A zur vertikalen Kraftkomponente 9,00 m. Die horizontale Kraftkomponente wirkt in Richtung der Stabachse und hat daher vom Auflager aus betrachtet keinen Hebelarm (Hebelarm = 0). Für das Moment am Auflager A ist somit nur die vertikale Kraftkomponente relevant.

Vertikale und horizontale Kraftkomponente der Diagonalkraft:

$$\sin \alpha = \frac{V}{15\ kN}$$

$V\ \ = 15{,}00\ kN \cdot \sin 68{,}97°$

V   **= 14,00 kN**

$H\ \ = 15{,}00\ kN \cdot \cos 68{,}97°$ (nicht erforderlich)

    $= 5{,}383\ kN$

> In Kräftedreiecken verhalten sich die Kraftkomponenten zueinander, wie die Seitenlängen eines rechtwinkligen Dreieckes.

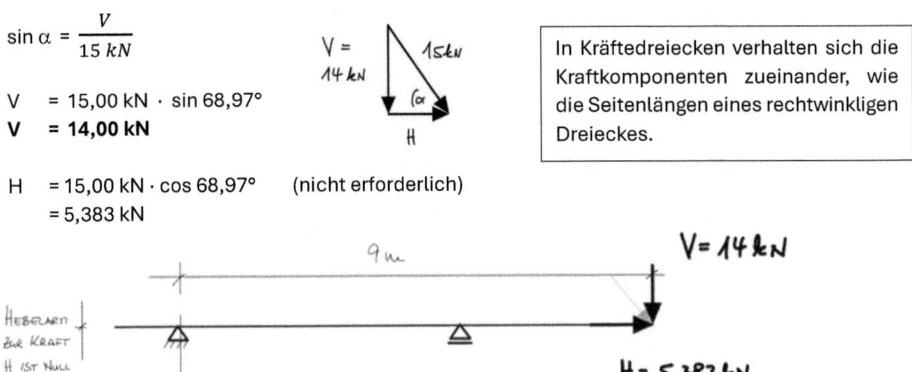

Bild 3.18: Vertikale und horizontale Komponenten der Diagonalkraft und Darstellung ihrer Hebelarme zum Auflagerpunkt A.

Momente um das Auflager A

$$M_A = 0 \quad = \; -8\,\text{kN} \cdot 1{,}50\,\text{m} + 42\,\text{kN} \cdot 2{,}55\,\text{m} + 7\,\text{kN} \cdot 4{,}00\,\text{m} + 57{,}6\,\text{kN} \cdot 6{,}40\,\text{m} +$$
$$14\,\text{kN} \cdot 9{,}00\,\text{m} - B \cdot 6{,}00\,\text{m}$$

$$B \quad = \frac{-8\,\text{kN} \cdot 1{,}50\,\text{m} + 42\,\text{kN} \cdot 2{,}55\,\text{m} + 7\,\text{kN} \cdot 4{,}00\,\text{m} + 57{,}6\,\text{kN} \cdot 6{,}40\,\text{m} + 14\,\text{kN} \cdot 9{,}00\,\text{m}}{6{,}00\,m}$$

$$= 102{,}96\,\text{kN}$$

Momente um das Auflager B

$$M_B = 0 \quad = \; -8\,\text{kN} \cdot 7{,}50\,\text{m} - 42\,\text{kN} \cdot 2{,}95\,\text{m} - 7\,\text{kN} \cdot 2{,}00\,\text{m} + 57{,}6\,\text{kN} \cdot 0{,}40\,\text{m} +$$
$$14\,\text{kN} \cdot 3{,}00\,\text{m} + A \cdot 6{,}00\,\text{m}$$

$$-A \quad = \frac{-8\,\text{kN} \cdot 7{,}50\,\text{m} - 42\,\text{kN} \cdot 3{,}45\,\text{m} - 7\,\text{kN} \cdot 2{,}00\,\text{m} + 57{,}6\,\text{kN} \cdot 0{,}40\,\text{m} + 14\,\text{kN} \cdot 3{,}00\,\text{m}}{6{,}00\,m}$$

$$A \quad = \; 25{,}64\,\text{kN}$$

Kontrolle:

$$\sum V = 0 \;\rightarrow \quad A + B \quad = 8\,\text{kN} + 42\,\text{kN} + 7\,\text{kN} + 57{,}6\,\text{kN} + 14\,\text{kN}$$
$$0 \qquad = 8\,\text{kN} + 42\,\text{kN} + 7\,\text{kN} + 57{,}6\,\text{kN} + 14\,\text{kN} - A - B$$
$$= 8\,\text{kN} + 42\,\text{kN} + 7\,\text{kN} + 57{,}6\,\text{kN} + 14\,\text{kN} - 25{,}64\,\text{kN} - 102{,}96\,\text{kN} = 0$$

$$\sum H = 0 \;\rightarrow \quad 0 \qquad = H + A_H$$
$$= 5{,}383\,\text{kN} - 5{,}383\,\text{kN} = 0 \qquad (\text{mit } A_H = -5{,}383\,\text{kN})$$

3.5 Auflager- und Schnittkraftermittlung am 2-Feld-System

3.5.1 Lastkombinationen durch veränderliche Lasten

Bei einer statischen Berechnung werden in der Regel die Lastkombinationen gesucht, die zu den *größten* Auflager- bzw. Schnittkräften führen. Dies ist insbesondere abhängig von der veränderlichen Last (hier: Nutzlast q), da diese in einem 2-Feld-System entweder auf beiden Feldern gleichzeitig, nur in einem der beiden Felder oder gar nicht auftreten kann. Die Eigenlast g wirkt naturgemäß hingegen immer in beiden Feldern:

Lastkombination 1: Veränderliche Last q wirkt in beiden Feldern

Lastkombination 2: Veränderliche Last q wirkt im Feld 1

Lastkombination 3: Veränderliche Last q wirkt im Feld 2

Für die nachfolgenden Berechnungen der Auflager- und Schnittkräfte werden die Tabellenwerte aus Anhang A4 verwendet. Diese Werte wurden in Abhängigkeit vom Verhältnis der Feldlängen ermittelt. Hiermit ist es für 2-Feld-Systeme möglich alle relevanten Auflager- und Schnittkräfte mit einem Taschenrechner zu bestimmen. Im abschließenden Teil der Berechnung (Kapitel 3.5.3) wird exemplarisch aufgezeigt, welche Lastkombinationen für die Auflager- und Schnittkräfte maßgebend sind.

3.5.2 Übungsbeispiel mit Streckenlasten

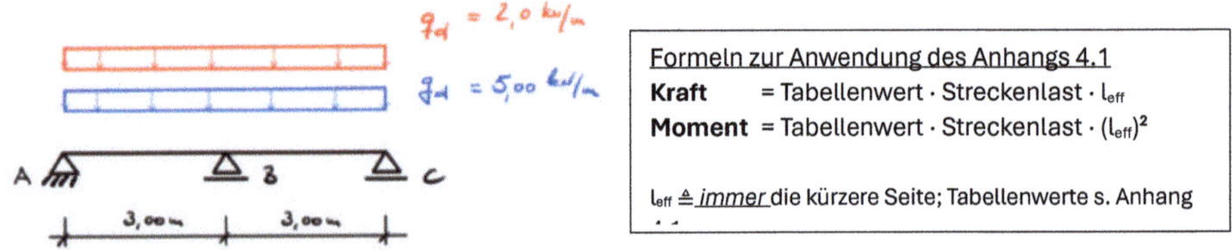

Bild 3.19: Statisches System eines 2-Feld-Systems mit Eigen- und Nutzlasten.

Bei Anwendung der Tabelle im Anhang A4 werden die gesuchten Auflager- und Schnittkräfte infolge Eigen- und Nutzlasten getrennt berechnet und abschließend addiert. Die Tabellenwerte müssen entsprechend der Lastfälle abgelesen und mit den zugehörigen Eigen- bzw. Nutzlasten multipliziert werden.

Bild 3.20: Aufteilung der Eigen- und Nutzlasten.

Lastkombination 1

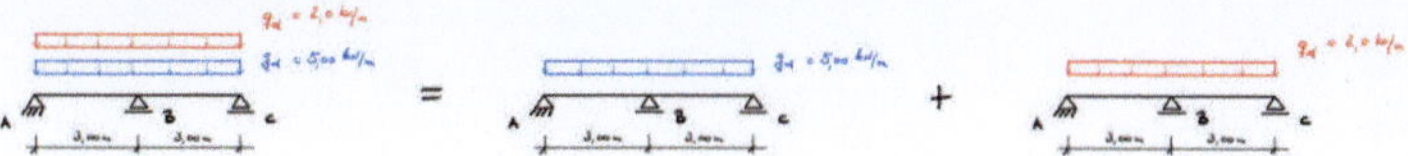

Bild 3.21: Aufteilung der Eigen- und Nutzlasten.

A	$=$	A_{gd}	$+$	A_{qd}		
$A \triangleq C$	$=$	$0{,}375 \cdot 5{,}00 \,\text{kN/m} \cdot 3{,}00 \,\text{m}$	$+$	$0{,}375 \cdot 2{,}00 \,\text{kN/m} \cdot 3{,}00 \,\text{m}$	$=$	$7{,}875 \,\text{kN}$
Q_{Bl}	$=$	$0{,}625 \cdot 5{,}00 \,\text{kN/m} \cdot 3{,}00 \,\text{m}$	$+$	$0{,}625 \cdot 2{,}00 \,\text{kN/m} \cdot 3{,}00 \,\text{m}$	$=$	$13{,}125 \,\text{kN}$
Q_{Br}	$=$	$0{,}625 \cdot 5{,}00 \,\text{kN/m} \cdot 3{,}00 \,\text{m}$	$+$	$0{,}625 \cdot 2{,}00 \,\text{kN/m} \cdot 3{,}00 \,\text{m}$	$=$	$13{,}125 \,\text{kN}$
B	$=$	$|Q_{Bl}| + Q_{Br}$	$=$	$13{,}125 \,\text{kN} + 13{,}125 \,\text{kN}$	$=$	$26{,}250 \,\text{kN}$
M_B	$=$	$0{,}125 \cdot 5{,}00 \,\text{kN/m} \cdot (3{,}00 \,\text{m})^2$	$+$	$0{,}125 \cdot 2{,}00 \,\text{kN/m} \cdot (3{,}00 \,\text{m})^2$	$=$	$7{,}875 \,\text{kNm}$
$M_1 \triangleq M_2$	$=$	$0{,}070 \cdot 5{,}00 \,\text{kN/m} \cdot (3{,}00 \,\text{m})^2$	$+$	$0{,}070 \cdot 2{,}00 \,\text{kN/m} \cdot (3{,}00 \,\text{m})^2$	$=$	$4{,}410 \,\text{kNm}$

Lastkombination 2

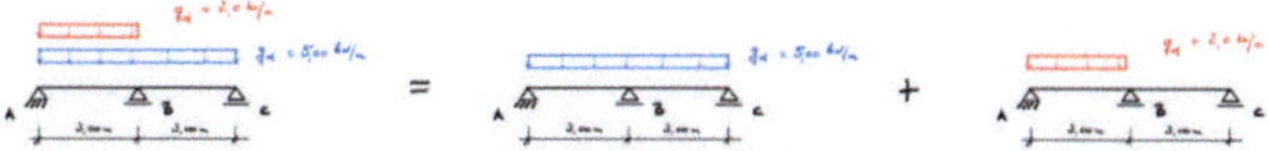

Bild 3.22: Aufteilung der Eigen- und Nutzlasten.

A	$=$	A_{gd}	$+$	A_{qd}		
A	$=$	$0{,}375 \cdot 5{,}00 \,\text{kN/m} \cdot 3{,}00 \,\text{m}$	$+$	$0{,}438 \cdot 2{,}00 \,\text{kN/m} \cdot 3{,}00 \,\text{m}$	$=$	$8{,}253 \,\text{kN}$
C	$=$	$0{,}375 \cdot 5{,}00 \,\text{kN/m} \cdot 3{,}00 \,\text{m}$	$+$	$(-0{,}063) \cdot 2{,}00 \,\text{kN/m} \cdot 3{,}00 \,\text{m}$	$=$	$5{,}247 \,\text{kN}$
Q_{Bl}	$=$	$0{,}625 \cdot 5{,}00 \,\text{kN/m} \cdot 3{,}00 \,\text{m}$	$+$	$0{,}563 \cdot 2{,}00 \,\text{kN/m} \cdot 3{,}00 \,\text{m}$	$=$	$12{,}753 \,\text{kN}$
Q_{Br}	$=$	$0{,}625 \cdot 5{,}00 \,\text{kN/m} \cdot 3{,}00 \,\text{m}$	$+$	$0{,}063 \cdot 2{,}00 \,\text{kN/m} \cdot 3{,}00 \,\text{m}$	$=$	$9{,}753 \,\text{kN}$
B	$=$	$|Q_{Bl}| + Q_{Br}$			$=$	$22{,}506 \,\text{kN}$
M_B	$=$	$0{,}125 \cdot 5{,}00 \,\text{kN/m} \cdot (3{,}00 \,\text{m})^2$	$+$	$0{,}063 \cdot 2{,}00 \,\text{kN/m} \cdot (3{,}00 \,\text{m})^2$	$=$	$6{,}759 \,\text{kNm}$
M_1	$=$	$0{,}070 \cdot 5{,}00 \,\text{kN/m} \cdot (3{,}00 \,\text{m})^2$	$+$	$0{,}096 \cdot 2{,}00 \,\text{kN/m} \cdot (3{,}00 \,\text{m})^2$	$=$	$4{,}878 \,\text{kNm}$

M_2 ist in dieser Lastkombination für die Bemessung nicht relevant.

Lastkombination 3

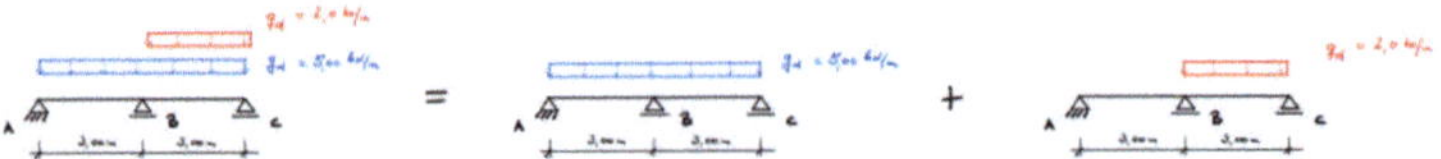

Bild 3.23: Aufteilung der Eigen- und Nutzlasten.

A	=	A_{gd}	+	A_{qd}	
A	=	$0{,}375 \cdot 5{,}00$ kN/m $\cdot 3{,}00$ m	+	$(-0{,}063) \cdot 2{,}00$ kN/m $\cdot 3{,}00$ m =	5,247 kN
C	=	$0{,}375 \cdot 5{,}00$ kN/m $\cdot 3{,}00$ m	+	$0{,}438 \cdot 2{,}00$ kN/m $\cdot 3{,}00$ m =	8,253 kN
Q_{Bl}	=	$0{,}625 \cdot 5{,}00$ kN/m $\cdot 3{,}00$ m	+	$0{,}063 \cdot 2{,}00$ kN/m $\cdot 3{,}00$ m =	9,753 kN
Q_{Br}	=	$0{,}625 \cdot 5{,}00$ kN/m $\cdot 3{,}00$ m	+	$0{,}563 \cdot 2{,}00$ kN/m $\cdot 3{,}00$ m =	12,753 kN
B	=	$|Q_{Bl}| + Q_{Br}$		=	22,506 kN
M_B	=	$0{,}125 \cdot 5{,}00$ kN/m $\cdot (3{,}00$ m$)^2$ +	$0{,}063 \cdot 2{,}00$ kN/m $\cdot (3{,}00$ m$)^2$ =		6,759 kNm
M_2	=	$0{,}070 \cdot 5{,}00$ kN/m $\cdot (3{,}00$ m$)^2$ +	$0{,}096 \cdot 2{,}00$ kN/m $\cdot (3{,}00$ m$)^2$ =		4,878 kNm

M_1 ist in dieser Lastkombination für die Bemessung nicht relevant.

Faktoren für Auflager A und C bei den Lastfällen 2 und 3

- In jedem Schnitt, der am Gesamtsystem geführt wird, muss die Summe aller Kräfte Null ergeben. Wird der Schnitt rechts am System geführt, so zeigt die Querkraft definitionsgemäß nach unten.

- Wird die Gleichung für die Summe aller Kräfte aufgestellt, so erhalten Kräfte mit der Pfeilrichtung nach oben ein negatives und mit der Pfeilrichtung nach unten ein positives Vorzeichen.

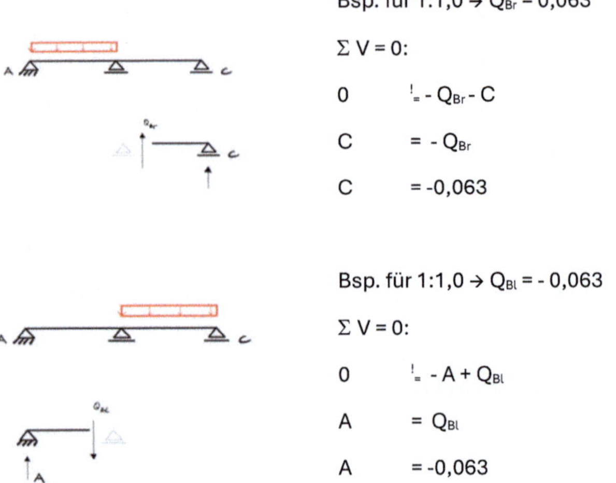

Bsp. für 1:1,0 → Q_{Br} = 0,063

$\Sigma V = 0$:

$0 \quad \overset{!}{=} - Q_{Br} - C$

$C \quad = - Q_{Br}$

$C \quad = -0{,}063$

Bsp. für 1:1,0 → Q_{Bl} = - 0,063

$\Sigma V = 0$:

$0 \quad \overset{!}{=} - A + Q_{Bl}$

$A \quad = Q_{Bl}$

$A \quad = -0{,}063$

Bild 3.24: Schnitt am Auflager zur Bestimmung der Auflagerkräfte mit Hilfe von $\Sigma V = 0$.

3.5.3 Maßgebende Lastkombination / Auflager- und Schnittkräfte

Auflagekräfte und Momente, die in allen drei Lastkombinationen auftreten:

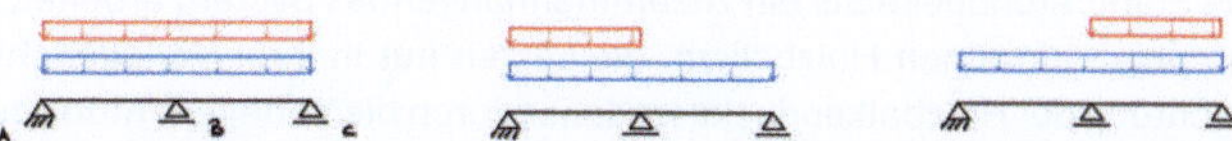

Tab.3.1: Ergebnisliste für die Auflagerkräfte und Biegemomente in den Lastkombinationen 1-3.

	Lastkombination 1	Lastkombination 2	Lastkombination 3
Auflagerkraft A	7,875 kN	**8,253 kN**	5,247 kN
Auflagerkraft B	**26,250 kN**	22,506 kN	22,506 kN
Auflagerkraft C	7,875 kN	5,247 kN	**8,253 kN**
Biegemoment M_B	**7,875 kNm**	6,759 kNm	6,759 kNm
Biegemoment M_1	4,410 kNm	**4,878 kNm**	-
Biegemoment M_2	4,410 kNm	-	**4,878 kNm**

Für die Bemessung sind i. d. R die jeweils größten Auflager- und Schnittkräfte maßgebend!

3.6 Statische Modellierung von Stahlbetonplatten und Holzbalkendecken

Bei der statischen Modellierung von ebenen Decken als 1-dimensionales System ist der Lastabtrag der Decke entscheidend. Im Folgenden werden Stahlbeton- und Holzbalkendecken betrachtet. Während die Stahlbetondecke als ein zusammenhängendes System arbeitet, besteht die Holzbalkendecke aus vielen einzelnen Holzbalken, die Lasten nur in ihrer Verlegerichtung abtragen können. Die Spannrichtung der Holzbalkendecke ist daher durch die Verlegerichtung der Balken bestimmt. Bei der Stahlbetondecke kann mit der Wahl bestimmter Mattenbewehrung die Richtung des Lastabtrages beeinflusst werden. R-Matten haben nur in Längsrichtung den statisch erforderlichen Bewehrungsgrad, wodurch die Lasten hauptsächlich in Längsrichtung abgetragen werden. Q-Matten hingegen besitzen sowohl in Längs- als auch in Querrichtung den gleichen Bewehrungsgrad, sodass die Lasten sowohl in Längs- als auch in Querrichtung abgetragen werden können. Im üblichen Wohnungsbau werden in der Regel R-Matten aus wirtschaftlichen Gründen eingesetzt, weshalb im Folgenden Stahlbetondecken mit nur einer Spannrichtung betrachtet werden.

3.6.1   Holzbalkendecke

Die Holzbalkendecke besteht aus mehreren einzelnen Holzbalken, die gleichmäßig voneinander abgesetzt sind. Bei der Dimensionierung der Holzbalkendecke wird ein stellvertretender Hauptbalken bemessen mit der statisch ungünstigsten Belastungssituation. Das hierfür berechnete Querschnittsprofil dieses Hauptbalkens, der für die kritische Belastung ausgelegt ist, wird baupraktisch für die gesamte Holzbalkendecke verwendet. Die auf die Holzbalkendecke wirkende Flächenlast verteilt sich durch den Deckenaufbau (wie Dielen etc.) auf die einzelnen Balken. Dabei spielt der Balkenabstand eine zentrale Rolle.

Streckenlasten:

g_d [kN/m] = g_k [kN/m²] $\cdot$ e [m] $\cdot$ 1,35

q_d [kN/m] = q_k [kN/m2] $\cdot$ e [m] $\cdot$ 1,50

e_d [kN/m] = g_d + q_d

mit e $\triangleq$ Holzbalkenabstand

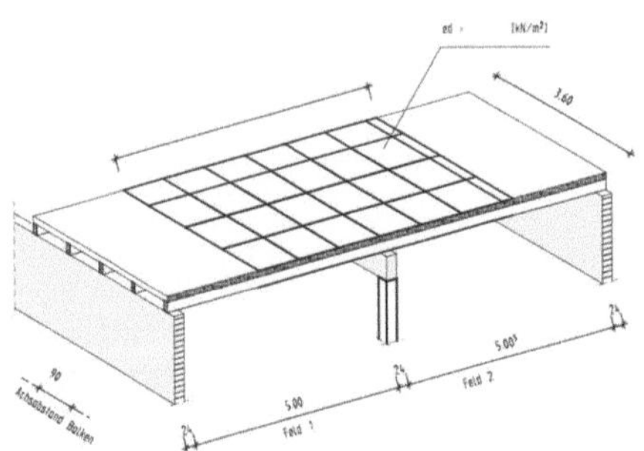

Flächenlast auf einer Holzbalkendecke

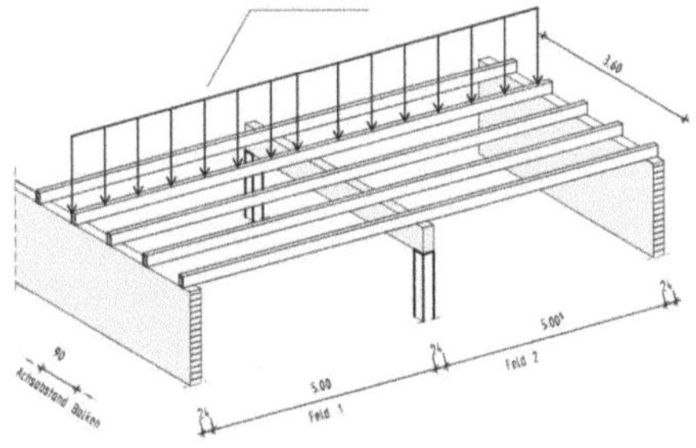

Streckenlast auf einem stellvertretenden Holzbalken für das 1-dimensionale, statische System

Bild 3.25: Prinzipskizze einer Holzbalkendecke mit Darstellung von Flächen- und Streckenlasten.

3.6.2 Stahlbetonplatte

Im Gegensatz zur Holzbalkendecke besteht die Stahlbetonplatte nicht aus einzelnen Bauteilen. Bei einseitig gespannten Stahlbetondecken wird jedoch auch hier nur ein Ausschnitt der gesamten Fläche betrachtet. Die Stahlbetonplatte wird in 1 Meter breite Plattenstreifen unterteilt. Ähnlich wie bei der Holzbalkendecke wird für die Bemessung ein stellvertretender Plattenstreifen gewählt, der die statisch ungünstigste Belastungssituation abbildet. Die Bewehrung, die für diesen Streifen ermittelt wird, wird auch für die übrigen Bereiche der Decke verwendet.

Ablaufschema für den Lastabtrag von der Decke bis zum Streifenfundament:

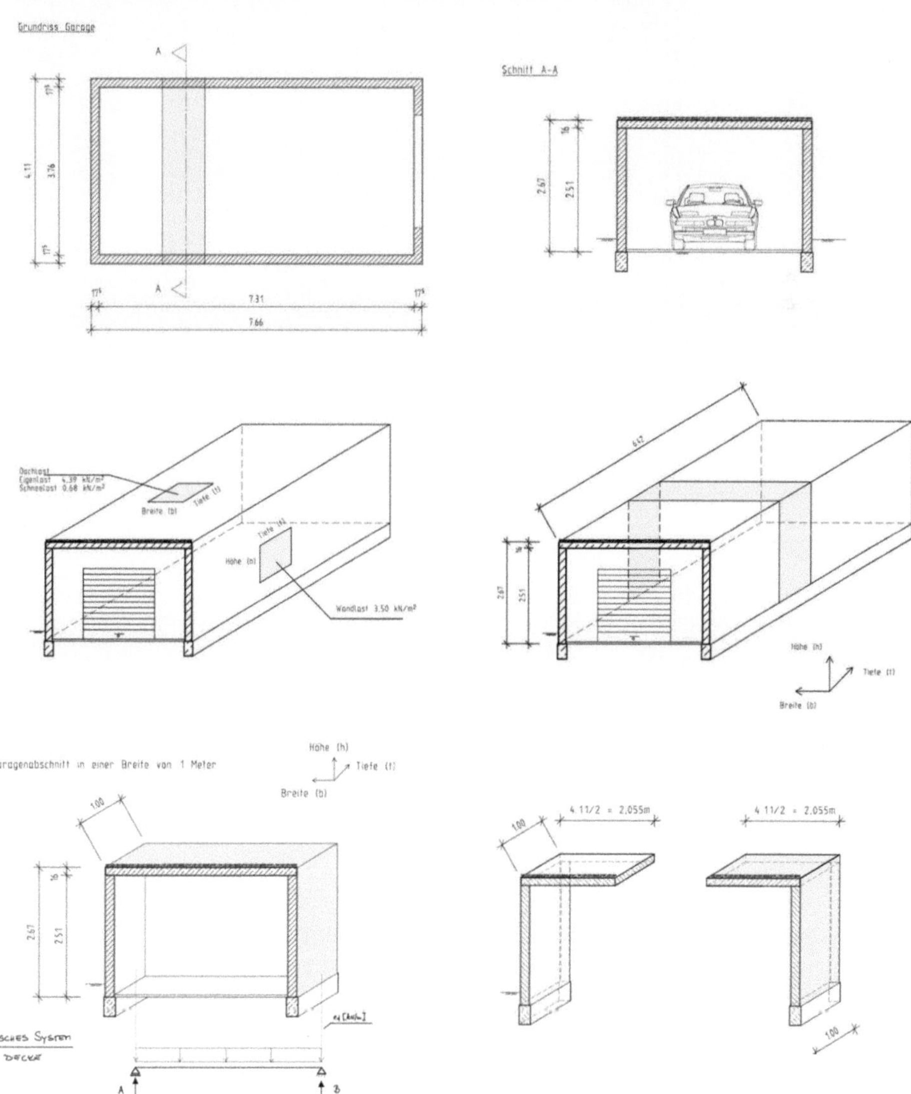

Bild 3.26: Prinzipskizze einer Garage zur Darstellung der vertikalen Lastweiterleitung.

Lastweiterleitung:

Decke:

Wand:

Streifenfundament:

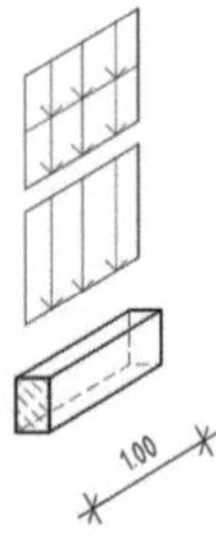

Bild 3.27: Prinzipskizze einer symmetrischen Garagenhälfte aus Decke, Wand und Fundament zur Darstellung der Lastweiterleitung und der statischen Systeme von Decke und Wand.

Das statische Prinzip bei Decken:

Das statische Prinzip bei der Dimensionierung von Decken beruht auf der Annahme, dass der stellvertretende Deckenausschnitt die statisch ungünstigste Bemessungssituation widerspiegelt. Die Ergebnisse dieser Berechnung können auf die übrigen Bereiche der Deckenkonstruktion übertragen werden, sofern der stellvertretende, kritische Ausschnitt in Bezug auf die Tragfähigkeit vergleichbar und maßgebend ist.

3.7 Auflagerkraftermittlung + Lastweiterleitung am Beispiel eines Wohngebäudes

3.7.1 Aufgabenstellung + Positionsplan

Für das unten dargestellte Gebäude sollen die Lasten vom Dach bis in die Streifenfundamente verfolgt und in Form einer statischen Berechnung strukturiert werden. Abschließend sollen für die Fundamente die Nachweise zur Einhaltung der zulässigen Bodenpressung geführt werden.

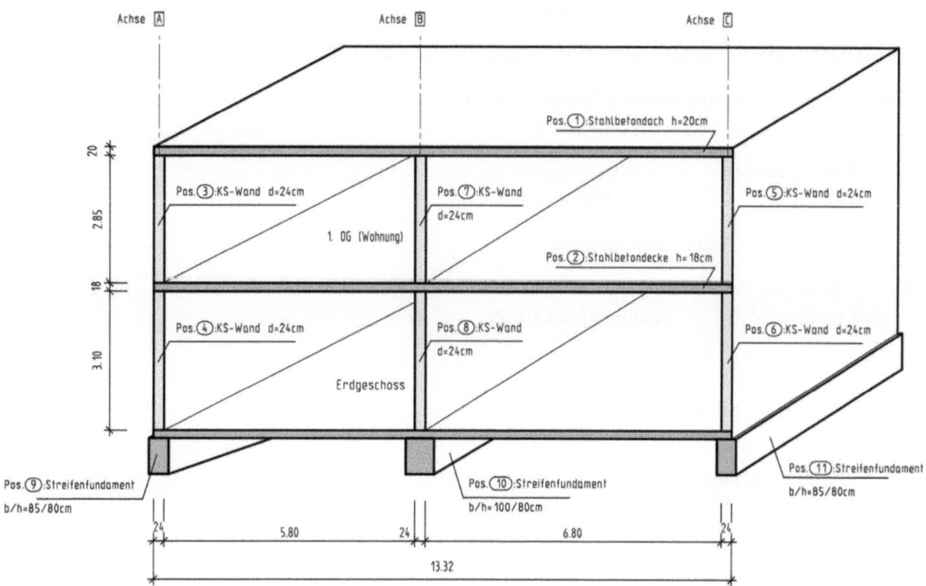

Bild 3.28: Positionsplan/Schnittzeichnung eines 2-geschossigen Gebäudes.

Standort: Hamburg (Schneelastzone 2)

Vorbemerkung:

Bei dem Bauvorhaben handelt es sich um den Neubau eines 2-geschossigen Wohnhauses in Massivbauweise. Die Aussteifung erfolgt über die Außenwände und den Stahlbetondecken. Das Gebäude wird mit Streifenfundamenten flach gegründet.

Normen:

DIN EN 1990:2010-12 + NA:2010-12 (Sicherheitsbeiwerte)
DIN EN 1991:2010-12 + NA:2010-12 + NA/A1:2024-05 (Eigen-/ Nutzlasten)
DIN EN 1991-1-3:2010-12 + NA:2019-04 (Schneelasten)
DIN 1054:2021-04 (Baugrund)
Amtlicher Anzeiger Bundesland Hamburg (Außergewöhnliche Bemessungssituation für Schneelast in der Norddeutschen Tiefebene)

Lastzusammenstellung (charakteristische Lasten)

<u>1) Eigenlasten: (beispielhaft)</u>

Stahlbetondach	g_{k1}	$= 6{,}42 \ \text{kN/m}^2$
Stahlbetondecke über EG	g_{k2}	$= 6{,}90 \ \text{kN/m}^2$
Außenwände	g_{k3}	$= 7{,}51 \ \text{kN/m}^2$
Innenwände	g_{k4}	$= 4{,}64 \ \text{kN/m}^2$

<u>2) Nutzlasten:</u>

$q_k = 1{,}50 \ \text{kN/m}^2$ (Wohnnutzung)

<u>3) Schneelasten für den Standort Hamburg (Schneelastzone 2):</u>

- Ständige und vorübergehende Bemessungssituation

$$s = \mu_i \cdot s_k$$
$$= 0{,}80 \cdot 0{,}85 \ \text{kN/m}^2$$
$$= 0{,}68 \ \text{kN/m}^2 \qquad \text{(siehe Kapitel 1.8.1)}$$

- Außergewöhnliche Belastungssituation

$$s = 2{,}30 \cdot \mu_i \cdot s_k$$
$$= 1{,}564 \ \text{kN/m}^2 \qquad \text{(siehe Kapitel 1.8.2)}$$

3.7.2   Position 1 bis Position 11

Pos.1: Stahlbetondach (h=18cm)

<u>1.1 Bemessungslasten</u>

- Ständige und vorübergehende Bemessungssituation

$$g_{d1} = 1{,}35 \cdot g_{k1} \cdot 1 \ \text{m}$$
$$= 1{,}35 \cdot 6{,}42 \ \text{kN/m}^2 \cdot 1{,}0 \ \text{m}$$
$$= 8{,}667 \ \text{kN/m}$$

$$s_d = 1{,}50 \cdot s \cdot 1 \ \text{m}$$
$$= 1{,}50 \cdot 0{,}68 \ \text{kN/m}^2 \cdot 1{,}0 \ \text{m}$$
$$= 1{,}02 \ \text{kN/m}$$

$$ed_1 = g_{d1} + s_d$$
$$= 8{,}667 \ \text{kN/m} + 1{,}02 \ \text{kN/m}$$
$$= 9{,}687 \ \text{kN/m}$$

-Außergewöhnliche Bemessungssituation

$$g_d = 1{,}0 \cdot g_{k1} \cdot 1{,}0 \ \text{m}$$
$$= 6{,}42 \ \text{kN/m}$$

$$s_d = 1{,}0 \cdot 2{,}30 \cdot s \cdot 1 \ \text{m}$$
$$= 1{,}0 \cdot 2{,}30 \cdot 0{,}68 \ \text{kN/m}^2 \cdot 1{,}0 \ \text{m}$$
$$= 1{,}564 \ \text{kN/m}$$

ed_2 = 6,42 kN/m + 1,564 kN/m
     = 7,984kN/m

➔ **Ständige und vorübergehende Bemessungssituation <u>ist maßgebend!</u>**

ed_1 = 9,687 kN/m

(siehe hierzu auch Kapitel 1.8.2 für Flachdächer und gk > 1,554 kN/m²)

1.2 Das statische System

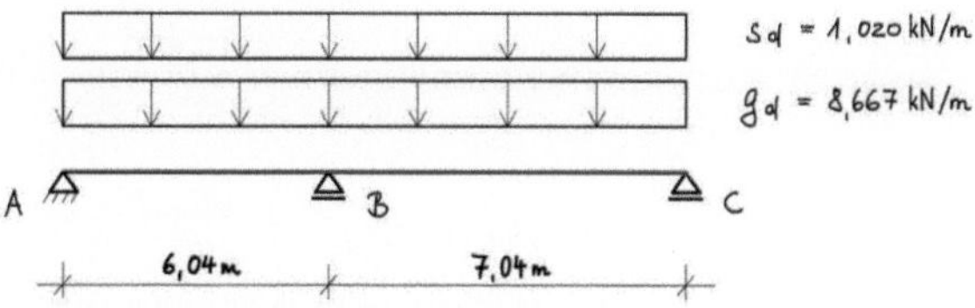

l_1 = 0,24/2 + 5,80 + 0,24/2 = 6,04 m
l_2 = 0,24/2 + 6,80 + 0,24/2 = 7,04 m

1.3 Berechnung der Auflagekräfte

$l_2 : l_1$ = 1,17 vereinfacht gewählt 1,20 (ansonsten Tabellenwerte interpolieren)

A   = 0,345 · 8,667 kN/m · 6,04 + 0,443 · 1,02 kN/m · 6,04   = 20,790 kN

B   = 1,384 · 8,667 kN/m · 6,04 + 1,384 · 1,02 kN/m · 6,04   = 80,977 kN

C   = 0,471 · 8,667 kN/m · 6,04 + 0,518 · 1,02 kN/m · 6,04   = 27,848 kN

Pos. 2: Stahlbetondecke über EG (h=20cm)

2.1 Bemessungslasten

g_d = 1,35 · g_{k2} · 1 m
     = 1,35 · 6,90 kN/m² · 1,0 m
     = 9,315 kN/m

q_d = 1,50 · q_k · 1 m
     = 1,50 · 1,50 kN/m² · 1,0 m
     = 2,25 kN/m

2.2 Das statische System

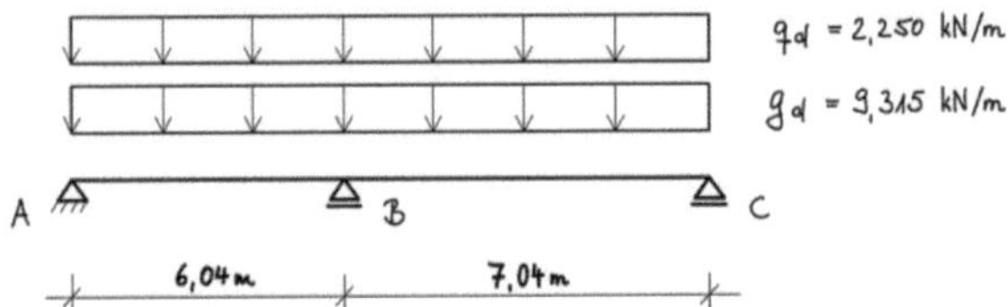

2.3 Berechnung der Auflagerkräfte

A = 0,345 · 9,315 kN/m · 6,04 + 0,443 · 2,25 kN/m · 6,04   = 25,431 kN

B = 1,384 · 9,315 kN/m · 6,04 + 1,384 · 2,25 kN/m · 6,04   = 96,676 kN

C = 0,471 · 9,315 kN/m · 6,04 + 0,518 · 2,25 kN/m · 6,04   = 33,539 kN

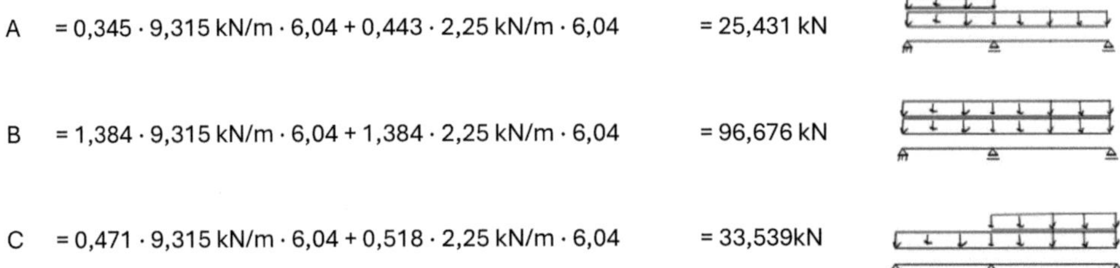

Pos. 3: Außenwand 1.OG (Achse A)

3.1 Bemessungslast

N_{Ed} = 20,790 kN   (A aus Pos. 1)

G_d = 1,35 · g_{k3} · 2,85 m · 1,0 m

     = 1,35 · 7,51 kN/m² · 2,85 m · 1,0 m

     = 28,895 kN

3.2 Das statische System

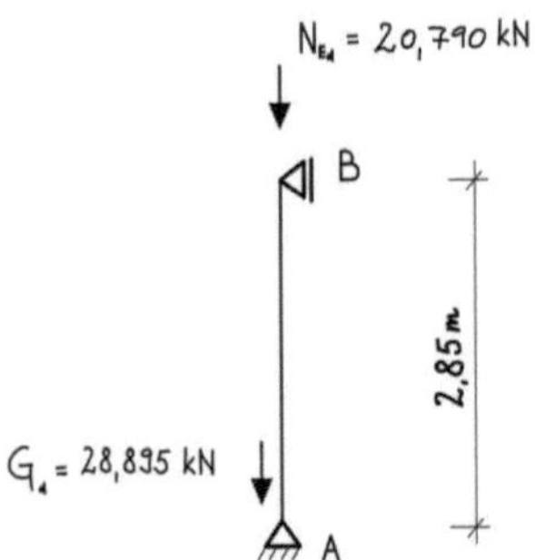

<u>3.3 Auflagerkraft A</u>

$$A = N_{Ed} + G_d$$
$$= 20{,}790\ \text{kN} + 28{,}895\ \text{kN}$$
$$= 49{,}685\ \text{kN}$$

Pos. 4: Außenwand EG (Achse A)

<u>4.1 Bemessungslast</u>

$N_{Ed1} = 25{,}431\ \text{kN}$ (A aus Pos. 2)

$N_{Ed2} = 49{,}685\ \text{kN}$ (A aus Pos. 4)

$G_d = 1{,}35 \cdot g_{k3} \cdot 3{,}10\ \text{m} \cdot 1{,}0\ \text{m}$
$\quad = 1{,}35 \cdot 7{,}51\ \text{kN/m}^2 \cdot 3{,}10\ \text{m} \cdot 1{,}0\ \text{m}$
$\quad = 31{,}430\ \text{kN}$

<u>4.2 Das statische System</u>

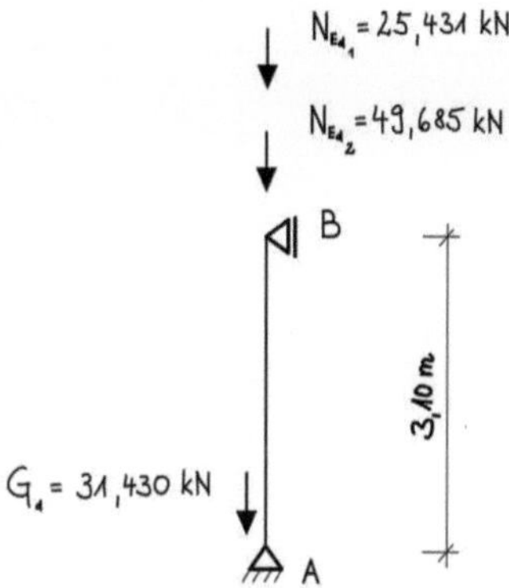

<u>4.3 Auflagekraft</u>

$$A = N_{Ed1} + N_{Ed2} + G_d$$
$$= 25{,}431\ \text{kN} + 49{,}685\ \text{kN} + 31{,}430\ \text{kN}$$
$$= 106{,}546\ \text{kN}$$

Pos. 5: Außenwand 1.OG (Achse C)

<u>5.1 Bemessungslast</u>

$N_{Ed} = 27{,}848\ \text{kN}$ (C aus Pos. 1)

$G_d = 1{,}35 \cdot g_{k3} \cdot 2{,}85\ \text{m} \cdot 1{,}0\ \text{m}$
$\quad = 1{,}35 \cdot 7{,}51\ \text{kN/m}^2 \cdot 2{,}85\ \text{m} \cdot 1{,}0\ \text{m}$
$\quad = 28{,}895\ \text{kN}$

5.2 Das statische System

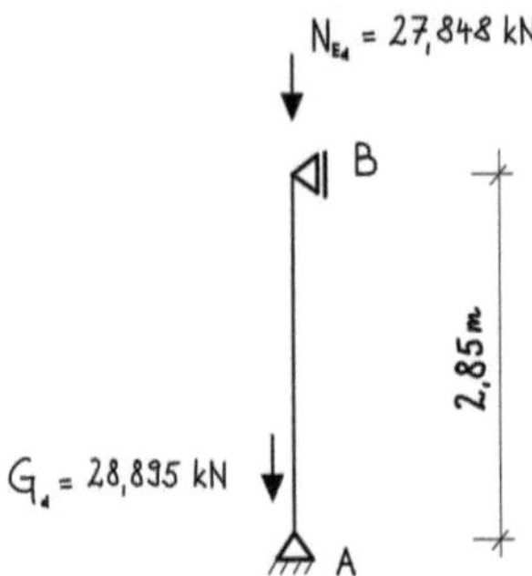

5.3 Auflagekraft

$A \quad = N_{Ed} + G_d$
$\quad = 27{,}848 \text{ kN} + 28{,}895 \text{ kN}$
$\quad = 56{,}743 \text{ kN}$

Pos. 6: Außenwand EG (Achse C)

6.1 Bemessungslast

$N_{Ed1} = 33{,}539 \text{ kN}$ $\qquad\qquad$ (C aus Pos. 2)
$N_{Ed2} = 56{,}743 \text{ kN}$ $\qquad\qquad$ (A aus Pos. 7)
$G_d \quad = 1{,}35 \cdot g_{k3} \cdot 3{,}10 \text{ m} \cdot 1{,}0 \text{ m}$
$\quad\quad = 1{,}35 \cdot 7{,}51 \text{ kN/m}^2 \cdot 3{,}10 \text{ m} \cdot 1{,}0 \text{ m}$
$\quad\quad = 31{,}430 \text{ kN}$

6.2 Das statische System

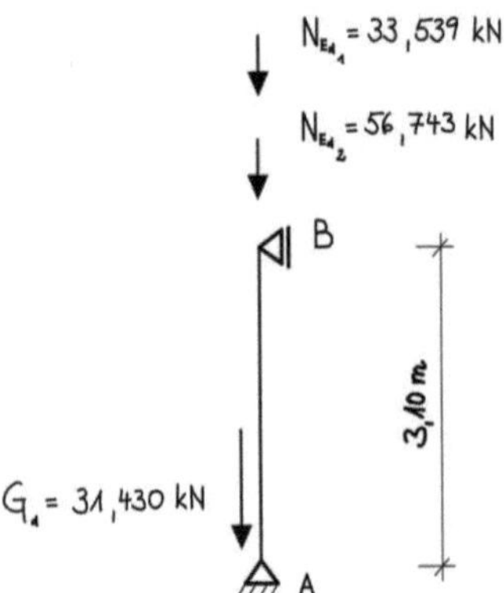

6.3 Auflagekraft A

$$A = N_{Ed1} + N_{Ed2} + G_d$$
$$= 33{,}539 \text{ kN} + 56{,}743 \text{ kN} + 31{,}430 \text{ kN}$$
$$= 121{,}712 \text{ kN}$$

Pos. 7: Innenwand 1.OG (Achse B)

7.1 Bemessungslast

$$N_{Ed} = 80{,}977 \text{ kN} \qquad \text{(B aus Pos. 1)}$$
$$G_d = 1{,}35 \cdot g_{k4} \cdot 2{,}85 \text{ m} \cdot 1{,}0 \text{ m}$$
$$= 1{,}35 \cdot 4{,}64 \text{ kN/m}^2 \cdot 2{,}85 \text{ m} \cdot 1{,}0 \text{ m}$$
$$= 17{,}852 \text{kN}$$

7.2 Das statische System

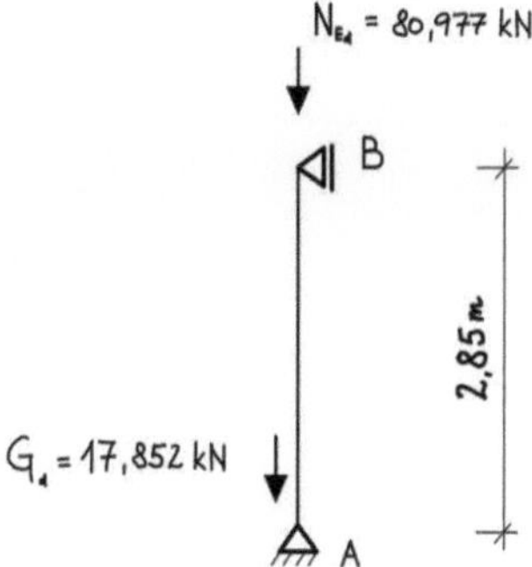

7.3 Auflagekraft A

$$A = N_{Ed} + G_d$$
$$= 80{,}977 \text{ kN} + 17{,}852 \text{ kN}$$
$$= 98{,}830 \text{ kN}$$

Pos. 8: Innenwand EG (Achse B)

8.1 Bemessungslast

$$N_{Ed1} = 96{,}676 \text{ kN} \qquad \text{(B aus Pos. 2)}$$
$$N_{Ed2} = 98{,}830 \text{ kN} \qquad \text{(A aus Pos. 10)}$$
$$G_d = 1{,}35 \cdot g_{k4} \cdot 3{,}10 \text{ m} \cdot 1{,}0 \text{ m}$$
$$= 1{,}35 \cdot 4{,}64 \text{ kN/m}^2 \cdot 3{,}10 \text{ m} \cdot 1{,}0 \text{ m}$$
$$= 19{,}420 \text{ kN}$$

8.2 Das statische System

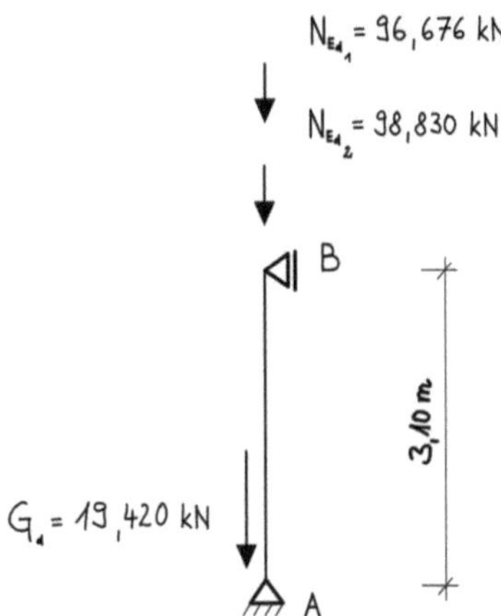

8.3 Auflagekraft A

$A = N_{Ed1} + N_{Ed2} + G_d$

$\quad$ = 96,676 kN + 98,830 kN + 19,420 kN

$\quad$ = 214,923 kN

Pos. 9: Streifenfundament (Achse A)

9.1.1 Bemessungslast auf der Fundamentoberkante

$E_d{}'$ = 106,546 kN $\qquad\qquad\qquad$ (A aus Pos. 4)

9.1.2 Bestimmung der erforderlichen Breite b des Fundamentes

Statisch erforderlich:

$$\text{erf. } A = \frac{106{,}546 \text{ kN}}{250 \text{ kN/m}^2 \ - 25 \text{ kN/m}^3 \cdot 0{,}80 \text{ m} \cdot 1{,}35}$$

$$= 0{,}478 \text{ m}^2$$

erf. A $= b \cdot 1{,}0$ m $\rightarrow$ erf. b $= 0{,}478$ m

Konstruktiv erforderlich:

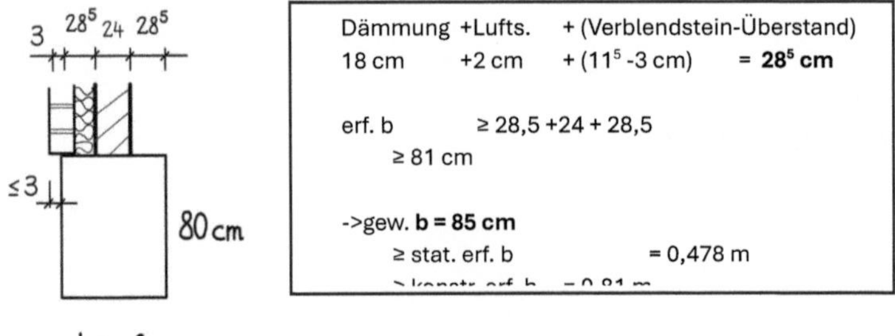

Bild 3.29: Prinzipskizze Fundament unter Außenwand.

9.1.3 Bestimmung der Eigenlast des Fundamentes

G_d $\quad= 25 \text{ kN/m}^3 \cdot 0,85 \text{ m} \cdot 1,0 \text{ m} \cdot 0,80 \text{ m} \cdot 1,35$
$\quad\quad= 22,950 \text{ kN}$

9.1.4 Bemessungslast an der Unterkante des Fundaments

$\Rightarrow E_d$ $\quad= 106,546 \text{ kN} + 22,95 \text{ kN}$
$\quad\quad= 129,496 \text{ kN}$

9.2 Nachweis zur Einhaltung der zulässigen Bodenpressung

vorh. G_d $\quad= \dfrac{129,496 \text{kN}}{0,85 \text{m} \cdot 1,0 \text{m}}$

$\quad\quad= 152,348 \text{ kN/m}^2 \leq \text{zul. } G_d = 250 \text{ kN/m}^2 \qquad$ Nachweis erfüllt

Pos. 10: Streifenfundament (Achse B)

10.1.1 Bemessungslast auf der Fu.-Oberkante

E_{d1} $\quad= 214,923 \text{ kN}$ $\qquad\qquad\qquad$ (A aus Pos. 8)

10.1.2 Bestimmung der erf.b

Statisch erforderlich:

erf. A $\quad= \dfrac{214,923 \text{ kN}}{250 \text{ kN/m}^2 - 25 \text{ kN/m}^3 \cdot 0,80 \text{ m} \cdot 1,35}$

$\quad\quad= 0,964 \text{ m}^2$

erf. A $\quad= b \cdot 1,0 \text{ m} \rightarrow$ erf. b $= 0,964 \text{ m} \rightarrow$ gewähltes, baupraktisches Maß: b=1,00m

10.1.3 Bestimmung der Eigenlast des Fundamentes

G_d $\quad= 25 \text{ kN/m}^3 \cdot 1,0 \text{ m} \cdot 1,0 \text{ m} \cdot 0,8 \text{ m} \cdot 1,35$
$\quad\quad= 27,000 \text{ kN}$

10.1.4 Bemessungslast an der Unterkante des Fundaments

$\Rightarrow E_d$ $\quad= 214,923 \text{ kN} + 27,000 \text{ kN}$
$\quad\quad= 241,923 \text{ kN}$

10.2 Nachweis zur Einhaltung der zulässigen Bodenpressung

vorh. G_d $\quad= \dfrac{241,923 \text{ kN}}{1,0 \text{ m} \cdot 1,0 \text{ m}}$

$\quad\quad= 241,923 \text{ kN/m}^2 \leq \text{zul. } G_d = 250 \text{ kN/m}^2 \quad$ Nachweis erfüllt

Pos. 11: Streifenfundament (Achse C)

11.1.1 Bemessungslast auf der Fu.-Oberkante

E_{d1} = 121,712 kN   (A aus Pos. 6)

11.1.2 Bestimmung der erf.b

Statisch erforderlich:

erf. A $= \dfrac{121{,}712 \text{ kN}}{250 \text{ kN/m}^2 - 25 \text{ kN/m}^3 \cdot 0{,}80 \text{ m} \cdot 1{,}35}$

              $= 0{,}546 \text{ m}^2$ ($\rightarrow$ erf. b = 0,546 m)

➔   gew.: b = 85 cm (wie Pos. 9)

11.1.3 Bestimmung der Eigenlast des Fundamentes

G_d $= 25 \text{ kN/m}^3 \cdot 0{,}85 \text{ m} \cdot 1{,}0 \text{ m} \cdot 0{,}8 \text{ m} \cdot 1{,}35$
             $= 22{,}95 \text{ kN}$

11.1.4 Bemessungslast an der Unterkante des Fundaments

=> E_d $= 121{,}712 \text{ kN} + 22{,}95 \text{ kN}$
             $= 144{,}662 \text{ kN}$

11.2 Nachweis zur Einhaltung der zulässigen Bodenpressung

vorh. G_d $= \dfrac{144{,}662 \text{ kN}}{0{,}85 \text{ m} \cdot 1{,}0 \text{ m}}$

              $= 170{,}191 \text{ kN/m}^2 \le$ zul. $G_d = 250 \text{ kN/m}^2$ Nachweis erfüllt

3.7.3 Grafische Ergebnisdarstellung der Kräfte

Lastweiterleitung dargestellt in einer Explosionszeichnung.

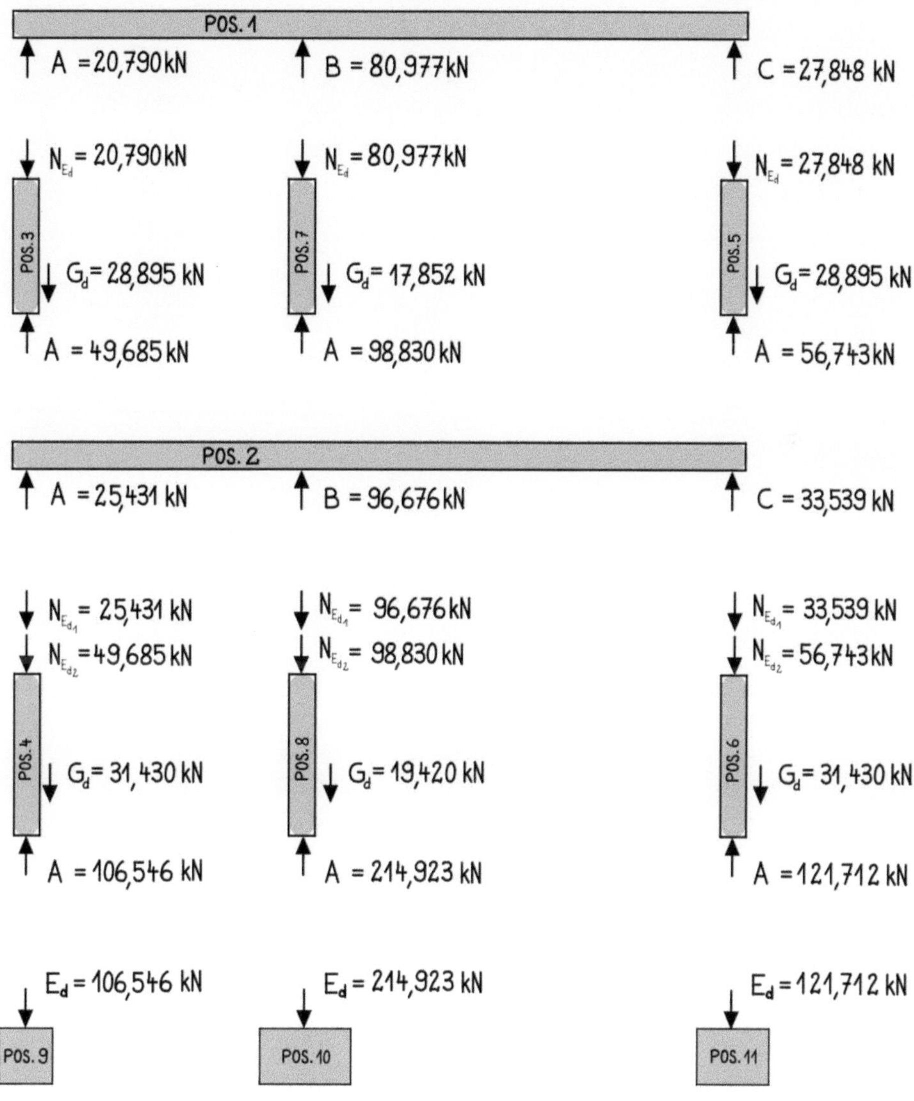

Bild 3.30: Explosionszeichnung des Gebäudes mit Darstellung der Lasten im Übergabebereich zwischen Decken und Wänden bzw. Fundamenten.

4 Allgemeine Bemessungsgrundlagen

4.1 Spannungen im Bauteil

Die im Kapitel 1 beschriebenen Kräfte, wie Eigenlasten, Nutzlasten, Schneelast etc. treten im Bauteil auf, als

- Druckkräfte
- Zugkräfte
- Schubkräfte (Scherkräfte)
- Biegemomente (Drehkräfte)

Druck- und Zugkräfte erzeugen im Bauteil Druck- bzw. Zugspannungen, wodurch die Bauteile gestaucht (z. B. Stütze) bzw. gedehnt (z. B. Windrispe) werden. Schubkräfte (Scherkräfte) senkrecht zur Bauteilachse ($\perp$ Faserrichtung) verursachen Schubspannungen. Biegemomente bzw. Drehkräfte erzeugen Drehwirkungen im Bauteil rechts bzw. links um einen Punkt. Im Bauteil wird hierdurch eine Biegespannung erzeugt, wobei das Bauteil verbogen wird. Bei einer Torsion entstehen Drehungen in entgegengesetzter Richtung, wobei eine Windung des Bauteiles verursacht wird. Im üblichen Wohnungsbau spielt Torsion i. d. R. keine Rolle.

Diese Phänomene können bei einem Bauteil alle gleichzeitig und an unterschiedlichen Stellen in verschiedenen Größenordnungen auftreten. Bei der Bemessung der Bauteile werden diese Phänomene separat berechnet und anschließend gegebenenfalls bilanziert.

4.1.1 Druck- und Zugspannung

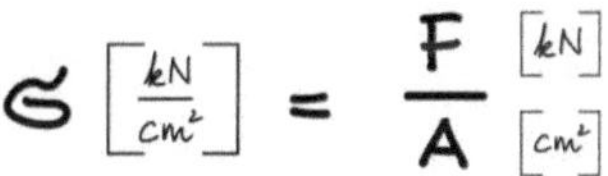

$$\sigma \left[\frac{kN}{cm^2} \right] = \frac{F}{A} \frac{[kN]}{[cm^2]}$$

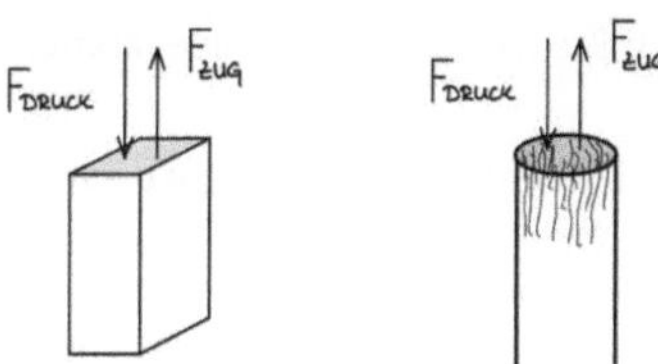

Bild 4.1: Druckkräfte in Querschnittsflächen.

© Der/die Autor(en), exklusiv lizenziert an
Springer Fachmedien Wiesbaden GmbH, ein Teil von Springer Nature 2025
B. Uerek, *Dimensionierung von Holz-, Stahl- sowie Stahlbetonprofilen*,
https://doi.org/10.1007/978-3-658-48702-7_4

Hinweis zur Druckkraft bei schlanken Bauteilen (siehe Kapitel 4.3)

Bei schlanken Bauteilen, die auf Druck beansprucht werden, kann ein Bauteil ausknicken, noch bevor die maximale Druckspannung eines Materials erreicht wurde. Dabei handelt es sich um ein plötzliches Stabilitätsversagen im Gegensatz zu einer kontinuierlichen Verformung bei einer Biegung.

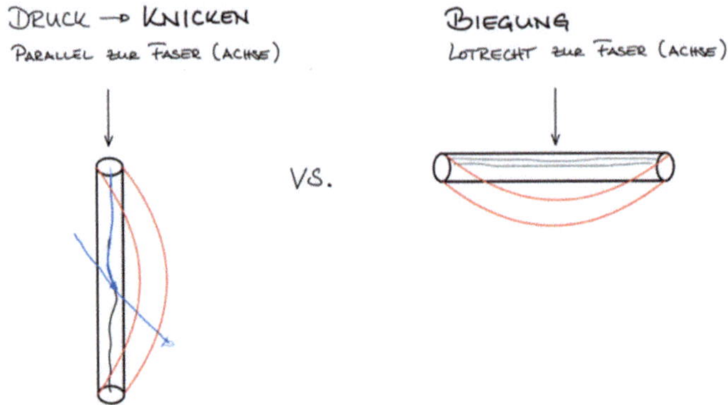

Bild 4.2: Knicken vs. Biegung.

4.1.2 Schubspannung

Die Schubbemessung ist im Vergleich zur Biegebemessung in der Regel erst bei sehr dünnen Profilen oder kurzen Balken maßgebend.

Es gilt: $\tau = G \cdot \gamma$

mit

τ	= Schubspannung
G	= Schubmodul (Materialkonstante)
γ	= Gleitwinkel

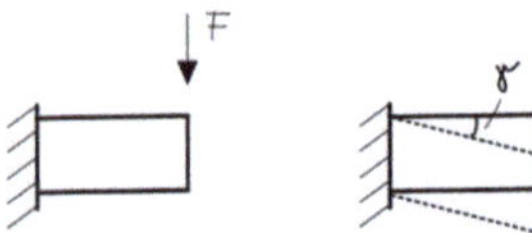

Bild 4.3: Gleitwinkel γ infolge einer Krafteinwirkung F.

Bei Druck- und Zugkräften, die in Richtung der Bauteilachse wirken, verteilen sich diese Kräfte gleichmäßig über die gesamte Querschnittsfläche. Bei Schubkräften (Scherkräfte) jedoch kann keine gleichmäßige Verteilung der Kräfte über die Querschnittsfläche angenommen werden. An den Bauteilrändern ist die Schubspannung gleich Null, da die Schubkräfte senkrecht zur Bauteilachse an den Bauteilrändern keinen Widerstand mehr erfahren. Die maximale Schubspannung wirkt im Schwerpunkt des Querschnitts.

Es gilt: $\tau = \dfrac{F}{k \cdot A}$

F = einwirkende Kraft senkrecht zur Bauteilachse (maßgebend ist die Querkraft am Auflager)
A = Querschnittsfläche
k = Korrekturbeiwert für die Querschnittsfläche (da die Schubspannung im Querschnitt nicht konstant verläuft)

Beispiele: Rechteck: $k = 2/3 \rightarrow \tau = \dfrac{F}{{}^{2}/_{3} \cdot A} = 1{,}5 \cdot \dfrac{F}{A}$; Kreis: $k = 3/4 \rightarrow \tau = \dfrac{F}{{}^{3}/_{4} \cdot A} = 1{,}\overline{333} \cdot \dfrac{F}{A}$

Der Auflagerbereich ist entscheidend für die Schubbemessung. Die maßgebenden Querkräfte unmittelbar neben einem Auflager sind nur geringfügig kleiner als die Auflagerkräfte selbst. Aus diesem Grund wird in diesem Buch auf der sicheren Seite liegend und zur Vereinfachung der Schubnachweis bei 1-Feldsystemen mit den Auflagerkräften A bzw. B und bei 2-Feldsystemen mit der Querkraft Q_{Br} (aus Anhang A4) geführt.

Schubspannungsverlauf im Querschnitt:

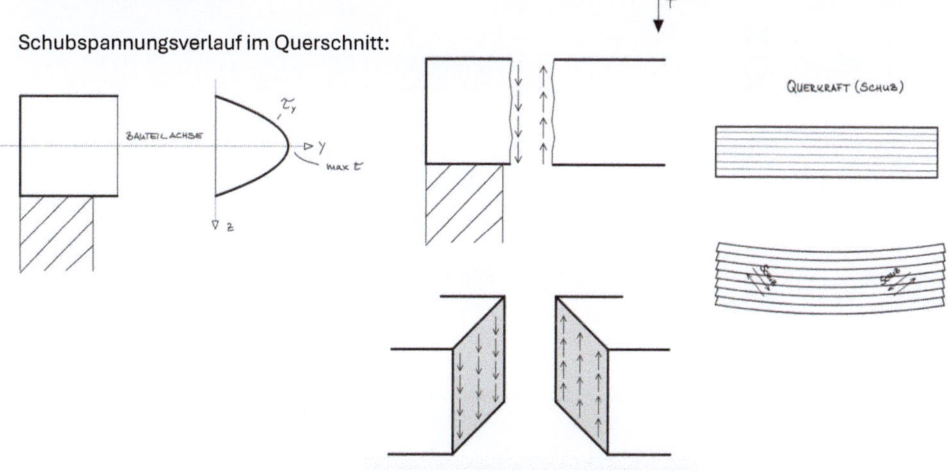

Bild 4.4: Prinzipskizzen zum Schubspannungsverlauf.

4.1.3 Biegespannung

Bei der Druck- und Zugspannung ist die Bezugsgröße für die Kraft die Querschnittsfläche. Bei der Biegung zeigt jedoch folgendes Beispiel anschaulich, dass die Querschnittsfläche allein nicht maßgebend sein kann:

<u>Balken hochkant aufgestellt</u>   <u>Balken liegt auf der flachen Seite</u>

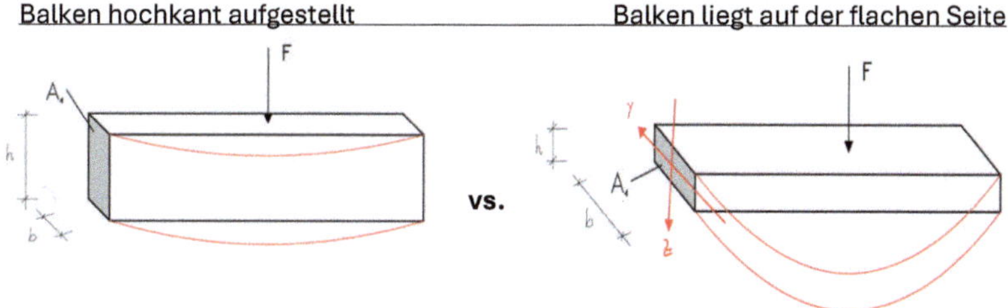

Bild 4.5: Verformungsfigur bei unterschiedlicher Seitenlage.

Bei beiden Abbildungen handelt es sich um das gleiche Profil. Wenn das Profil jedoch bei gleicher Belastung hochkant aufgestellt wird (linke Darstellung), biegt es sich weniger durch. Zu beobachten sind also unterschiedlich starke Verformungen je nach Ausrichtung des Profils, bei gleichbleibenden Querschnittsabmessungen. Die Kraft F erzeugt eine Drehung (Biegemoment) im Bauteil, wobei nicht nur die Querschnittsfläche, sondern vor allem das Widerstandsmoment W [cm³] maßgeblich ist.

Das Widerstandsmoment ist ein Maß dafür, welchen Widerstand ein Bauteil einem Biegemoment (einer Drehkraft) entgegensetzt. Die Herleitung hierzu erfolgt im nächsten Kapitel.

Biegespannung im Bauteil:

$$\sigma_y = \frac{M_r}{W_r}$$

$$\sigma_y \left[\frac{kN}{cm^2}\right] = \frac{M_y\,[kNm] \cdot 100}{W_y\,[cm^3]}$$

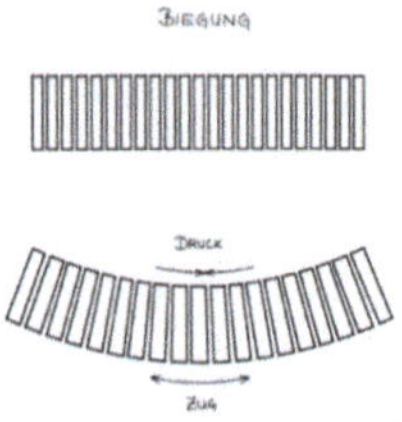

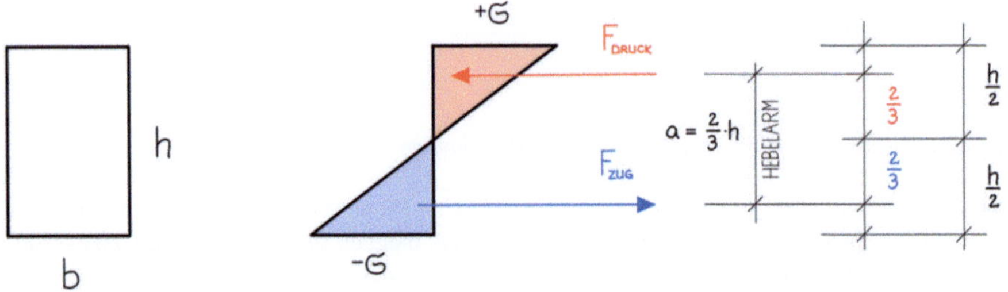

Bild 4.6: Verformungsfigur bei Biegung.

Kurzes Beispiel:

Für rechteckige Querschnitte gilt: $W_y = \frac{b \cdot h^2}{6}$ *(Herleitung siehe nächster Abschnitt)*

Balken b/h = 8/20 cm bzw. 20/8 cm; $M_y = 100$ kNm

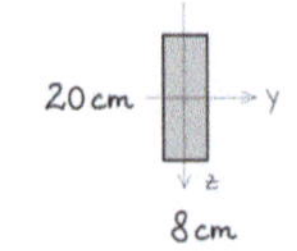

$W_y = \frac{8 \cdot 20^2}{6} = 533$ cm³ $\rightarrow$ $\sigma = \frac{M}{Wy} = \frac{100\,kNm \cdot 100}{533\,cm^3} = 18{,}75$ kN/cm²

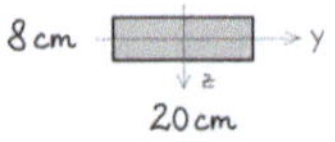

$W_y = \frac{20 \cdot 8^2}{6} = 213$ cm³ $\rightarrow$ $\sigma = \frac{M}{Wy} = \frac{100\,kNm \cdot 100}{213\,cm^3} = 46{,}88$ kN/cm²

Hochkant aufgestellt entstehen im Bauteil sehr viel geringere Biegespannungen (σ = 18,75 kN/cm² $\leq$ σ = 46,88 kN/cm²). Im folgenden Kapitel wird der Frage nachgegangen, warum die Höhe eines Profils überproportional in die Widerstandsfähigkeit eines Bauteils eingeht.

4.2 Herleitung des Widerstandsmomentes „W" für rechtwinklige Querschnitte

Bild 4.7: Kräftepaar aus Druck und Zug infolge Biegung im rechteckigen Querschnitt.

4.2.1 Maximale Kraft F in Abhängigkeit vom inneren Hebelarm

- Hebelarm: $a = \frac{2}{3} \cdot h$

- Druck- bzw. Zugspannung:
Wenn sich ein Träger unter Belastung durchbiegt, wie in Kapitel 4.1.3 dargestellt, entsteht in der unteren Faser des Trägers die maximale Zugspannung (- σ) und in der oberen Faser die maximale Druckspannung (+ σ). Das Biegemoment, das die Verformung des Trägers erzeugt, wird (s. 4.2) in ein Kräftepaar mit einer Druck- und Zugkraft zerlegt → $F_{Druck} \triangleq F_{Zug} = M / a$. <u>Mit Zunahme der Profilhöhe h, wird der innere Hebelarm „a" vergrößert, wodurch die Kräfte $F_{Druck} \triangleq F_{Zug}$ und damit auch die Spannungen im Bauteil abnehmen.</u>

Die Druck- und Zugspannungen wirken bei einem linearen Spannungsverlauf jeweils auf der halben Querschnittsfläche, wobei die Spannung in der Mitte den Wert σ = 0 und am äußeren Rand ihren maximalen Wert max. σ annimmt. Die Druck- und Zugkräfte $F_{Druck} \triangleq F_{Zug}$ wirken jeweils im Schwerpunkt des dreieckigen Spannungsverlaufes.

Die durchschnittliche Druck- bzw. Zugspannung vom Mittelpunkt (σ = 0) bis zur äußeren Faser (max. σ) beträgt somit $\frac{max.\ \sigma}{2}$.

- Maximale Druck- bzw. Zugkraft F:

$$F = \frac{max.\sigma}{2} \cdot \frac{A}{2} \qquad (\text{Allg.}\ \sigma = \frac{F}{A} \rightarrow F = \sigma \cdot A) \qquad\qquad F_{Druck} \triangleq F_{Zug}$$

$$F = max.\ \sigma \cdot \frac{h \cdot b}{4} \qquad\qquad\qquad\qquad\qquad\qquad\qquad mit\ A = h \cdot b$$

$$\text{Moment:}\quad M = F \cdot a \qquad\qquad\qquad\qquad\qquad\qquad\qquad Moment = Kraft \cdot Hebelarm$$

$$= F \cdot \frac{2}{3} h \qquad\qquad\qquad\qquad\qquad\qquad\qquad Helebarm\ mit\ a = \frac{2}{3} \cdot h$$

$$= \left(\sigma \cdot \frac{h \cdot b}{4} \right) \cdot \frac{2}{3} h \qquad\qquad\qquad\qquad\qquad F = \sigma \cdot \frac{h \cdot b}{4}\ (\text{s. o.})$$

$$= \sigma \cdot \left(\frac{b \cdot h^2}{6} \right)$$

$$M = \sigma \cdot W$$

$$M_y = \sigma_y \cdot W_y \qquad mit\ \mathbf{W_y} = \frac{b \cdot h^2}{6}\ (\text{nur für Rechteckprofile})$$

$$\sigma_y = \frac{M_y}{W_y} \qquad \text{Biegung } \underline{um}\text{ die y-Achse (Verformung } \underline{in}\text{ z-Richtung)}$$

Fazit:
Durch die Vergrößerung der Balkenhöhe (hochkant aufgestelltes Kantholz) nimmt der innere Hebelarm zu, was zu einer Verringerung der Druck- und Zugkräfte $F_{Druck} \triangleq F_{Zug}$ im Bauteil und damit zur Verringerung der **Biegespannungen** führt.

4.2.2   Das Widerstandsmoment in Abhängigkeit vom Trägheitsmoment

Es gilt: W = I / e   mit e = Abstand zur Randfaser

<u>Für rechteckige Profile gilt:</u>

$I = \int z^2 \, dA$ mit dA = b · dh

$$I_y = \int_{-h/2}^{h/2} z^2 \cdot b \cdot dh$$

$$I_y = \left[\frac{1}{3} z^3 \cdot b \right]_{-h/2}^{h/2}$$

$$I_y = \frac{1}{3} \left(\frac{h}{2}\right)^3 \cdot b \; - \; \frac{1}{3} \left(-\frac{h}{2}\right)^3 \cdot b$$

$$I_y = \frac{1}{3} \frac{h^3}{8} \cdot b + \frac{1}{3} \frac{h^3}{8} \cdot b$$

$$I_y = \frac{2}{3} \frac{h^3}{8} \cdot b$$

$$I_y = \frac{b \cdot h^3}{12}$$

$$W = I / (h/2) = \frac{b \cdot h^2}{6}$$

$$W_{\text{elastisch}} = \frac{b \cdot h^2}{6}$$

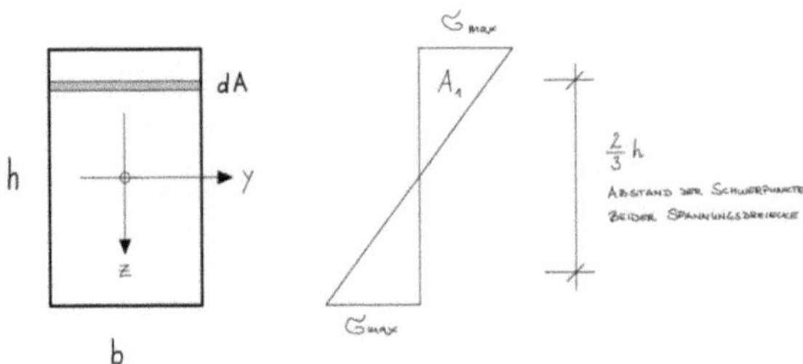

Bild 4.8: Spannungsverlauf in einem rechteckigen Querschnitt und Darstellung von dA zur Bestimmung des Integrals $I = \int z^2 \, dA$.

4.2.3 Bedeutung des Trägheits- bzw. Widerstandsmomentes am Beispiel eines korrodierten Stahlträgers

Schadensfall: Korrosion führte bei Doppel-T-Trägern zu Abplatzungen am Obergurt, wodurch die Dicke des Obergurtes verringert wurde. Eine detaillierte Berechnung des Trägheitsmomentes ist notwendig, um die reduzierte Tragfähigkeit aufgrund des Materialschwundes zu bewerten. Aus dem Trägheitsmoment wird abschließend das Widerstandsmoment für den Spannungsnachweis abgeleitet.

Satz von Steiner:

$$I_y = \Sigma\,(I_y + A_i \cdot z_{is}^2) \qquad \text{mit } I_y \triangleq \text{Trägheitsmoment [cm}^4\text{]}$$

$$I_y = \frac{b \cdot h^3}{12} \quad \text{(Gurte und Steg hier näherungsweise als Rechtecke betrachtet. Ausrundungen werden vernachlässigt)}$$

z_{is}^2: Abstand des Gesamtschwerpunkts zum Teilschwerpunkt

Für den Doppel-T-Träger gilt: $\qquad I_{y,\text{Gesamtträger}} = I_{Steg} + A_{Steg} \cdot z_{is}^2 + 2 \cdot (I_{Gurt} + A_{Gurt} \cdot z_{is}^2)$

Beim Satz von Steiner werden die Anteile der Tragfähigkeit vom Steg und der Gurte separat berechnet und abschließend zu einem Gesamt-Trägheitsmoment addiert.

Für den Steg ist der Steiner-Anteil „$A_{Steg} \cdot z_{Steg}$" gleich Null, da der Schwerpunkt vom Steg auf den Gesamtschwerpunkt fällt ($z_{Steg}=0$). Der Steg ist zudem sehr schmal, weshalb auch das Teilträgheitsmoment I_{Steg} sehr klein ist. Für das Gesamtträgheitsmoment ist der Gurt also maßgebend. Für die Beurteilung der Tragfähigkeit durch Korrosion des Gurtes soll nachfolgend der prozentuale Steiner-Anteil vom Gurt verdeutlicht werden:

Beispiel:

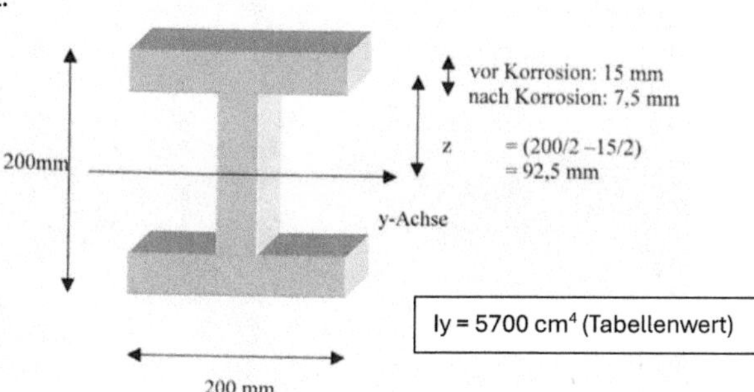

Bild 4.9: Stahlträger HEB 200. Obergurt weist nach Korrosion nur noch die halbe Flanschdicke auf.

<u>Vor Eintreten der Korrosion: Dicke des Gurtes 15 mm:</u>

$I_{y,\text{Gurt, gesamt}}$	=	$I_{y,\text{Gurt}}$	+	Steiner – Anteil des Gurtes
$I_{y,\text{Gurt, gesamt}}$	=	$2 \cdot (20 \cdot 1{,}5^3 / 12)$	+	$2 \cdot (20 \cdot 1{,}5 \cdot 9\,25^2)$;
	=	11,25	+	5133,75

$= 5145$ cm⁴ (Rundungen am Gurt und Steg vernachlässigt, machen ca. 650 cm⁴ aus)

Der Steiner-Anteil macht hier 99,8% (11,25/5133,75) vom gesamten Trägheitsmoment des Gurtes aus.

<u>Nach Eintreten der Korrosion: Dicke des Gurtes 7,5 mm:</u>

z_s = 20cm / 2 – 1,5 cm /2 – 0,75/2 = 8,88 cm

1,5/2 = weggerosteter Teil
0,75/2 = 0,75 cm vom Gurt sind erhalten. Schwerpunkt bis zur Mitte.

Iy   = 2 · (20 · 0,75³ / 12)   +   2 · (20 · 0,75 · 8 88²);
    =   1,41   +   2365,6
    = 2367 cm⁴

Spannungen im Träger:

S 235

σ   = M / W

   $= \dfrac{M}{I/e}$ e ≙ Abstand vom Mittelpunkt bis zum Rand des Trägers

Beispielrechnung der Stahlspannung für einen HEB 200:

M = 100 kNm (Beispiel)
e = 10 cm

Fall a: Spannungen, die vor der Korrosion im Gurt auftraten:

σ   = 10000 kNcm / 5145 cm⁴ · 10cm
   = 19,44 kN/cm²

Fall b: Spannungen, die nach der Korrosion im Gurt auftreten:

σ   = 10000 kNcm / 2367 cm⁴ · 10cm
   = 42,25 kN/cm²

Fazit:
Die durch Korrosion bedingte Reduktion der Gurtstärke hat erhebliche Auswirkungen auf das Tragverhalten eines T- oder Doppel-T-Profils. Wenn sich die Dicke des Gurtes verringert, wird das Trägheitsmoment durch das proportionale Eingehen des Schwerpunktabstandes (siehe Satz des Steiners) auf ein für das Tragverhalten des Trägers gefährliches Maß reduziert.

Die Spannungen erhöhen sich proportional mit der Abnahme des Trägheitsmomentes. Das Trägheitsmoment eines T. bzw. Doppel-T-Profils hängt fast ausschließlich vom Steiner-Anteil ab, weshalb die Dicke des Gurtes in Verbindung mit dem Abstand des Gurtes vom Gesamtschwerpunkt überproportional eingeht.

Abschließend ist festzustellen, dass im Fall a die zulässigen Spannungen von 23,5 kN/cm² / 1,1 = 21,36 kN/cm² nicht überschritten wurden und keine plastischen Verformungen zu erwarten sind. Im Fall b ist die Zugfestigkeit des Stahls deutlich überschritten. Der Stahl würde also reißen.

<u>Wann sind die plastischen Reserven ausgeschöpft?</u>

Dies soll an einem Rechteckquerschnitt verdeutlicht werden.

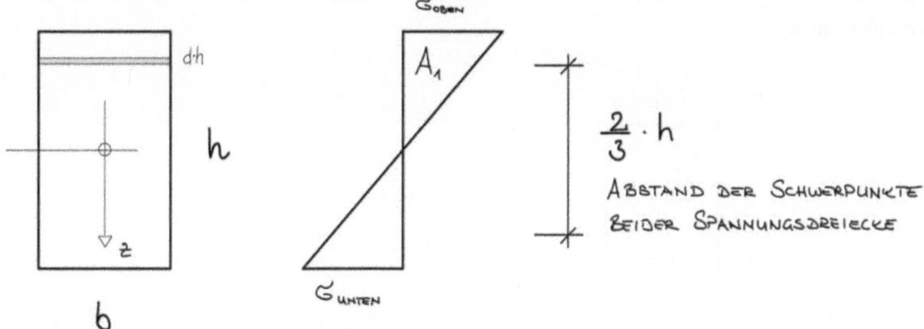

Bild 4.10: Spannungsverlauf in einem rechteckigen Querschnitt.

W = I /e mit e = Abstand zur Randfaser

$$W_{elastisch} = \frac{b \cdot h^2}{6}$$

Dies ist der grundsätzliche, vereinfachte Ansatz eines Spannungsverlaufs im Querschnitt, der nach dem Hook'schen Gesetz linear verläuft.

Es wird hierbei vorausgesetzt, dass mit Eintritt der maximalen Spannungen an den Rändern das Spannungspotenzial des Querschnitts ausgeschöpft ist. Das ist jedoch stark idealisiert. Der Stahl wird in der Realität seine plastischen Reserven einsetzen, wodurch die Spannungen umgelagert werden. Dies kann anhand der Spannungs-Dehnungs-Linie verdeutlich werden.

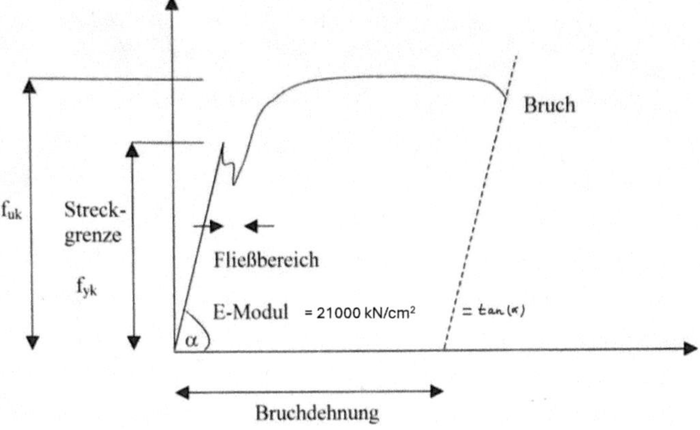

Bild 4.11: Spannungs-Dehnungs-Linie von Stahl S235.

Wenn die Streckgrenze $f_{y,k}$ von 240 N/mm² überschritten wird, tritt die plastische Verformung ein. Die Spannungen erhöhen sich danach nur noch sehr wenig, da der Stahl durch die höhere Verformung nachgibt. Das Nachgeben des Stahls bewirkt die Umlagerung der Spannungen in spannungsärmere Bereiche.

Die Spannungen im Querschnitt sehen theoretisch im voll ausgenutzten, plastischen, idealen Zustand dann folgendermaßen aus:

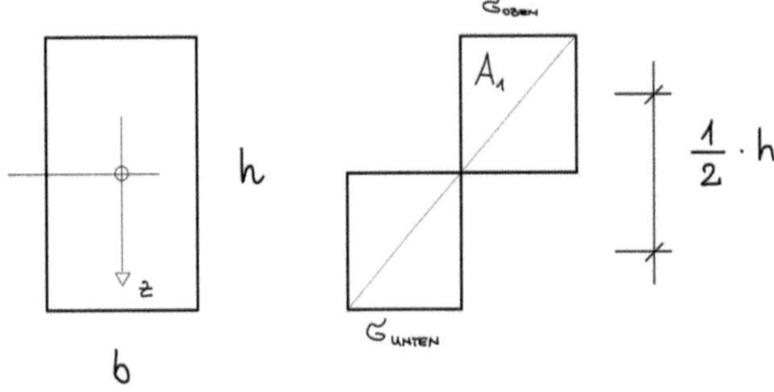

Bild 4.12: Idealer Spannungsverlauf im rechteckigen Stahlquerschnitt bei maximaler, plastischer Verformung.

Beispiel für ein Rechteckprofil:

$$M \quad = F \cdot a$$

$$= F \cdot \frac{1}{2}h \qquad \text{Hebelarm mit } a = \frac{1}{2} \cdot h$$

$$= \left(\sigma \cdot \frac{h \cdot b}{2}\right) \cdot \frac{1}{2}h \qquad F = \sigma_{max} \cdot \frac{h \cdot b}{2} \quad \text{mit } A = \frac{h \cdot b}{2}$$

$$= \sigma \cdot \left(\frac{b \cdot h^2}{4}\right)$$

$$= \sigma \cdot W$$

$$W_{plastisch} = \frac{b \cdot h^2}{4}$$

Spannung: $\sigma = M / W_{plastisch}$

$W_{plastisch}$ für Stahlprofile siehe Anhang A2.5.

4.3 Stabilitätsnachweis (Stützenbemessung)

Die Verformung einer Stütze unter einer Spitzenbelastung tritt plötzlich und ohne Vorwarnung auf. Dieses plötzliche, seitliche Ausweichen wird als Knicken bzw. Stabilitätsversagen bezeichnet.

Beim Ausknicken einer Stütze spielen viele Einflussfaktoren eine Rolle:

Im Gegensatz zu einer idealisierten Stütze handelt es sich bei einer realen Stütze nicht um einen perfekt geraden Druckstab. Auch wirkt die Kraft in der Realität nicht immer zentrisch auf die Stütze. Die maximalen Druckspannungen streuen über den Querschnitt und sind nicht an jeder Stelle des Stützenquerschnittes gleichmäßig konstant. Bei Holzstützen verlaufen die Fasern nicht immer ideal lotrecht, und Maserungen können den Kraftfluss umlenken. Bei Stahlstützen können Legierungsinseln innerhalb des Querschnittes auftreten, während bei Stahlbetonstützen die Gesteinskörnungen oft nicht gleichmäßig vermischt sind. Dadurch wird die vom Stützenkopf bis zum Stützenfuß fließende Kraft mehrfach umgelenkt. Deshalb wird keine exakte Berechnung dieser Prozesse angestrebt - für alle Baustoffe stehen zur Bemessung Reduktionswerte bezüglich der maximalen Druckspannungen in Form von Diagrammen oder Tabellenwerten zur Verfügung.

Das Prinzip eines vereinfachten Stabilitätsnachweises nach Theorie I. Ordnung (Knicknachweis) beruht auf der maximalen Druckspannung eines Probekörpers ohne Stabilitätsprobleme (z. B. der Zylinderdruckfestigkeit des Betons). Diese Druckspannung wird dann in Abhängigkeit von der Schlankheit λ einer Stütze mit Hilfe von Reduktionswerten verringert.

Tab. 4.1: Gegenüberstellung der Stabilitätsnachweise für die Baustoffe Holz, Stahl und Beton.

Baustoff	Reduktionswert der Druckspannung		Vereinfachte Stabilitätsnachweise für Pendelstützen
Holz	k_c	Anlage A1.7 + Kap. 5.6	$\dfrac{\sigma_{c,0,d}}{k_c \cdot f_{c,0,d}} \leq 1$
Stahl	χ	Anlage A2.3 + Kap. 6.5	$\dfrac{N_{Ed}}{N_{Rd}} \leq 1,\ mit\ N_{Rd} = \dfrac{\chi \cdot f_{yd} \cdot A}{\gamma_{M1}}$
Beton	Φ	Anlage A3.13 + Kap. 8.9	$N_{Rd} = \Phi \cdot f_{cd} \cdot A \geq N_{Ed}$

In den folgenden Beispielaufgaben zu den Stützen (siehe jeweiliges Kapitel) werden Pendelstützen behandelt. Dabei entspricht die Knicklänge der tatsächlichen Länge der Stütze (siehe folgende Seite: Euler-Fall 2)

Die 4 Knickfälle nach Leonhard Euler (1707-1783)

β = Knicklängenbeiwert
L = reale Stützenlänge
l_{eff} = Knicklänge (statische Länge)

Tab. 4.2: Knicklänge und Knicklast für die Euler Fälle 1-4

Euler-Fälle	Fall 1	Fall 2	Fall 3	Fall 4
Knicklänge $l_{eff} = \beta \cdot L$	$l_{eff} = 2{,}0 \cdot L$	$l_{eff} = 1{,}0 \cdot L$	$l_{eff} = 0{,}70 \cdot L$	$l_{eff} = 0{,}50 \cdot L$
Kritische Knicklast	$F_{krit} = \dfrac{\pi^2}{4 \cdot L^2}\, E \cdot I$	$F_{krit} = \dfrac{\pi^2}{L^2}\, E \cdot I$	$F_{krit} = \dfrac{2\pi^2}{L^2}\, E \cdot I$	$F_{krit} = \dfrac{4\pi^2}{L^2}\, E \cdot I$

Fall 1   **Fall 2**   **Fall 3**   **Fall 4**
Kragstütze   Pendelstütze

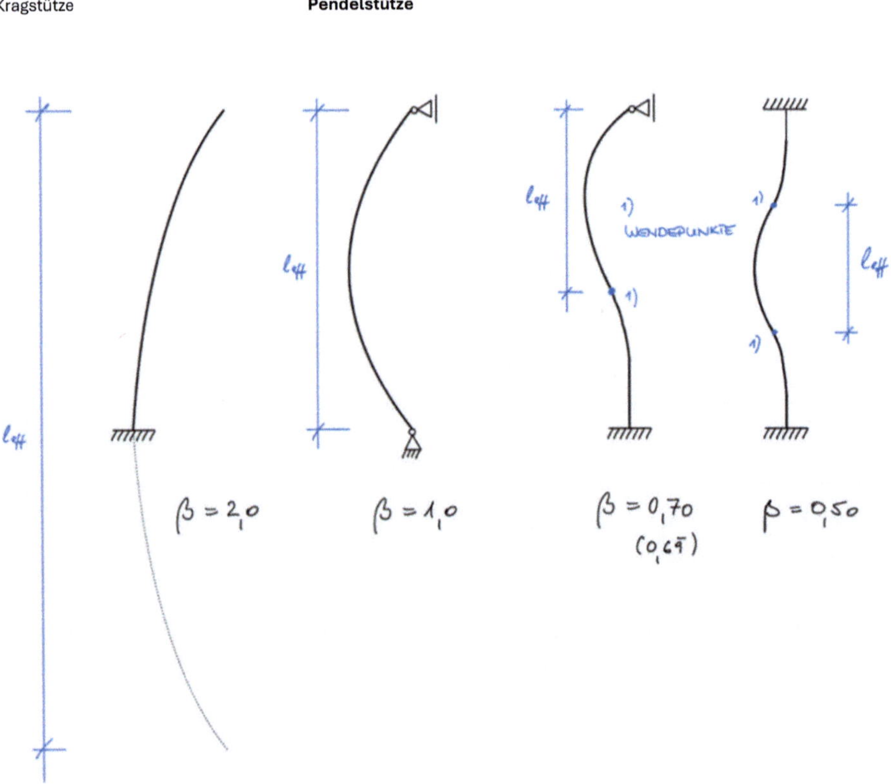

Bild 4.13: Knickfiguren für die 4 Knickfälle nach Euler.

5 Holzbemessung entsprechend DIN EN 1995-1-1:2010-12

5.1 Schnittholzarten

Definition nach DIN 4074

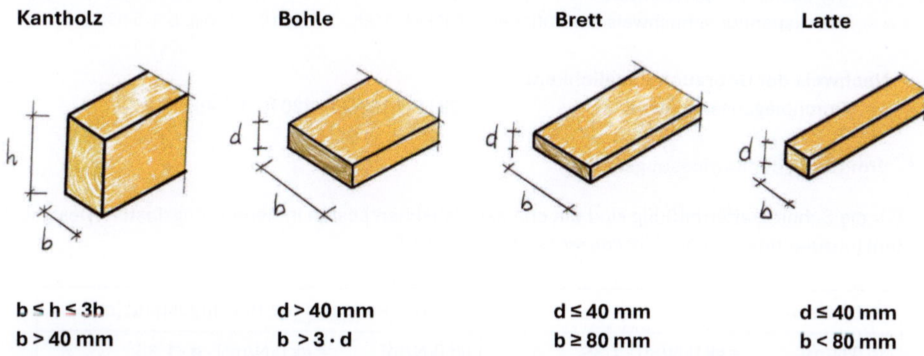

Bild 5.1: Holzquerschnitte.

Zu beachten ist hierbei, dass bei einem Kantholz die Breite „b" die kürzere der beiden Querschnittsseiten ist. Bei der Bohle, beim Brett und bei der Latte ist die Breite „b" die längere Querschnittsseite.

Beispiel:
Sofern beide Seiten eines Holzquerschnittes größer sind als 4 cm, handelt es sich entweder um ein Kantholz oder eine Bohle:

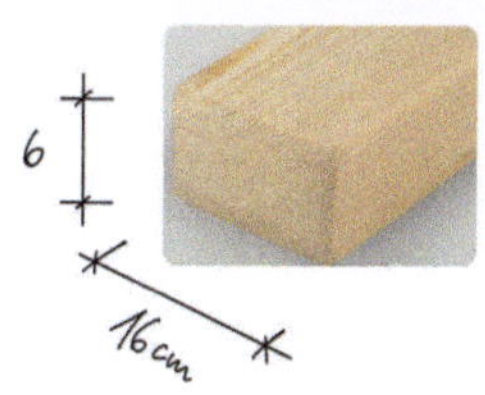

Bild 5.2: Kantholz

Kantholz?
b ≤ h ≤ 3b, b > 40 mm (b hierbei die kürzere Seite!)
60 mm ≤ 160 mm ≤ 3 · 60 mm = 180 mm √
60 mm > 40 mm √
Es handelt sich um ein Kantholz.

Bohle?
d > 40 mm: b > 3 · d
d = 60 mm > 40 mm √
b = 160 mm > 3 · 60 mm = 180 mm ƒ Diese Bedingung ist nicht erfüllt!

© Der/die Autor(en), exklusiv lizenziert an
Springer Fachmedien Wiesbaden GmbH, ein Teil von Springer Nature 2025
B. Uerek, *Dimensionierung von Holz-, Stahl- sowie Stahlbetonprofilen*,
https://doi.org/10.1007/978-3-658-48702-7_5

5.2 Ablaufplan für Tragfähigkeitsnachweise von Holzträgern entsprechend DIN EN 1995-1-1:2010-12

Für Holzträger **mit einachsiger Biegung um die y-Achse** sind folgende Nachweise erforderlich:
hierbei wird vorausgesetzt, dass kein Biegedrillen möglich ist (z.B. durch Halten des Obergurtes)

Nachweise der Tragfähigkeit:

- Biegespannungsnachweis   DIN EN 1995-1-1:2010-12 Abs. 6.1.6 (Gl. 6.11)
- Schubspannungsnachweis   DIN EN 1995-1-1:2010-12 Abs. 6.1.7 (Gl. 6.13)
- Druckspannungsnachweis am Auflager   DIN EN 1995-1-1:2010-12 Abs. 6.1.5 (Gl. 6.3)

Nachweis der Gebrauchstauglichkeit:

- Durchbiegungsnachweis   DIN EN 1995-1-1:2010-12, Abs. 7.2

1. Ermittlung der Bemessungslasten

Für die Schnittkraftermittlung sind die charakteristischen Lasten in Bemessungslasten (Designlasten) umzurechnen. *Sicherheitskonzept siehe Kapitel 1.5.*

Holzbalken:		Holzbalkendecke: e ≙ Balkenabstand [m]	
gd [kN/m]	= gk [kN/m] · 1,35	gd [kN/m]	= gk [kN/m^2] · e · 1,35
qd [kN/m]	= qk [kN/m] · 1,50	qd [kN/m]	= qk [kN/m^2] · e · 1,50

2. Aufstellen des statischen Systems

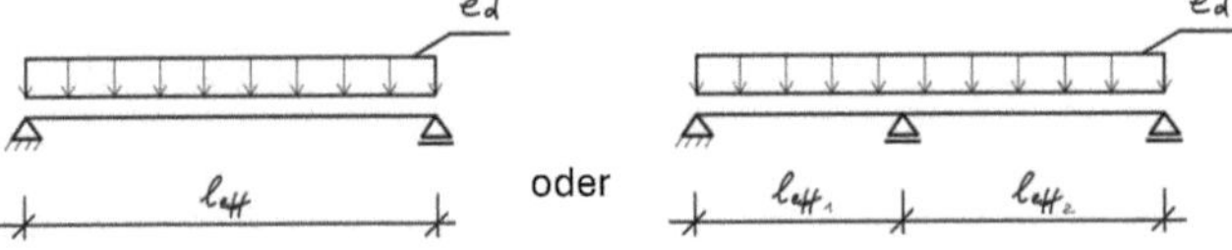

l_{eff} = lichtes Maß + jeweils halbe Auflagerlänge

Bild 5.3: 1-Feld + 2-Feld-System.

3. Auflager- und Schnittkraftermittlung

Die Formeln für die Schnittkraftermittlung sind abhängig vom betrachteten System.

Bei 1- Feld Systemen und gleichmäßiger Streckenlast gilt:

$$\text{max. } M_d = \frac{e_d \cdot l^2}{8}$$ für die Biegebemessung

$$A ≙ B = \frac{ed \cdot l}{2}$$ für die Schubbemessung
+ Auflagerpressung

(≙ Q_A bzw. Q_B)

Bei 2-Feld-Systemen ist das maximale Biegemoment M_B sowie die maximale Querkraft Q_{Br} mit Hilfe der Tabellenwerte (TW) aus Anhang A4 zu berechnen.

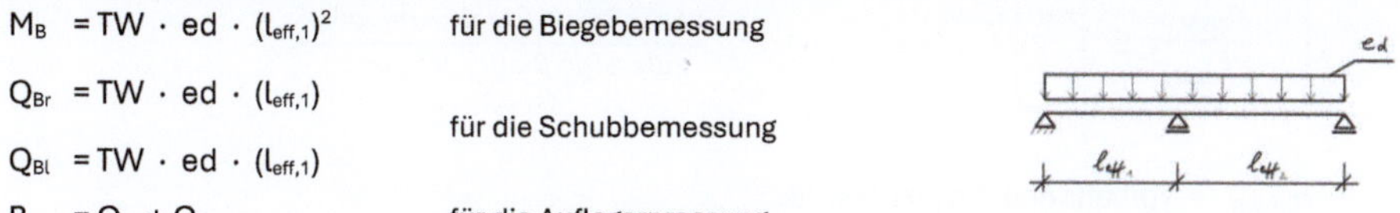

M_B = TW · ed · $(l_{eff,1})^2$ für die Biegebemessung

Q_{Br} = TW · ed · $(l_{eff,1})$

$\phantom{Q_{Br}}$ für die Schubbemessung

Q_{Bl} = TW · ed · $(l_{eff,1})$

B   = Q_{Br} + Q_{Bl} für die Auflagerpressung

Für die Bemessung von Holzprofilen ist nur die Lastkombination (LK) maßgebend, bei der die veränderliche Last auf beiden Feldern gleichzeitig wirkt, da diese LK im Vergleich zu den anderen LK (s. Kapitel 3.5.3) zum größten Moment (M_B) und zur größten Querkraft (Q_{Br}) führt. Die Feldmomente M_1 und M_2 sind in allen Lastkombinationen kleiner als M_B. Dies gilt analog auch für die Querkräfte Q_A, Q_{Bl} und Q_C in Bezug auf Q_{Br}.

4. Vorbemessung für einachsige Biegung um die y-Achse

DIN EN 1995-1-1:2010-12 Abs. 6.1.6 (Gl. 6.11):

$$\frac{\sigma_{m,y,d}}{f_{m,y,d}} + k_m \, \frac{\sigma_{m,z,d}}{f_{m,z,d}} \leq 1 \quad \text{hier: mit } k_m \cdot \frac{\sigma_{m,z,d}}{f_{m,z,d}} = 0, \text{ einachsig, ohne Biegung um die z-Achse.}$$

Folgende Formel dient der Vorbemessung: $\sigma_{m,y,d} = \dfrac{M_{y,d}}{W_y} \rightarrow W_y = \dfrac{M_{y,d}}{\sigma_{m,y,d}}$.

Für ein konkretes Biegemoment und einer zulässigen Biegespannung einer verwendeten Holzgüte $\sigma_{m,y,d} \triangleq f_{m,y,d}$ wird ein erforderliches Widerstandsmoment ermittelt. Aus Tabelle im Anhang 1.8 kann auf Grundlage dieses mindestens, erforderliches Widerstandsmomentes ein Holzprofil für die weiteren Nachweise gewählt werden: gewähltes $W_y \geq$ min. W_y.

$$\text{min. } W_y = \frac{M_{y,d}}{f_{m,d}}$$

min. W_y =   mindestens erforderliches Widerstandsmoment (siehe Kapitel 4.2)

$f_{m,d}$ =   zulässige Biegespannung (abhängig von der verwendeten Holzgüte z. B. C24) inkl. Teilsicherheitsbeiwert γ_M und Modifikationsbeiwert k_{mod}

DIN EN 1995-1-1:2010-12 Abs. 2.4.3 (Gl. 2.17):

$$\text{Mit } f_{m,d} = \frac{k_{mod} \cdot f_{m,k}}{\gamma_m} \qquad \text{(siehe Anhang A1.2 bzw. A1.3)}$$

k_{mod} ist abhängig von der Lasteinwirkungsdauer KLED und dem Feuchtegehalt (Nutzungsklasse): siehe hierzu Anhänge A1.4 - A1.6.
Beispiele für Nutzungsklassen 1 und 2:
k_{mod} = 0,80   (bei beheizten Wohn- und Büroräumen)
k_{mod} = 0,90   (bei Dächern, ohne Berücksichtigung von Windlasten)
k_{mod} = 1,0   (bei Dächern, wenn Windlasten berücksichtigt werden)

→ Aus min. W_y passendes Holzprofil aus Anhang A1.8 wählen mit gewähltes $W_y \geq$ min. W_y

5. Biegespannungsnachweis

$$\frac{\sigma_{m,y,d}}{f_{m,d}} \leq 1 \qquad\qquad \frac{vorhandene\ Biegespannung}{zul\ddot{a}ssige\ Biegespannung} \leq 1$$

$\sigma_{m,y,d}$ = vorhandene Biegespannung

$f_{m,d}$ = siehe Abs. 4

$$\text{mit } \sigma_{m,y,d} = \frac{M_{y,d}}{gew\ddot{a}hltes\ W_y}$$

6. Schubspannungsnachweis

DIN EN 1995-1-1:2010-12 Abs. 6.1.7 (Gl. 6.13):

$$\frac{\tau_d}{f_{v,d}} \leq 1 \qquad\qquad \frac{vorhandene\ Schubspannung}{zul\ddot{a}ssige\ Schubspannung} \leq 1$$

$f_{v,d}$ = zulässige Schubspannung inkl. Teilsicherheitsbeiwert γ_M und Modifikationsbeiwert k_{mod}

τ_d = vorhandene Schubspannung

- $f_{v,d} = \dfrac{k_{mod} \cdot f_{v,k}}{\gamma_m}$ (k_{mod} , γ_M siehe Abs. 4 Vorbemessung) | **A1.2 + A1.3**

- $\tau_d = 1{,}5 \cdot \dfrac{V_d}{h \cdot b \cdot k_{cr}}$ Formel gilt nur für Rechteckprofile | **Kapitel 4.1.2**

mit $V_d \triangleq$ betragsmäßig größte Querkraft im Bauteil

V_d: **Bei 1-Feld-Systemen** | **Bei 2-Feld-Systemen**

$V_d \triangleq Q_A$ bzw. Q_B | $V_d \triangleq Q_{Br}$

$\triangleq A$ bzw. B

Der Auflagerbereich ist entscheidend für die Schubbemessung. Die maßgebenden Querkräfte Q_A bzw. Q_B unmittelbar neben dem Auflager sind geringfügig kleiner als die Auflagerkräfte. Daher wird in diesem Buch vereinfacht und auf der sicheren Seite liegend die Schubbemessung bei 1-Feldsystemen mit den Auflagerkräften A bzw. B geführt. Bei 2-Feldsystemen ist für die Schubbemessung die Querkraft $Q_{B\ rechts}$ maßgebend, die stets größer ist als Q_A, Q_C bzw. $Q_{B\ links}$, sofern für das rechte Feld immer das größere Feld angesetzt wird (siehe Kapitel 3.5).

<u>DIN EN 1995-1-1/NA:2013-08 NDP zu 6.1.7 (2) Schub:</u>

„Der kcr – Faktor berücksichtigt den Unterschied der Tragfähigkeit der Bauteile nach längerer Standdauer zu Bauteilen bei Auslieferung, z.B. infolge Rissbildung unter Berücksichtigung der statistischen Verteilung über die Bauteiloberfläche."

Für Vollholz aus Nadelholz gilt: $k_{cr} = 2{,}0 / f_{v,k}$ ($f_{v,k}$ in N/mm²)

für C16: $k_{cr} = 2{,}0 / 3{,}2 = 0{,}625$ [-]
für C24-C40: $k_{cr} = 2{,}0 / 4{,}0 = 0{,}50$ [-]

Vgl. DIN EN 1995-1-1/NA:2013-08 NDP zu 6.1.7 (2) Schub:

<table>
<tr><td>Bei Nadelschnittholz dürfen die Werte für k_{cr} in Bereichen die mindestens 1,50 m vom Hirnholzende des Holzes entfernt liegen, um 30 % erhöht werden.</td><td>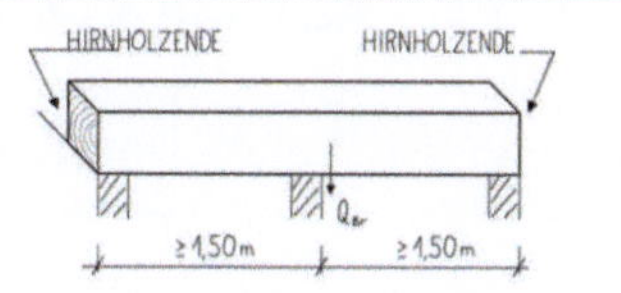</td></tr>
</table>

→ Bei 2-Feld-Systemen: Nachweis mit Q_{Br} am Zwischenauflager B bei Feldlangen ≥ 1,50m.
   z. B. C24: $k_{cr} = 0{,}50 * 1{,}3 = 0{,}67$.
→ Bei 1-Feld-Systemen nicht anwendbar, da die maßgebende Querkraft am Endauflager und damit nah am Hirnholzende liegt.

7. Nachweis zur Einhaltung der zulässigen Auflagerpressung

DIN EN 1995-1-1:2010-12 Abs. 6.1.5 (Gl. 6.3)

$$\frac{\frac{F_{c,90,d}}{A_{ef}}}{k_{c,90} \cdot f_{c,90,d}} \leq 1 \qquad\qquad \frac{vorhandene\ Auflagerpressung}{zulässige\ Auflagerpressung} \leq 1$$

$F_{c,90,d}$:
- F   ≙ Kraft
- c   ≙ Druck (compression)
- 90°   ≙ Belastung rechtwinklig zur Holzfaser
- d   ≙ Designlast
- $F_{c,90,d}$ ≙ Druckkraft rechtwinklig zur Faserrichtung (z. B. Auflagerkraft)

$f_{c,90,d}$: zulässige Druckspannung rechtwinklig zur Faser (f ≙ Spannung) siehe Anhang A1.2 / 1.3

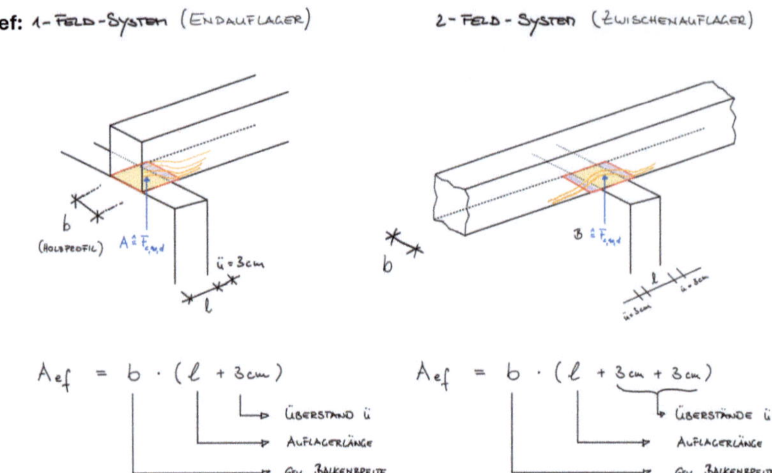

Bild 5.4: Effektive Auflagerfläche am End- und Zwischenauflager inklusive Überstände „ü".

ü ≙ Überstand: Bei der Auflagerpressung werden die Holzfasern zusammengepresst. Die in der Abbildung dargestellte Aufwölbung der Holzfasern vollzieht sich bereits kurz vor dem Auflager mit einem Überstand ü. Entsprechend v. g. DIN Abs. 6.1.5 ist der Betrag dieses Überstands ü der kleinste folgender 3 Werte:

-      30 mm
-      Auflagerbreite l
-      Abstand zwischen 2 Bereichen, in denen die Holzfasern durch Druck verformt werden. Beispielsweise zwischen Auflager und einer Drucklast bzw. Streckenlast.

→ I.d.R. ist der Überstand mit ü = 30 mm ≙ 3 cm anzusetzen.

$k_{c,90}$: Querdruckbeiwert

l_1 ≙ Abstand zwischen Auflagern bzw. einer Last auf dem Holzbalken

h   ≙ Höhe des Holzprofils

	$k_{c,90}$	
Baustoff	l_1<2h	l_1>2h
VH aus NH	1,0	1,50
VH aus LH	1,0	1,00

Vgl. DIN EN 1995-1-1:2010-12 Abs. 6.1.5

→ Bei Streckenlasten, die bis zum Auflager führen gilt: $k_{c,90}$ = 1,0 (l_1 < 2h)

DIN EN 1995-1-1/A2:2014-07 6 Änderung zu 6.1.5, Druck rechtwinklig zur Faserrichtung:

„(4) Für Bauteile auf Einzelabstützungen, die durch verteilte Lasten und/oder Einzellasten, die weiter als $l_1 = 2\,h$ von der Abstützung entfernt sind, beansprucht werden .... ist in der Regel der Wert für $k_{c,90}$ anzunehmen:

-      $k_{c,90}$ = 1,5 bei Vollholz aus Nadelholz;
-      $k_{c,90}$ = 1,75 bei Brettschichtholz aus Nadelholz, vorausgesetzt, es gilt: l ≤ 400 mm;

wobei h die Höhe des Bauteils und l die Kontaktlänge ist.

Eine Reihe von Einzellasten, die nahe beieinander wirken (z. B. Rippen oder Querhölzer mit einem Abstand < 610 mm), darf als verteilte Last betrachtet werden."

8. Durchbiegungsnachweis (Nachweis der Gebrauchstauglichkeit)

Durchbiegung nach DIN EC 1995-1-1 (DEZ. 2010) in Verbindung mit DIN EN 1995-1-1/NA:2013-08 NCI Zu 2.2.3 Gl. (NA.1) und NDP Zu 7.2 (2) im Rahmen des Nachweises der Gebrauchstauglichkeit.

Tab.9: Grenzwerte für die Durchbiegung vgl. DIN EN 1995-1-1/NA:2013-09 NDP Zu 7.2(2):

w_{inst}	$w_{net,fin}$	w_{fin}
l/300	l/300	l/200
(l/150)	(l/150)	(l/100)

Werte in Klammern gelten für auskragende Biegestäbe.

Für untergeordnete Bauteile wie z. B. Sparren etc. können andere Werte gelten.

Vgl. DIN EN 1995-1-1:2010-12, Abs. 7.2:
1) w_{inst} = Anfangsverformung (instant)
2) w_{fin} = Endverformung (Anfangsverformung + Verformung durch Kriechen)
3) $w_{net,fin}$ = Endverformung abzüglich Überhöhung

zu 1) **w_{inst}** siehe nächste Seite

zu 2) **w_{fin}** (DIN EN 1995-1-1:2010-12 Abs. 2.2.3)

$$w_{fin} = w_{fin,G} + w_{fin,Q,1} + \Sigma\, w_{fin,Q,i}$$

$$w_{fin,G} = w_{inst,G} \cdot (1 + k_{def})$$
$$w_{fin,Q,1} = w_{inst,Q,1} \cdot (1 + \psi_2 \cdot k_{def}) \qquad \text{führende veränderliche Einwirkung}$$
$$w_{fin,Q,i} = w_{inst,Q,i} \cdot (\psi_{0,i} + \psi_2 \cdot k_{def}) \qquad \text{begleitende veränderliche Einwirkung (z. B. bei Schnee + Wind)}$$

zu 3) **$w_{net,fin}$**   (DIN EN 1995-1-1/NA:2013-08 NCI Zu 2.2.3 (NA.8))

$$w_{net,fin} = w_{inst,G} + (\Sigma\, \psi_2 \cdot w_{inst,Q,i}) \cdot (1 + k_{def}) + \text{Überhöhung}$$

Tab. 10: Kombinationsbeiwerte ψ vgl. DIN EN 1990/NA:2010-12 NDP zu A.1.2.2 Tabelle NA.A.1.1:

Kombinationsbeiwerte ψ (Hochbau)		
veränderliche Einwirkung	ψ_0	ψ_2
Wohn- und Aufenthaltsräume, Büros	0,70	0,30
Schnee Orte bis NN +1000 m	0,50	0
Windlast	0,60	0

k_{def} siehe Anhang A1.5

Achtung: Die Durchbiegung wird mit den charakteristischen Lasten berechnet! (siehe hierzu Kapitel 1.5)

$w_{INST,G}$ und $w_{INST,Q}$ für 1-Feld-Systeme:

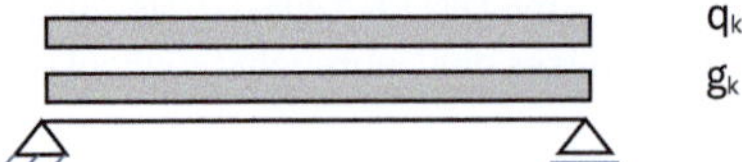

Bild 5.5: Statisches System mit charakteristischen Lasten

$w_{INST,G} =$	$\dfrac{g_k \cdot l^4}{76,8 \cdot E \cdot I_y}$	Durchbiegung infolge Eigenlast
$w_{INST,Q} =$	$\dfrac{q_k \cdot l^4}{76,8 \cdot E \cdot I_y}$	Durchbiegung infolge Nutzlast

$w_{INST,G}$ und $w_{INST,Q}$ für 2-Feld-Systeme

Lastfall 2 maßgebend – Formel gelten nur für gleiche Feldlängen!

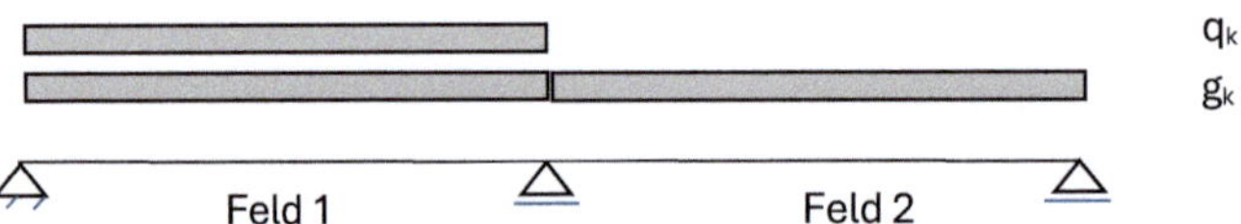

Bild 5.6: Statisches System mit charakteristischen Lasten in der maßgebenden Lastkombination

<u>Maximale Durchbiegung in Feld 1:</u>

$w_{INST,G} =$	$\dfrac{0{,}0054 \cdot g_k \cdot l^4}{E \cdot I_y}$	Durchbiegung in Feld 1, wobei g auf beiden Feldern wirkt.
$w_{INST,Q} =$	$\dfrac{0{,}0092 \cdot q_k \cdot l^4}{E \cdot I_y}$	Durchbiegung in Feld 1, wobei q nur im Feld 2 wirkt.

Für beide Systeme gilt:

l = statische Länge eines Feldes (Achtung Formel gilt nur für Systeme mit gleichen Feldlängen!)

E = Elastizitätsmodul (parallel)   siehe Anhang A1.2

Iy = Trägheitsmoment   siehe Anhang A1.8

Auf konforme Einheiten achten. Tipp: In der Formel bereits die Einheiten in cm verwenden

→ kN/m : 100 ≙ kN/cm

Nachweise für Holzbalkendecken in Wohngebäuden (Lasten: $g_k + q_k$)

Im üblichen Wohnungsbau wird i. d. R für eine Geschossdecke nur eine veränderliche Last q_k angesetzt. Eine begleitende veränderliche Einwirkung entfällt somit in der folgenden Betrachtung:

<u>vorhandene Durchbiegung</u> $\leq$ <u>zulässige Durchbiegung</u>

1) $w_{INST} = w_{INST,G} + w_{INST,Q}$ $< l/300$

2) $w_{fin} = w_{INST,G}(1 + k_{def}) + w_{INST,Q}(1 + \psi_2 * k_{def})$ $< l/200$

3) $w_{net,fin} = w_{INST,G}(1 + k_{def}) + w_{INST,Q}(\psi_2 + \psi_2 * k_{def})$ $< l/300$

- k_{def}: Kriechverhalten von Holz → in der NKL 1 ist $k_{def} = 0{,}60$ (Innenraum)   **A1.5**
- ψ_2: Kombinationsbeiwert. Für Wohn- und Büronutzung ist $\psi_2 = 0{,}30$ **Kap. 1.5**
- $w_{INST,G}$ und $w_{INST,Q}$ in Abhängigkeit vom statischen System (1-Feld- bzw. 2-Feldsystem)
-

Die allgemeinen Gleichungen lassen sich für Holzträger in beheizten Innenräumen (NKL1) von Wohn- und Bürogebäuden mit $k_{def} = 0{,}6$ und $\psi_2 = 0{,}30$ folgendermaßen vereinfachen:

$w_{fin} = w_{INST,G}(1 + 0{,}60) + w_{INST,Q} \cdot (1 + 0{,}30 * 0{,}60)$

$w_{net,fin} = w_{INST,G}(1 + 0{,}60) + w_{INST,Q} \cdot (0{,}30 + 0{,}30 * 0{,}60)$

→ Nachweise für die Durchbiegung von Holzträgern bzw. Geschossdecken im Innenbereich von Wohngebäuden:

$w_{INST} =$	$w_{INST,G} + w_{INST,Q}$	$< l/300$
$w_{fin} =$	$1{,}60 * w_{INST,G} + 1{,}18 * w_{INST,Q}$	$< l/200$
$w_{net,fin} =$	$1{,}60 * w_{INST,G} + 0{,}48 * w_{INST,Q}$	$< l/300$

Nachweise für Sparren (Lasten: $g_k + s_k + w_k$)

<u>vorhandene Durchbiegung</u> $\leq$ <u>zulässige Durchbiegung</u>

1) $w_{INST} = w_{INST,G} + w_{INST,Q,1} + 0{,}60 \cdot w_{INST,Q,2}$ $< l/200$

2) $w_{fin} = w_{INST,G}(1 + k_{def}) + w_{INST,Q}(1 + \psi_2 * k_{def}) + w_{inst,Q,i} \cdot (\psi_{0,i} + \psi_2 \cdot k_{def})$ $< l/150$

3) $w_{net,fin} = w_{INST,G}(1 + k_{def}) + w_{INST,Q}(\psi_2 + \psi_2 * k_{def})$ $< l/250$

- zu 1) charakteristische Einwirkung nach DIN EN 1990/NA:2010-12 NCI zu 6.5.3 Gl. (6.14c)
- k_{def}: Kriechverhalten von Holz → in der NKL 2 ist $k_{def} = 0{,}80$ (überdachte, offene Tragwerke)
- ψ_2: Kombinationsbeiwert. Schnee bis NN+1000m und Wind $\psi_2 = 0$
- ψ_0: i. d. R. ist Wind die begleitende veränderliche Einwirkung → $\psi_0 = 0{,}60$
- $w_{INST,G}$ und $w_{INST,Q}$ in Abhängigkeit vom statischen System (1-Feld- bzw. 2-Feldsystem etc.)

Für die Berechnung der Durchbiegung von Sparren gilt somit:

$$w_{fin} = w_{INST,G} \, (1 + 0{,}80) + w_{INST,Q} \cdot (1 + 0 * 0{,}80) + w_{inst,Q,i} \cdot (0{,}60 + 0 \cdot 0{,}80)$$

$$w_{net,fin} = w_{INST,G} \, (1 + 0{,}80) + w_{INST,Q} \cdot (0 + 0 * 0{,}80)$$

Nachweise für die Durchbiegung von Sparren mit Schnee als führende und Wind als begleitende veränderliche Einwirkung:

w_{INST} = $w_{INST,G} + w_{INST,Schnee} + 0{,}60 \cdot w_{INST,Wind}$	$\leq l/200$
w_{fin} = $1{,}80 * w_{INST,G} + 1{,}0 \cdot w_{INST,Schnee} + 0{,}60 \cdot w_{INST,Wind}$	$\leq l/150$
$w_{net,fin}$ = $1{,}80 * w_{INST,G}$	$\leq l/250$

5.3 Bemessung eines Holzbalkens als 1-Feld-System

Holzbemessung entsprechend DIN EN 1995-1-1:2010-12 (EC5)

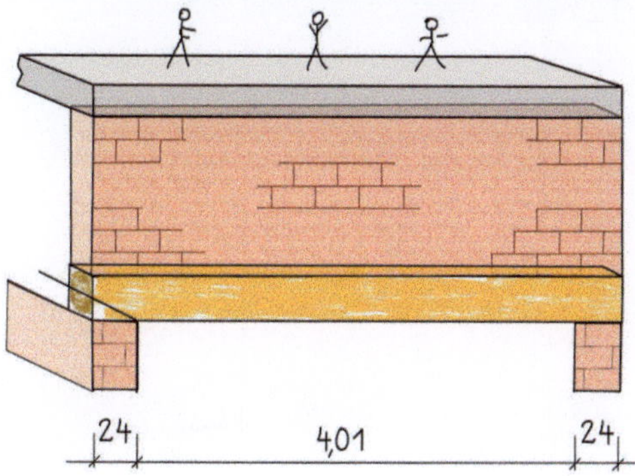

Bild 5.7: Holzbalken unter Wand und Decke als 1-Feld-System.

Infos zur Bemessung:

- g_k = 2,70 kN/m
- q_k = 3,00 kN/m
- Holzgüte: C30

Index k:
Charakteristische Lasten ohne Sicherheitsbeiwerte

Festigkeitswerte für C30
Siehe Anhang A1.2

1) Bemessungslasten:

$$g_d \quad = 2,70 \text{ kN/m} \cdot 1,35 \quad = 3,645 \text{ kN/m}$$
$$q_d \quad = 3,00 \text{ kN/m} \cdot 1,50 \quad = 4,500 \text{ kN/m}$$

$$\begin{aligned} e_d \quad &= g_d + q_d \\ &= 3,645 \text{ kN/m} + 4,500 \text{ kN/m} \\ &= 8,145 \text{ kN/m} \end{aligned}$$

γ_g = 1,35
γ_q = 1,50

Index d:
Designlast ≙ Bemessungslast

2) Statisches System:

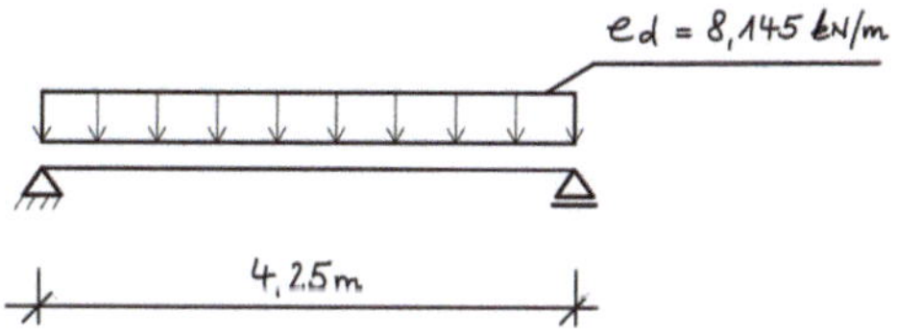

Statisches System:
- Lasten
- Auflagersymbole + Stabwerksmodel
- Statische Länge

$$\begin{aligned} l_{eff} \quad &= 0,24 \text{ m} / 2 + 4,01\text{m} + 0,24 \text{ m} / 2 \\ &= 4,25 \text{ m} \end{aligned}$$

Bild 5.8: Statisches System des Holzbalkens.

3) maßgebende Auflager – und Schnittkräfte:

$$M_d = \frac{8{,}145 \; kN/m \; \cdot \; (4{,}25 \; m)^2}{8}$$

$$\frac{ed \cdot l^2}{8}$$

$$= 18{,}390 \; \text{kNm}$$

Für die Biegebemessung

$$A \triangleq B = \frac{8{,}145 \; kN/m \; \cdot \; 4{,}25 \; m}{2}$$

$$\frac{ed \cdot l}{2}$$

$$= 17{,}308 \; \text{kN} \; (\triangleq Q_A, Q_B)$$

Für die Schubbemessung

4) Vorbemessung:

$$f_{m,d} = \frac{0{,}80 \; \cdot \; 3{,}0 \; \text{kN}/cm^2}{1{,}30}$$

$$\frac{k_{mod} \cdot f_{m,k}}{\gamma_m}$$

$$= 1{,}846 \; \text{kN/cm}^2$$

siehe Anhang A1.2/1.3

$$\text{min. } W_y = \frac{18{,}39 \; kNm \; \cdot \; 100}{1{,}846 \; \text{kN}/cm^2}$$

$$\frac{M_d}{f_{m,d}}$$

$$= 996{,}1 \; \text{cm}^3$$

Die Einheit des Moments wird mit dem Faktor 100 auf kNcm umgerechnet.

Gewähltes Profil b/h = 10/26 cm mit gew. Wy = 1127 cm³
≥ min. Wy = 996,1 cm³

Holzprofile:
siehe Anhang A1.8

Das alternative Profil 16/20 hat ein Widerstandsmoment von Wy = 1067 cm³ und ist somit aus statischen Gesichtspunkten auch geeignet. Die Querschnittsflächen zeigen jedoch, dass für das Profil 16/20 cm (A=320cm²) mehr Holz benötigt wird als für ein 10/26 (260 cm²).

5) Biegespannungsnachweis:

$$\frac{\sigma_{m,d}}{f_{m,d}} \leq 1 \qquad \frac{vorhandene \; Biegespannung}{zulässige \; Biegespannung} \leq 1$$

- Vorhandene Biegespannung: $\sigma_{m,d}$ = $\dfrac{18{,}39 \; kNm \cdot 100}{1127 \; cm^3}$ = $\dfrac{1839 \; kNcm}{1127 \; cm^3}$

$$\frac{M_d}{gew. W_y}$$

$$= 1{,}632 \; \text{kN/cm}^2$$

- Zulässige Biegespannung: $f_{m,d}$ = 1,846 kN/cm²

Biegespannungsnachweis:

$$\frac{1{,}632 \; kN/cm^2}{1{,}846 \; kN/cm^2} = 0{,}884 \quad \leq 1 \qquad \text{Nachweis erfüllt}$$

6) Schubspannungsnachweis:

$$\frac{\tau_d}{f_{v,d}} \leq 1 \qquad \frac{vorhandene\ Schubspannung}{zulässige\ Schubspannung} \leq 1$$

- Vorhandene Schubspannung: τ_d $=$ $1{,}5 \cdot \dfrac{QA}{h \cdot b \cdot kcr}$

   $= 1{,}5 \cdot \dfrac{17{,}308\ kN}{10\ cm \cdot 26\ cm \cdot 0{,}5}$

   $= 0{,}200\ \text{kN/cm}^2$

1,5 gilt ausschließlich für Rechteckquerschnitte und stellt eine Konstante dar. Siehe Kapitel 4.1.2.

- Zulässige Schubspannung: $f_{v,,d}$ $= \dfrac{0{,}80 \cdot 0{,}40\ kN/cm^2}{1{,}30}$

   $= 0{,}246\ \text{kN/cm}^2$

siehe Anhang A1.2/1.3

Schubspannungsnachweis:

$$\frac{0{,}200\ kN/cm^2}{0{,}246\ kN/cm^2} = 0{,}811 \qquad \leq 1 \qquad \text{Nachweis erfüllt}$$

7) Nachweis zur Einhaltung der zulässigen Auflagerpressung:

Nachweis: $\dfrac{\frac{F_{c,90,d}}{A_{ef}}}{k_{c,90} \cdot f_{c,90,d}} \leq 1 \qquad \dfrac{vorhandene\ Auflagerpressung}{zulässige\ Auflagerpressung} \leq 1$

siehe Kapitel 5.2 Abs. 7

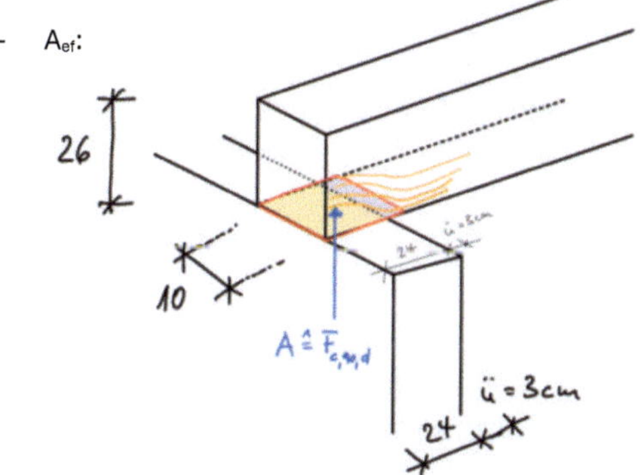

Bild 5.9: Effektive Auflagerfläche am Endauflager inklusive Überstand „ü".

- A_{ef} = 10 cm · (24 cm + 3 cm)

        Balkenbreite · (Auflagerbreite + Überstand)

    = 270 cm²   siehe Kapitel 5.2

- $k_{c,90}$: Die Streckenlast reicht bis zum Auflager, weshalb dieser Wert mit 1,0 angesetzt wird

- Zulässige Druckspannung: $f_{c,90,d}$ = $\dfrac{0{,}80 \cdot 0{,}27\ kN/cm^2}{1{,}30}$ siehe Anhang A1.2/1.3

                                                    =   0,166 kN/cm²

<u>Nachweis zur Einhaltung der Auflagerpressung:</u>

$$\frac{\dfrac{F_{c,90,d}}{A_{ef}}}{k_{c,90} \cdot f_{c,90,d}} \leq 1 \quad \rightarrow \quad \frac{\dfrac{17{,}308\ kN}{270\ cm^2}}{1{,}0 \cdot 0{,}166\ kN/cm^2} = 0{,}39\ \leq 1$$

8) Durchbiegungsnachweis (Nachweis der Gebrauchstauglichkeit):

$W_{INST,G}$ = $\dfrac{0{,}027\ kN/cm \cdot (425cm)^4}{76{,}8 \cdot 1200\ kN/cm^2 \cdot 14647 cm^4}$ (Durchbiegung infolge Eigenlast) $\dfrac{g_k * l^4}{76{,}8 * E * I_y}$

         =   0,65 cm

$W_{INST,Q}$ = $\dfrac{0{,}030\ kN/cm \cdot (425cm)^4}{76{,}8 \cdot 1200\ kN/cm^2 \cdot 14647 cm^4}$ (Durchbiegung infolge Nutzlast) $\dfrac{q_k * l^4}{76{,}8 * E * I_y}$

         =   0,73 cm

<u>Dabei sind:</u>

- gk = 2,70 kN/m ≙ 0,027 kN/cm
- qk = 3,00 kN/m ≙ 0,030 kN/cm
- leff = 4,25m ≙ 425 cm
- E-Modul (C30) = 1200 kN/cm² (siehe Anhang A1.2)
- Iy = 14647 cm⁴ (für das gewählte Profil b/h = 10/26 cm) (siehe Anhang A1.8)

Nachweis: Beheizter Innenräum (NKL1) von Wohn- und Bürogebäuden:

    vorhandene Durchbiegung   ≤ zulässige Durchbiegung   siehe Kapitel 5.2

1.	Nachweis	$W_{INST,G}$ + $W_{INST,Q}$	≤	l_{eff} / 300
2.	Nachweis	vorh. W_{fin}	≤	l_{eff} / 200
3.	Nachweis	vorh. $W_{net,fin}$	≤	l_{eff} / 300

    vorh. W_{fin} = 1,60 * $W_{INST,G}$ + 1,18 * $W_{INST,Q}$ Vereinfachte Formeln
    vorh. $W_{net,fin}$ = 1,60 * $W_{INST,G}$ + 0,48 * $W_{INST,Q}$ gelten nur für Wohn-
und Büronutzung

1. $W_{Inst,\,G+Q}$ = 0,65 cm + 0,73 cm = **1,38 cm**   ≤   425 / 300 = **1,42 cm**

2. W_{fin} = 1,60 · 0,65 cm + 1,18 · 0,73 = **1,90 cm**   ≤   425 / 200 = **2,13 cm**

3. $W_{net,fin}$ = 1,60 · 0,65 cm + 0,48 · 0,73 = **1,39 cm** ≤   425 / 300 = **1,42 cm**

5.4 Bemessung einer Holzbalkendecke als 2-Feld-System

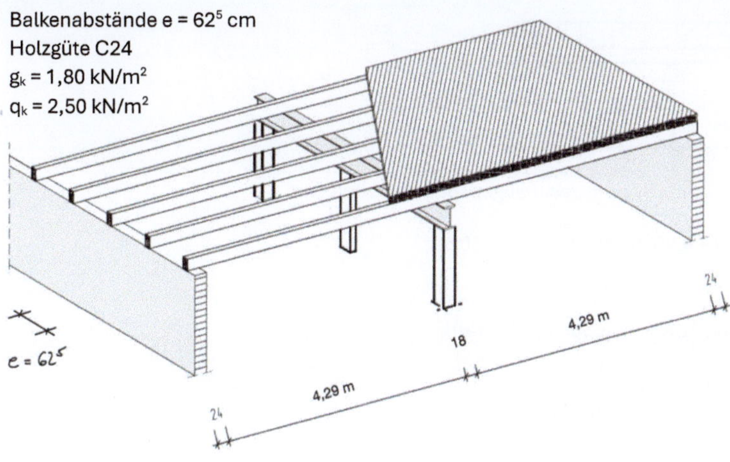

Bild 5.10: Holzbalkendecke als 2-Feld-System.

Bestimmung der maßgebenden Schnittkräfte aus der maßgebenden Lastkombination 1 (Volllast)

M_B →   aus Lastkombination 1 für die Biegebemessung

Q_{Br} bzw. Q_{Bl} →   aus Lastkombination 1 für die Schubbemessung   siehe hierzu Kapitel 3.5.3

$B = Q_{Br} + Q_{Bl}$ →   aus Lastkombination 1 für die Auflagerpressung

Bei 2-Feld-Systemen ist max. M_d sowie die max. Querkraft mit Hilfe der Tabellenwerte (TW) aus Anhang A4 zu berechnen:

$$M_B = TW \cdot e_d \cdot (l_{eff,1})^2 \quad \text{(für die Biegebemessung)}$$
$$Q_{Br} \triangleq Q_{Bl} = TW \cdot e_d \cdot (l_{eff,1}) \quad \text{(für die Schubbemessung)}$$
$$B = Q_{Br} + Q_{Bl} \quad \text{(für die Auflagerpressung)}$$

1) Bemessungslasten:

g_d = 1,80 kN/m² · 0,625 m · 1,35   = 1,519 kN/m

q_d = 2,50 kN/m² · 0,625 m · 1,50   = 2,344 kN/m

e_d = $g_d + q_d$ = 3,863 kN/m

Sicherheitsfaktoren:
γ_g = 1,35
γ_q = 1,50

Balkenabstand
e = 0,625 m

2) Statisches System

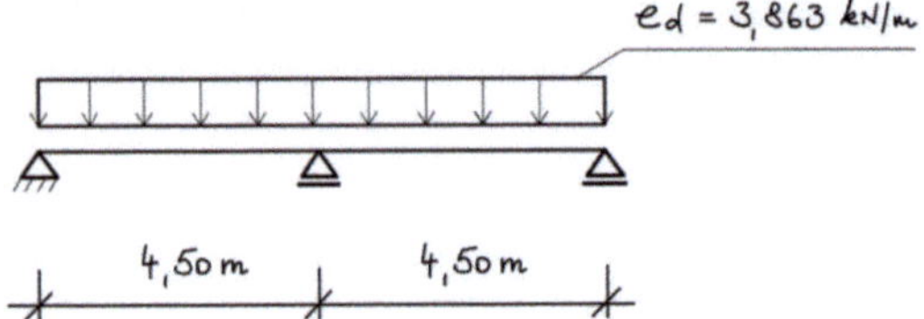

Bild 5.11: Statisches System des maßgebenden Holzbalkens.

l_{eff} = 0,24 m / 2 + 4,29 m + 0,18 m / 2 = 4,50 m

3) Maßgebende Auflager- und Schnittkräfte

M_B $= 0,125 \cdot e_d \cdot l_{eff}^2$
$= 0,125 \cdot 3,863\ kN/m \cdot (4,50\ m)^2$
$= 9,777\ kNm$

Q_{Br} $= 0,625 \cdot e_d \cdot l_{eff}$
$= 0,625 \cdot 3,863\ kN/m \cdot 4,50\ m$
$= 10,863\ kN$

Q_{Br} $\hat{=} Q_{Bl}$ (da gleiche Feldlängen)

B $= Q_{Br} + Q_{Bl}$
$= 10,864\ kN + 10,864\ kN$
$= 21,727\ kN$

4) Vorbemessung

$$\text{min. } W_y = \frac{M_B}{f_{m,d}}$$

M_B = 977,7 kNcm

$$f_{m,d} = \frac{0,80 \cdot 2,4\ kN/cm^2}{1,30} = 1,477\ kN/cm^2$$

$$\text{min. } W_y = \frac{977,7\ kNcm}{1,477\ kN/cm^2} = 662,0\ cm^3$$

gew.: **b/h = 10/20 cm** mit gew. W_y = 667 cm³ ≥ min. W_y = 662,0 cm³

Hinweis: Profil 8/24 cm mit W_y = 786 cm³ auch im statisch/wirtschaftlichen Rahmen. Dieses Profil hat zudem eine etwas kleinere Querschnittsfläche mit A = 192 cm² < 200 cm² (10/20). Bei Holzbalkendecken können bei sichtbaren Konstruktionen jedoch breitere Holzbalken ästhetischer wirken.

$$f_{m,d} = \frac{kmod \cdot fm,k}{\gamma m}$$

siehe Anhang A1.2/1.3

$$\text{min. } W_y = \frac{M_d}{f_{m,d}}$$

Holzprofile:
siehe Anhang A1.8

5) Biegespannungsnachweis

$$\frac{\sigma_{m,y,d}}{f_{m,d}} \leq 1{,}0$$

$$f_{m,d} = 1{,}477 \ \text{kN/cm}^2$$

$$\sigma_{m,y,d} = \frac{977{,}8 \ kNcm}{667 \ cm^3}$$

$$= 1{,}466 \ \text{kN/cm}^2$$

$\dfrac{M_B}{gew.\,W_y}$

Nachweis: $\dfrac{1{,}466 \ kN/cm^2}{1{,}477 \ kN/cm^2} = 0{,}992 \quad \leq \quad 1{,}0 \quad$ Nachweis erfüllt!

6) Schubspannungsnachweis

$$\frac{\tau_d}{f_{v,d}} \leq 1$$

$$f_{v,d} = \frac{k_{mod} \cdot f_{v,k}}{y_M} = \frac{0{,}80 \cdot 0{,}40 \ kN/cm^2}{1{,}30} = 0{,}246 \ \text{kN/cm}^2$$

siehe Anhang A1.2/1.3

$$\tau_d = 1{,}5 \cdot \frac{V_d}{h \cdot b \cdot kcr}$$

$$= 1{,}5 \cdot \frac{10{,}863 \ kN}{20cm \cdot 10cm \cdot 0{,}65} = 0{,}125 \ \text{kN/cm}^2$$

$- V_d \triangleq Q_{Br} \triangleq Q_{Bl} = 10{,}864$ kN

siehe Kapitel 5.2 Abs. 6

$- k_{cr} + 30\% = 1{,}3 * (2{,}0 / f_{v,k}) = 1{,}3 * (2{,}0 / 4{,}0) = 0{,}65$ [-]
   Maßgebende Querkraft $Q_{Br} \triangleq Q_{Bl}$ liegt mehr als 1,50 m (4,50 m)
   vom Hirnholzende entfernt (DIN EN 1995-1-1/NA:2013-08 NDP zu 6.1.7 (2))

$- b/h = 10 / 20$ cm

Nachweis: $\dfrac{0{,}125 \ kN/cm^2}{0{,}246 \ kN/cm^2} = 0{,}509 \quad \leq \quad 1{,}0 \quad$ Nachweis erfüllt!

7)　Nachweis zur Einhaltung der zulässigen Auflagerpressung

$$\frac{\dfrac{F_{c,90,d}}{A_{ef}}}{k_{c,90} \cdot f_{c,90,d}} \leq 1 \qquad \text{siehe Kapitel 5.2 Abs. 7}$$

A_{ef}: maßgebendes Auflager „B"

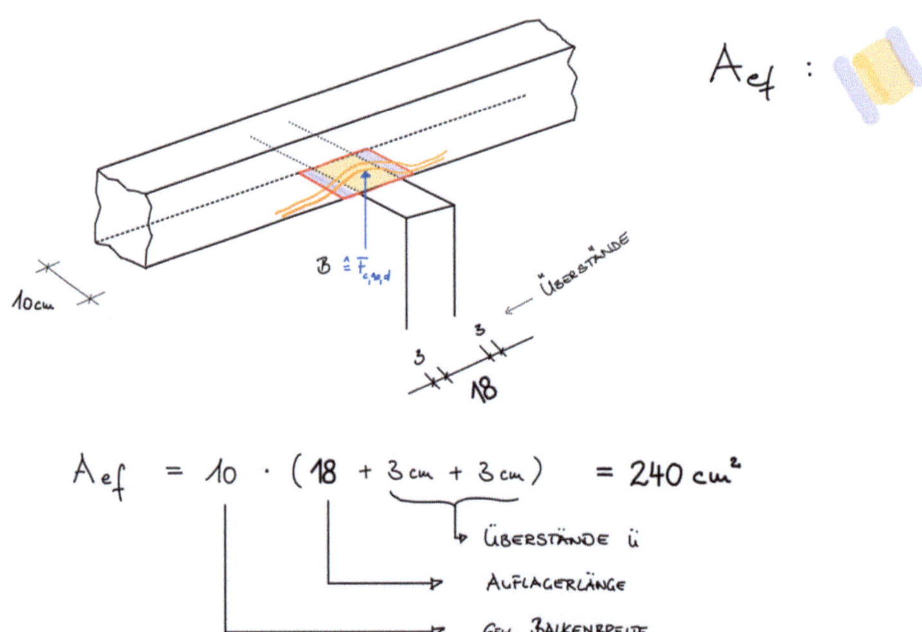

Bild 5.12: Effektive Auflagerfläche am Zwischenauflager inklusive Überstände „ü".

$F_{c,90,d}$　　　= 21,727 kN

$k_{c,90}$　　　　= 1,00　　　　　　　　　　　　　　　　　siehe Anhang A1.2/1.3

$$f_{c,90,d} = \frac{0,8 \cdot 0,25 \; kN/cm^2}{1,3} = 0,154\,kN/cm^2$$

Nachweis: $\dfrac{\dfrac{21,727\,kN}{240\,cm^2}}{1,00 \cdot 0,154\,kN/cm^2} = 0,59 \leq 1$　　　Nachweis erfüllt!

8)   Durchbiegungsnachweis (Nachweis der Gebrauchstauglichkeit)

<u>Bemessungslast (charakteristische Lasten):</u>

gk [kN/m] = 1,80 kN/m² · 0,625 m = 1,125 kN/m ≙ 0,01125 kN/cm

qk [kN/m] = 2,50 kN/m² · 0,625 m = 1,563 kN/m ≙ 0,01563 kN/cm

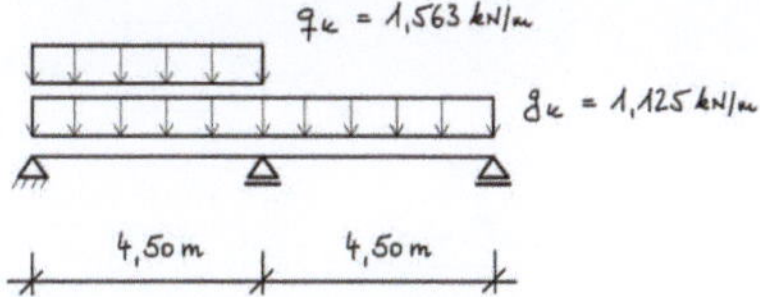

Bild 5.13: Statisches System mit Darstellung des maßgebenden Lastfalls.

<u>Durchbiegungen infolge Eigen- und Nutzlasten:</u>

$$W_{inst,G} = \frac{0,0054 \cdot 0,01125\ kN/cm \cdot (450cm)^4}{1100\ kN/cm^2 \cdot 6667cm^4}$$

$$= 0,34\ cm$$

$$W_{inst,Q} = \frac{0,0092 \cdot 0,01563\ kN/cm \cdot (450cm)^4}{1100\ kN/cm^2 \cdot 6667cm^4}$$

$$= 0,80\ cm$$

$$W_{INST,G} = \frac{0,0054 * g_k * l^4}{E * I_y}$$

$$W_{INST,Q} = \frac{0,0092 * q_k * l^4}{E * I_y}$$

<u>Nachweis für beheizte Innenräume (NKL1) von Wohn- und Bürogebäuden:</u>

vorhandene Durchbiegung   ≤   zulässige Durchbiegung

1.	Nachweis	W_{INST}	≤	l_{eff} / 300
2.	Nachweis	W_{fin}	≤	l_{eff} / 200
3.	Nachweis	$W_{net,fin}$	≤	l_{eff} / 300

siehe Abs.5.2

Formeln gelten nur für Wohn- und Büronutzung:

$$W_{Inst} = W_{INST,G} + W_{INST,Q}$$

$$W_{fin} = 1,60 * W_{INST,G} + 1,18 * W_{INST,Q}$$

$$W_{net,fin} = 1,60 * W_{INST,G} + 0,48 * W_{INST,Q}$$

1. $W_{Inst,\ G+Q}$ = 0,34 cm + 0,80 cm   **= 1,14 cm**   ≤   450 / 300 = **1,50 cm**
2. W_{fin} = 1,60 · 0,34 om + 1,18 · 0,80   **= 1,49 cm**   ≤   450 / 200 = **2,25 cm**
3. $W_{net,fin}$ = 1,60 · 0,34 cm + 0,48 · 0,80   **= 0,93 cm**   ≤   450 / 300 = **1,50 cm**

Gebrauchstauglichkeitsnachweis ist erfüllt!

5.5 Bemessung eines Sparrens als 1-Feld-System

Angaben:

Für Wind- und Schneelast:
Gebäudestandort: Hamburg
Gebäudebreite: b = 15 m
Gebäudehöhe: h = 10 m
Kein Abgleiten des Schnees möglich (Schneegitter etc.)

Für die zulässigen Spannungen des Holzes:
Holzgüte: C24

Eigengewicht der Dachkonstruktion:
g_k = 1,00 kN/m²
e = 80 cm (Sparrenabstände)

Geschätztes Sparreneigengewicht in g_k pauschal berücksichtigt.

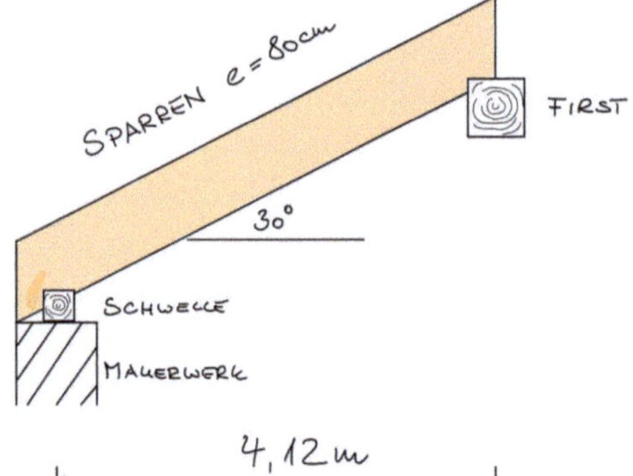

Bild 5.14: Sparren mit einer Neigung von 30°.

Für die Sparrenbemessung kommen als Belastungen zusätzlich zur Eigenlast des Daches die veränderlichen Wind- (w_d) und Schneelasten (s_d) hinzu.

- Im Gegensatz zur Holzbalkendecke wirken nunmehr 2 Nutzlasten gleichzeitig, weshalb gemäß DIN EN 1990:2010-12 (siehe Kapitel 1.5) eine Nutzlast reduziert werden darf. Die v. g. DIN geht dabei davon aus, dass die extremen Wind- bzw. Schneelasten, die in der Bemessung angesetzt werden, nicht gleichzeitig auftreten werden. Der Sparren ist grundsätzlich mit der Lastkombination (LK) zu bemessen, die in der Summe die höchste Belastung aufweist:

siehe Kapitel 1.5

LK1: $e_d = g_d + s_d + w_d \cdot 0{,}60$ (ψ_0 = 0,60 für Windlasten nach DIN EN 1991-1-4)

LK2: $e_d = g_d + w_d + s_d \cdot 0{,}50$ (ψ_0 = 0,50 für Schneelasten nach DIN EN 1991-1-3 bis NN +1000m)

- Die in der Norm angegebene Schneelast bezieht sich auf eine horizontale Projektionsfläche (Schnee auf einer horizontalen Bodenfläche). Im Gegensatz dazu stellt das Eigengewicht des Daches g_k eine lotrechte Last dar, die auf 1 m² einer geneigten Dachfläche wirkt. Die Windlast hingegen greift diagonal an, senkrecht zur Achse der Sparren. Rechnerisch wird die volle Windlast pro 1 m² sowohl auf der horizontalen als auch auf der vertikalen Projektionsfläche angesetzt, da sich die Windrichtung ständig ändern kann. Diese drei Lastarten unterscheiden sich sowohl in der Wirkungsrichtung als auch in der zugehörigen Lastfläche. Eine Übersicht einschließlich der Berechnungen findet sich in diesem Kapitel unter dem Abschnitt „3) Auflager- und Schnittkraftermittlung" für die Tragfähigkeitsnachweise und „8) Durchbiegung" für den Gebrauchstauglichkeitsnachweis wieder.

Lastarten/Lastkombinationen/Sicherheitsfaktoren siehe Kapitel 1.5

1) Bemessungslasten:

Eigenlasten

g_d = 1,000 kN/m² · 0,80 m · 1,35 = **1,080 kN/m**   (e = 80cm ≙ 0,80 m)

Windlasten: (s. Kapitel 1.7)

Standort Hamburg:	Windlastzone 2
Gebäudehöhe ≤ 10m:	q_p = 0,65 kN/m²
Dachneigung 30°:	Winddruck auf Dachbereich G → $c_{pe,10}$ = + 0,70
	Winddruck auf Dachbereich H → $c_{pe,10}$ = + 0,40
Winddruck:	w_G = 0,70 · 0,65 kN/m² = 0,455 kN/m²
	w_H = 0,40 · 0,65 kN/m² = 0,260 kN/m²

Windlast inklusive Sicherheitsfaktor und Sparrenabstand:

$w_{G,d}$ = 0,455 kN/m² · 0,80 m · 1,50 = **0,546 kN/m** γ_Q = 1,50

$w_{H,d}$ = 0,260 kN/m² · 0,80 m · 1,50 = 0,312 kN/m

Schneelasten: (s. Kapitel 1.8)

Standort Hamburg:	Schneelastzone 2 (+ Norddeutsche Tiefebene)
Bis 285m ü. d. Meeresn.:	s_k = 0,85 kN/m²
Dachneigung 30°:	μ_1 = 0,80 (kein Abgleiten des Schnees möglich)
Schneelast:	s = 0,80 · 0,85 kN/m² = 0,68 kN/m²
Norddeutsche Tiefeb.:	s_{Nord} = 2,30 · 0,80 · 0,85 kN/m² = **1,564 kN/m²**

Schneelast inklusive Sicherheitsfaktor und Sparrenabstand:

s_d = 0,68 kN/m² · 0,80 m · 1,50 = **0,816 kN/m** γ_Q = 1,50

Ständige und vorübergehende Bemessungssituation:

LK 1: e_{d1} = g_d + s_d + w_d · 0,60   (ψ_0 = 0,60 für Windlasten gem. DIN EN 1990)

LK 2: e_{d2} = g_d + w_d + s_d · 0,50   (ψ_0 = 0,50 für Schneelasten bis NN +1000m)

siehe Kapitel 1.5

Für den maßgebenden Windlastbereich G (höchste Windlast):

LK 1: e_{d1} = 1,08 kN/m + 0,816 kN/m + 0,546 kN/m · 0,60 = **2,224 kN/m**

LK 2: e_{d2} = 1,08 kN/m + 0,546 kN/m + 0,816 kN/m · 0,50 = 2,034 kN/m

LK 1: maßgebende Lastfallkombination

Außergewöhnliche Bemessungssituation:

(Auf Wind als Begleiteinwirkung darf verzichtet werden s. Kapitel 1.8.3)

LK 3: e_{d3} = g_d + $s_{d,Nord}$

e_{d3} = 1,000 kN/m² · 0,80 m · 1,0 + 1,564 kN/m² · 0,80 m · 1,0 γ_A = 1,00

     = 2,051 kN/m

Die Lastkombination LK 1 weist die höchste Bemessungslast e_{d1} = 2,224 kN/m auf. Somit ist die Schneelast die führende und die Windlast die begleitende, veränderliche Einwirkung. Die Windlast darf daher mit dem Kombinationsbeiwert ψ_0 = 0,60 reduziert werden.

Für das statische System werden im Folgenden sämtliche Lasten aus der Lastkombination 1 separat aufgelistet:

<u>**Eigen-, Schnee- und Windlasten aus der maßgebenden Lastkombination 1:**</u>

g_d	$= 1{,}000 \text{ kN/m}^2 \cdot 0{,}80 \text{ m} \cdot 1{,}35$	$= 1{,}080 \text{ kN/m}$	
s_d	$= 0{,}680 \text{ kN/m}^2 \cdot 0{,}80 \text{ m} \cdot 1{,}50$	$= 0{,}816 \text{ kN/m}$	
$w_{G,d}$	$= 0{,}455 \text{ kN/m}^2 \cdot 0{,}80 \text{ m} \cdot 1{,}50 \cdot 0{,}60$	$= 0{,}328 \text{ kN/m}$	$\psi_0 = 0{,}60$ maßgebend
$w_{H,d}$	$= 0{,}260 \text{ kN/m}^2 \cdot 0{,}80 \text{ m} \cdot 1{,}50 \cdot 0{,}60$	$= 0{,}187 \text{ kN/m}$	

2) Statisches System:

Sd = 0,816 kN/m
wH = 0,187 kN/m
wG = 0,328 kN/m
gd = 1,08 kN/m
B
4,757 m
A
4,12 m
PROJEKTIONSLÄNGE

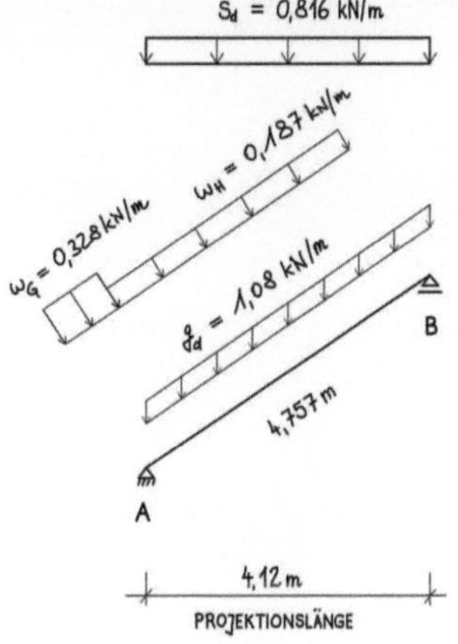

Bild 5.15: Statisches System des Sparrens inkl. Bemessungslasten.

3) Maßgebende Auflager – und Schnittkräfte:

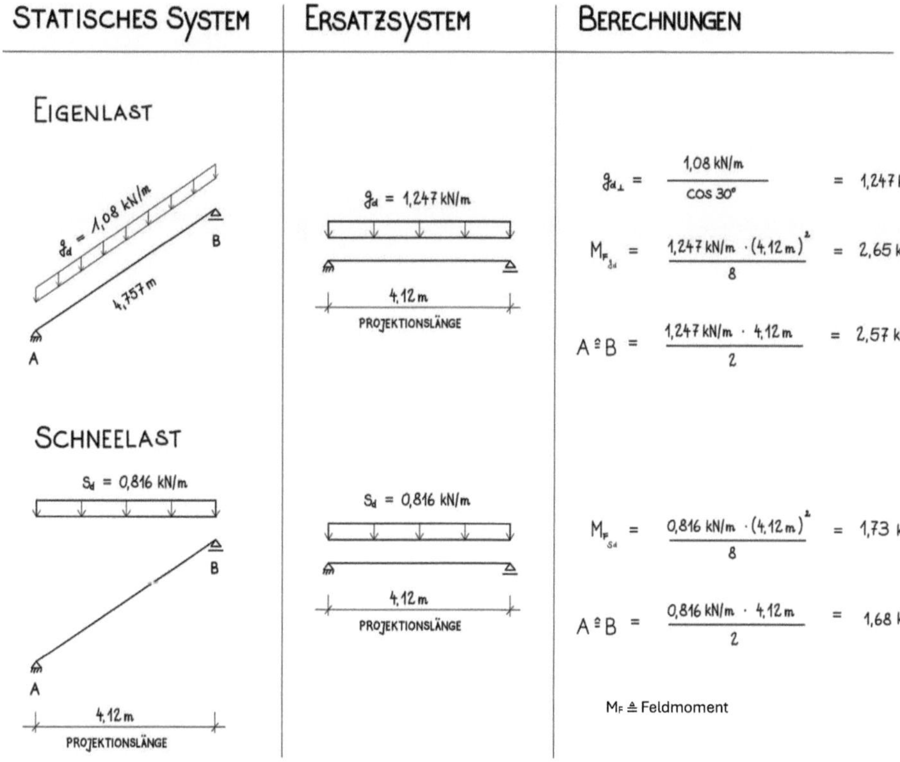

STATISCHES SYSTEM
ERSATZSYSTEM
BERECHNUNGEN
EIGENLAST
gd = 1,08 kN/m
4,757 m
A
B
gd = 1,247 kN/m
4,12 m
PROJEKTIONSLÄNGE
gd⊥ = 1,08 kN/m / cos 30° = 1,247 kN/m
MF,gd = 1,247 kN/m · (4,12 m)² / 8 = 2,65 kNm
A ≙ B = 1,247 kN/m · 4,12 m / 2 = 2,57 kN
SCHNEELAST
Sd = 0,816 kN/m
A
B
4,12 m
PROJEKTIONSLÄNGE
Sd = 0,816 kN/m
4,12 m
PROJEKTIONSLÄNGE
MF,Sd = 0,816 kN/m · (4,12 m)² / 8 = 1,73 kNm
A ≙ B = 0,816 kN/m · 4,12 m / 2 = 1,68 kN
MF ≙ Feldmoment

Bild 5.16: Statische Systeme mit separater Darstellung der Eigen- und Schneelasten.

WINDLAST

STATISCHES SYSTEM:

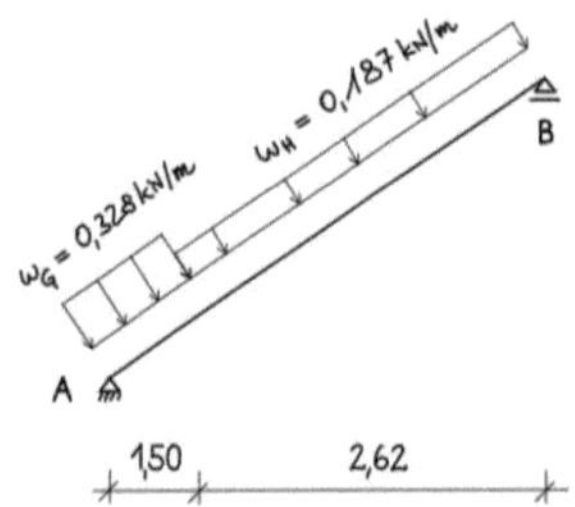

ERSATZSYSTEME:

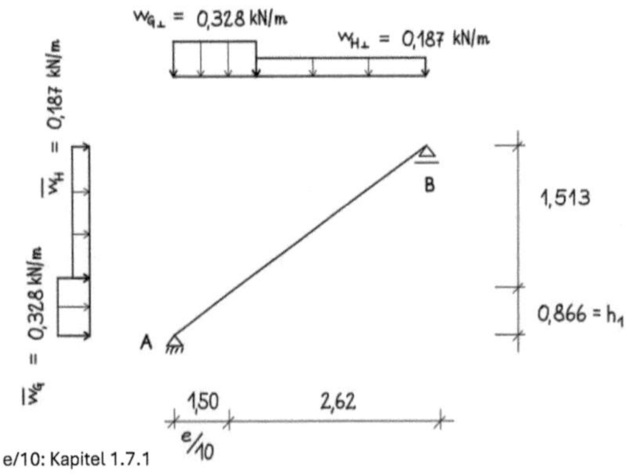

e/10: Kapitel 1.7.1

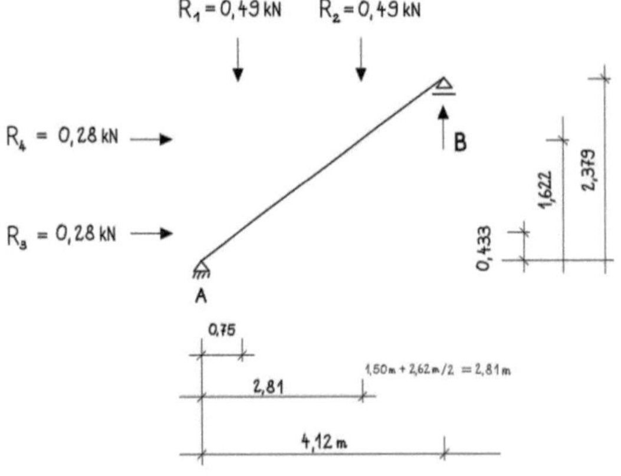

BERECHNUNGEN

ES GILT:

$$w_G \mathrel{\hat{=}} w_{G\perp} \mathrel{\hat{=}} \overline{w}_G = 0,328\ kN/m$$

$$w_H \mathrel{\hat{=}} w_{H\perp} \mathrel{\hat{=}} \overline{w}_H = 0,187\ kN/m$$

$$h_1 = 1,50\,m \cdot \tan 30° = 0,866\,m$$

$$h_2 = 2,62\,m \cdot \tan 30° = 1,513\,m$$

$$R_1 = 0,328\ kN/m \cdot 1,50\,m = 0,49\ kN$$

$$R_2 = 0,187\ kN/m \cdot 2,62\,m = 0,49\ kN$$

$$R_3 = 0,328\ kN/m \cdot 0,866\,m = 0,28\ kN$$

$$R_4 = 0,187\ kN/m \cdot 1,513\,m = 0,28\ kN$$

B : $\quad \overset{\curvearrowright}{M}_A = 0$

$$0 = 0,49 \cdot 0,75 + 0,49 \cdot 2,81 +$$
$$0,28 \cdot 0,433 + 0,28 \cdot 1,622$$
$$- B \cdot 4,12\,m$$

$\rightarrow$ NACH „B" AUFLÖSEN:

$$\underline{B = 0,565\ kN}$$

Bild 5.17: Statisches System sowie Ersatzsystem des Sparrens mit Darstellung der Windlasten.

Auflagerkräfte infolge Windlasten:

- Auflagerkraft B:

$M_A = 0$:

$0 \quad = 0{,}49\ kN \cdot 0{,}75\ m + 0{,}49\ kN \cdot 2{,}81\ m + 0{,}28\ kN \cdot 0{,}433\ m + 0{,}28\ kN \cdot 1{,}622\ m - \textbf{B} \cdot \textbf{4,12 m}$

$$B \quad = \frac{0{,}49\ \cdot 0{,}75 + 0{,}49 \cdot 2{,}81 + 0{,}28\ \cdot 0{,}433 + 0{,}28\ \cdot 1{,}622}{4{,}12 m}$$

$\textbf{B} \quad = \underline{\textbf{0,565 kN}}$

- Horizontale Komponente der Auflagerkraft A_h zeigt nach links
  $\textbf{A}_h \quad = -0{,}28 - 0{,}28$
  $\quad = \underline{\textbf{- 0,56 kN}}$

- Auflagerkraft A_v:

$\Sigma V = 0$:
  $\textbf{A}_v \quad = 2 \cdot 0{,}49 - 0{,}565$
  $\quad = \underline{\textbf{0,415 kN}}$

Maximales Biegemoment infolge Windlasten:

Für die Berechnung des Biegemomentes in Feldmitte infolge der Windlast wird lediglich die obere Hälfte des Systems betrachtet (Ritter'scher Schnitt). In diesem geschnittenen System müssen sämtliche Gleichgewichtsbedingungen erfüllt sein. Damit die Gleichgewichtsbedingung $\Sigma M = 0$ in Feldmitte an der Stelle F (siehe untere Abbildung) erfüllt ist, müssen alle Drehmomente, einschließlich des Moments M_F, zusammen Null ergeben. Zur Vereinfachung werden aus den in der folgenden Abbildung dargestellten Streckenlasten die resultierenden Kräfte R_1 und R_2 ermittelt.

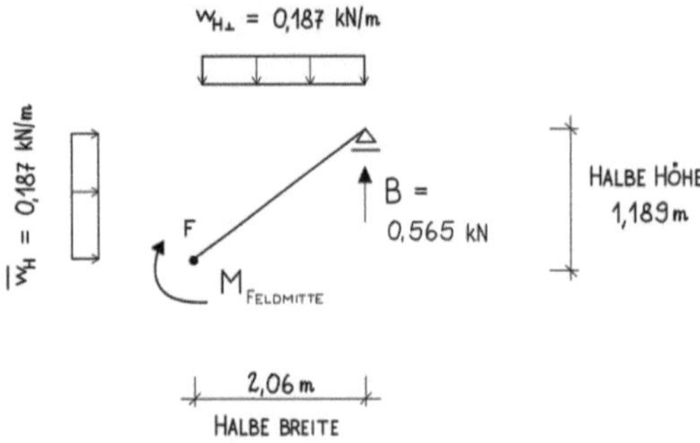

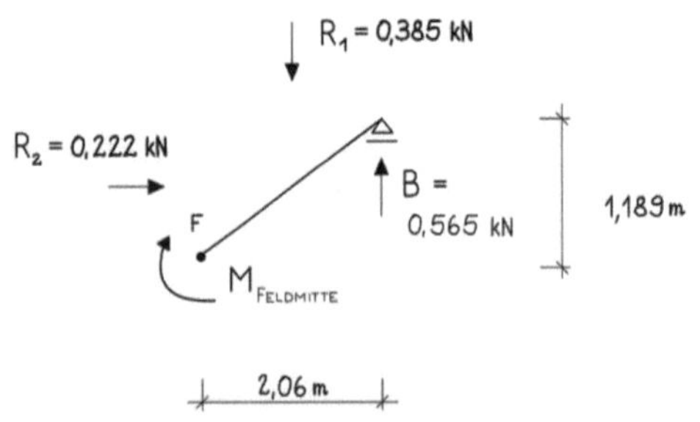

Bild 5.18: Statisches System sowie Ersatzsystem des oberen Teilsparrens mit Darstellung der Windlasten zur Berechnung des maximalen Feldmomentes M_F infolge Windlast.

$\Sigma M_{\text{Feldmitte}} = 0$:

$0 \quad = 0{,}385 \text{ kN} \cdot 2{,}06 \text{ m}/2 + 0{,}222 \text{ kN} \cdot 1{,}189 \text{m}/2 - 0{,}565 \text{ kN} \cdot 2{,}06 \text{ m} + M_F$

$M_F \quad = 0{,}635$ kNm

Zusammenfassung aller Auflager- und Schnittkräfte infolge Eigengewichts, Schnee und Wind:

Folgende Lastkombination wurde hierfür berücksichtigt:
$g_d = 1{,}35 \cdot g_k$
$s_d = 1{,}50 \cdot s_k \cdot \mu$ (Satteldach mit 30° Neigung: $\mu = 0{,}80$)
$w_d = 1{,}50 \cdot w_{\text{Druck}} \cdot \psi_0$ ($\psi_0 = 0{,}60$)

$A_v \quad = 2{,}57 \text{ kN} + 1{,}68 \text{ kN} + 0{,}415 \text{ kN} \qquad$ **$= 4{,}665$ kN**

$A_h \quad$ **$= -0{,}567$ kN**

$B \quad = 2{,}57 \text{ kN} + 1{,}68 \text{ kN} + 0{,}565 \text{ kN} \qquad$ **$= 4{,}815$ kN**

$M_F \quad = M_{Fg} + M_{Fs} + M_{Fw}$
$\qquad = 2{,}65 + 1{,}73 + 0{,}635 \qquad\qquad$ **$= 5{,}02$ kNm**

4) Vorbemessung:

$$f_{m,d} = \frac{1,00 \cdot 2,4 \ kN/cm^2}{1,30}$$

$$= 1,846 \ kN/cm^2$$

$$\text{min. } W_y = \frac{5,02 \ kNm \cdot 100}{1,846 \ kN/cm^2}$$

$$= 271,9 \ cm^3$$

Gewähltes Profil b/h = 8/16 cm mit gew. W_y = 342 cm³ ≥ min. W_y = 271,9 cm³

$\dfrac{k_{mod} \cdot f_{m,k}}{\gamma_m}$

k_{mod} = 1,0 bei Berücksichtigung von Windlasten

Die Einheit des Moments wird mit dem Faktor 100 auf kNcm umgerechnet.

Holzprofile: siehe Anhang 1.8

5) Biegespannungsnachweis:

$$\frac{\sigma_{m,d}}{f_{m,d}} \leq 1 \qquad \frac{vorhandene \ Biegespannung}{zulässige \ Biegespannung} \leq 1$$

- Vorhandene Biegespannung: $\sigma_{m,d} = \dfrac{5,02 \ kNm \cdot 100}{342 \ cm^3}$

$$= 1,468 \ kN/cm^2$$

$\sigma_{m,d} = \dfrac{M_d}{gew.W_y}$

- Zulässige Biegespannung: $f_{m,d}$ = 1,846 kN/cm²

Biegespannungsnachweis:

$$\frac{1,468 \ kN/cm^2}{1,846 \ kN/cm^2} = 0,795 \quad \leq 1 \quad \text{Nachweis erfüllt}$$

6) Schubspannungsnachweis:

$$\frac{t_d}{f_{v,d}} \leq 1 \qquad \frac{vorhandene \ Schubspannung}{zulässige \ Schubspannung} \leq 1$$

- Vorhandene Schubspannung: $\tau_d = 1,5 \cdot \dfrac{Vd}{h \cdot b \cdot kcr}$

$$= 1,5 \cdot \frac{4,815 \ kN}{8 \ cm \cdot 16 \ cm \cdot 0,5}$$

$$= 0,113 \ kN/cm^2$$

maßgebende Auflager- bzw. Querkraft:
B = 4,815 kN

- Zulässige Schubspannung: $f_{v,d} = \dfrac{1,00 \cdot 0,40 \ kN/cm^2}{1,30}$

$$= 0,308 \ kN/cm^2$$

Schubspannungsnachweis:

$$\frac{0,113 \ kN/cm^2}{0,308 \ kN/cm^2} = 0,37 \ \leq 1 \ \text{Nachweis erfüllt}$$

8) Durchbiegungsnachweis (Nachweis der Gebrauchstauglichkeit):

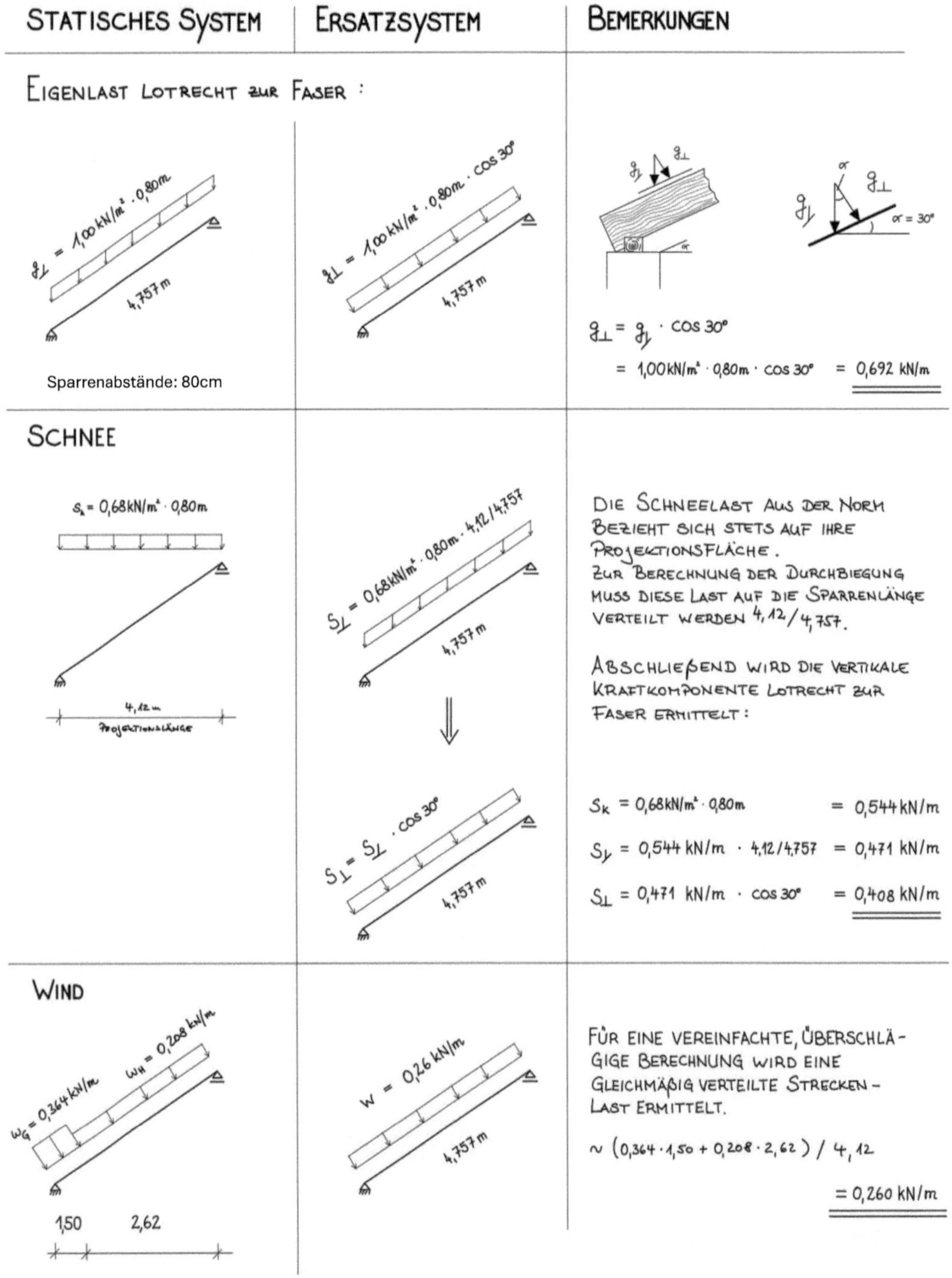

STATISCHES SYSTEM	ERSATZSYSTEM	BEMERKUNGEN
EIGENLAST LOTRECHT ZUR FASER: $g_{\parallel} = 1{,}00\,kN/m^2 \cdot 0{,}80\,m$ $4{,}757\,m$ Sparrenabstände: 80cm	$g_{\perp} = 1{,}00\,kN/m^2 \cdot 0{,}80\,m \cdot \cos 30°$ $4{,}757\,m$	$g_{\perp} = g_{\parallel} \cdot \cos 30°$ $= 1{,}00\,kN/m^2 \cdot 0{,}80\,m \cdot \cos 30° = 0{,}692\,kN/m$
SCHNEE $s_k = 0{,}68\,kN/m^2 \cdot 0{,}80\,m$ $4{,}12\,m$ Projektionslänge	$s_{\parallel} = 0{,}68\,kN/m^2 \cdot 0{,}80\,m \cdot 4{,}12/4{,}757$ $4{,}757\,m$ $\Downarrow$ $s_{\perp} = s_{\parallel} \cdot \cos 30°$ $4{,}757\,m$	DIE SCHNEELAST AUS DER NORM BEZIEHT SICH STETS AUF IHRE PROJEKTIONSFLÄCHE. ZUR BERECHNUNG DER DURCHBIEGUNG MUSS DIESE LAST AUF DIE SPARRENLÄNGE VERTEILT WERDEN $4{,}12/4{,}757$. ABSCHLIESSEND WIRD DIE VERTIKALE KRAFTKOMPONENTE LOTRECHT ZUR FASER ERMITTELT: $s_k = 0{,}68\,kN/m^2 \cdot 0{,}80\,m \qquad = 0{,}544\,kN/m$ $s_{\parallel} = 0{,}544\,kN/m \cdot 4{,}12/4{,}757 = 0{,}471\,kN/m$ $s_{\perp} = 0{,}471\,kN/m \cdot \cos 30° = 0{,}408\,kN/m$
WIND $w_G = 0{,}364\,kN/m$ $w_H = 0{,}208\,kN/m$ $1{,}50 \qquad 2{,}62$	$w = 0{,}26\,kN/m$ $4{,}757\,m$	FÜR EINE VEREINFACHTE, ÜBERSCHLÄGIGE BERECHNUNG WIRD EINE GLEICHMÄSSIG VERTEILTE STRECKENLAST ERMITTELT. $\sim (0{,}364 \cdot 1{,}50 + 0{,}208 \cdot 2{,}62) / 4{,}12$ $= 0{,}260\,kN/m$

Bild 5.19: Statisches System und deren Ersatzsysteme des Sparrens mit Darstellung der Eigen-/Schnee- und Windlasten.

Bemessungslasten (charakteristische Lasten)

g_k = 0,692 kN/m $\triangleq$ __0,00692 kN/cm__

s_k = 0,408 kN/m $\triangleq$ __0,00408 kN/cm__

Windlast: für eine überschlägige Berechnung wird eine gleichmäßige Streckenlast angesetzt:

w_G = 0,455 kN/m² · 0,80 m   = 0,364 kN/m
w_H = 0,260 kN/m² · 0,80 m   = 0,208 kN/m

→ w   = (0,364 kN/m · 1,50m + 0,208 kN/m · 2,62 m) / 4,12 = 0,26 kN/m $\triangleq$ __0,0026 kN/cm__

Durchbiegungen

Sparren 1-Feld-System mit C24, b/h = 8/16 cm: Formeln siehe Kapitel 5.2 Abs. 8

Sparrenlänge: l_{eff} = 4,12 m / cos 30° = 4,757 m $\triangleq$ 475,7 cm

E-Modul: E = 1100 kN/cm²; $ly = \dfrac{8 \cdot 16^3}{12}$ = 2730,7 cm⁴

$w_{INST,G}$ = $\dfrac{0,00692\ kN/cm \cdot (475,7cm)^4}{76,8 \cdot 1100\ kN/cm^2 \cdot 2730,7}$ = 1,54 cm

$w_{INST,Schnee}$ = $\dfrac{0,00408\ kN/cm \cdot (475,7cm)^4}{76,8 \cdot 1100\ kN/cm^2 \cdot 2730,7}$ = 0,91 cm

$w_{INST,Wind}$ = $\dfrac{0,0026\ kN/cm \cdot (475,7cm)^4}{76,8 \cdot 1100\ kN/cm^2 \cdot 2730,7}$ = 0,59 cm

Nachweise: Formeln siehe Kapitel 5.2 Abs. 8

w_{INST}	= $w_{INST,G}$ + $w_{INST,Schnee}$ + 0,60 · $w_{INST,Wind}$	< l/200
w_{fin}	= 1,80 * $w_{INST,G}$ + 1,0 · $w_{INST,Schnee}$ + 0,60 · $w_{INST,Wind}$	< l/150
$w_{net,fin}$	= 1,80 * $w_{INST,G}$	< l/250

Grenzwerte für die Durchbiegung von Sparren gem. DIN EN 1995-1-1/NA:2013-09 NDP Zu 7.2(2).

w_{INST}	= 1,54 cm + 0,91 cm + 0,60 · 0,59 cm	= 2,80 cm < 475,7 cm / 200	**= 2,38 cm !**
w_{fin}	= 1,80 · 1,54 cm + 1,0 · 0,91 cm + 0,60 · 0,59 cm	= 4,04 cm < 475,7 cm / 150	**= 3,17 cm !**
$w_{net,fin}$	= 1,80 * 1,54 cm	= 2,77 cm < 475,7 cm / 250	**= 1,90 cm !**

Die Nachweise zur Einhaltung der maximalen Durchbiegung sind somit __nicht__ eingehalten!

Neuen Sparren wählen: Durch die linearen Zusammenhänge der v. g. Formeln kann über die prozentuale Überschreitung der Durchbiegung ein neues, erforderliches I_y ermittelt werden:

$w_{net,fin}$ / zul. $w_{net,fin}$ = 2,77 cm / 1,90 cm = 1,46   (Durchbiegung ist um 46% überschritten)

erf. I_y = 2730,7 cm⁴ · 1,46 = 3974 cm⁴   (Erhöhung von I_y um 46 %)

$$I_y = \frac{b \cdot h^3}{12} \quad \rightarrow \quad \text{erf. h} = \sqrt[3]{\frac{12 \cdot I_y}{b}}$$

$$\text{erf. h} > \sqrt[3]{\frac{12 \cdot 3974}{8}} = 18,13 \text{ cm}$$

→ neu gewählter Sparren aufgrund der Gebrauchstauglichkeit b/h = 8/20 cm

<u>Durchbiegung mit b/h = 8/20 cm:</u>

$$I_y = \frac{8 \cdot 20^3}{12} = 5333,3 \text{ cm}^4$$

$$w_{INST,G} = \frac{0,00692 \, kN/cm \cdot (475,7cm)^4}{76,8 \cdot 1100 \, kN/cm^2 \cdot 5333,3} = 0,79 \text{ cm}$$

$$w_{INST,Schnee} = \frac{0,00403 \, kN/cm \cdot (475,7cm)^4}{76,8 \cdot 1100 \, kN/cm^2 \cdot 5333,3} = 0,46 \text{ cm}$$

$$w_{INST,Wind} = \frac{0,0026 \, kN/cm \cdot (475,7cm)^4}{76,8 \cdot 1100 \, kN/cm^2 \cdot 5333,3} = 0,30 \text{ cm}$$

Nachweise zur Einhaltung der Durchbiegung:

w_{INST} = 0,79 cm + 0,46 cm + 0,60 · 0,30 cm = 1,43 cm < 475,7 cm / 200 = 2,37 cm

w_{fin} = 1,80 · 0,79 cm + 1,0 · 0,46 cm + 0,60 · 0,30 cm = 2,06 cm < 475,7 cm / 150 = 3,17 cm

$w_{net,fin}$ = 1,80 * 0,79cm = 1,42cm < 475,7 cm / 250 = 1,90 cm

> **Der Sparrenquerschnitt b/h = 8/20cm erfüllt die Anforderungen sowohl an die Tragfähigkeit als auch an die Gebrauchstauglichkeit gemäß DIN EN 1995-1-1.**

5.6 Holzstütze (Pendelstütze)

Knicknachweis (Stabilitätsnachweis) nach DIN EN 1995-1-1:2010-12 6.3.2.

Infos zur Stütze: Holz C24, b/h=20/24, l_{eff} = 3,00 m, Belastung sei N_{Ed} = 400 kN.

1) Bemessungslast:

N_{Ed} = 400 kN

2) Statisches System:

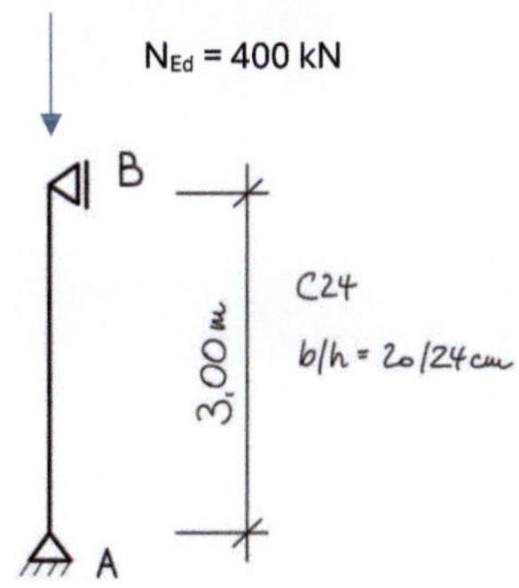

N_{Ed} = 400 kN

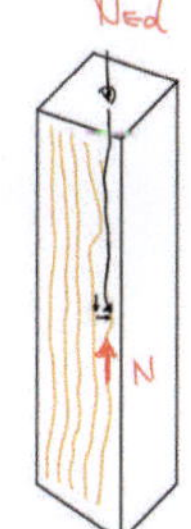

Bild 5.20: Statisches System einer Stütze.

3) Maßgebende Schnittkraft:

$N \triangleq N_{Ed}$ = 400 kN

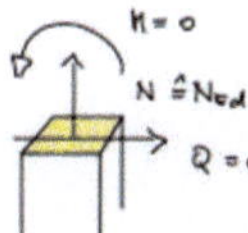

4) Knicknachweis bzw. Stabilitätsnachweis

DIN EN 1995-1-1:2010-12 6.3.2 (Gl. 6.23)

$\dfrac{\sigma_{c,o,d}}{k_{c,z} \cdot f_{c,o,d}} \leq 1$ Knicken nur durch Druckkraft ohne zusätzliche Biegung M = 0 durch seitliche Belastung

σ $\triangleq$ vorhandene Druckspannung

c $\triangleq$ compression

o $\triangleq$ 0° Kraft wirkt also in Richtung der Bauteilachse (in Richtung der Holzfasern)

$k_{c,z}$ $\triangleq$ Knickbeiwert für Knicken um die „schwache" **Achse z** (siehe hierzu λ)

f $\triangleq$ zulässige Spannung

$- k_{c,z}$: $\lambda_z = \dfrac{l_{eff}}{i_z} = \dfrac{stat.Länge\ (l\cdot\beta)}{Trägheitsradius} = \dfrac{300cm\cdot1,0}{5,78cm} = 51,9 \ \rightarrow \ \lambda = 55$

λ vereinfachend und auf der sicheren Seite liegend aufgerundet, ansonsten interpolieren.

$k_{c,z}$ = 0,739   (Anlage 1.7, λ = 55, C24)

λ $\triangleq$ Schlankheit, Schlankheitsgrad

i $\triangleq$ Trägheitsradius   Anhang A1.8

Herleitung für rechteckige Profile: $i = \sqrt{\frac{I}{A}} = \sqrt{\frac{\frac{b \cdot h^3}{12}}{h \cdot b}} = \sqrt{\frac{h^2}{12}} = \sqrt{\frac{1}{12}} \cdot h = 0,289 \cdot h$

<u>zulässige Druckspannung:</u>

$f_{c,o,d}$ $= \dfrac{k_{mod} \cdot f_{c,o,k}}{y_M}$ $= \dfrac{0,80 \cdot 2,1 \, kN/cm^2}{1,30}$ Anhang A1.2/1.3

        $= 1,292 \, kN/cm^2$

<u>vorhandene Druckspannung:</u>

$\sigma_{c,o,d}$ $= \dfrac{N}{A}$ $= \dfrac{400 \, kN}{20 \, cm \cdot 24 \, cm}$

        $= 0,833 \, kN/cm^2$

<u>Nachweis:</u>

$\dfrac{\sigma_{c,o,d}}{k_{c,z} \cdot f_{c,o,d}}$ $\leq 1,0$

$\dfrac{0,833 \, kN/cm^2}{0,739 \cdot 1,292 \, kN/cm^2} = 0,873$ $\leq 1,0$ Nachweis erfüllt

<u>Für eine rechnerische Ermittlung von $k_{c,z}$:</u>

Vgl. DIN EN 1995-1-1:2010-12 6.3.2	Gleichung in der v. g. DIN
1) $\lambda_{rel,z} = \dfrac{\lambda_z}{\pi} \cdot \sqrt{\dfrac{f_{c,o,k}}{E_{0,05}}}$	(Gl. 6.21)
2) $k_z = 0,5 \cdot (1 + \beta_c \cdot (\lambda_{rel,y} - 0,3) + \lambda^2_{rel,y})$	(Gl. 6.28)
3) $k_{c,z} = \dfrac{1}{k_z + \sqrt{k_z^2 - \lambda_{rel,z}^2}}$	(Gl. 6.26)

Dabei gilt:

$\lambda_z = \dfrac{l_{eff}}{i_z}$ (siehe Anhang A1.8)

$f_{c,o,k}$, $E_{0,05}$ (siehe Anhang A1.8)

$\beta_c = 0,2$ für Vollholz, $\beta_c = 0,1$ für Brettschicht-/Furnierholz   (Gl. 6.29)

5.7 Übungsaufgaben inkl. Lösung zur Holzbalkendecke und Holzstütze

Übung 1: Holzbalkendecke

Informationen zum System und zur Belastung:
- 2-Feld-System. Statische Längen: l_1 = 4,00m, l_2 = 4,00 m
  Holzgüte: C35
  k_{mod} = 0,80 (innenliegende Holzbalkendecke einer Wohnung)

- Lasten:
  g_k = 1,90 kN/m^2
  q_k = 2,70 kN/m^2
  e = 85 cm (Balkenabstände)

- Für die Auflagerpressung: Auflagerlänge über mittleres Auflager l = 11^5 cm

Für die Holzbalkendecke sind die Nachweise der Tragfähigkeit und Gebrauchstauglichkeit zu führen.

<u>Lösung:</u>
Nachweise der Tragfähigkeit

Schnittkräfte: $\qquad$ M_B = 11,246 kNm; $Q_{Br} \triangleq Q_{Bl}$ =14,057 kN

Vorbemessung: $\qquad$ b/h = 10/18 cm mit vorh. W_y = 540 cm^3 $\geq$ min. W_y = 522,1 cm^3

Biegebemessung: $\quad$ σ_d / $f_{m,d}$ = 0,967 $\leq$ 1,0 $\;(\sigma_d$ = 2,083 kN/cm^2; $f_{m,d}$ = 2,154 kN/m^2)

Schubbemessung: $\quad$ τ_d / $f_{v,d}$ = 0,732 $\leq$ 1,0 (τ_d = 0,180 kN/cm^2; $f_{v,d}$ = 0,246 kN/m^2; k_{cr} +30%)

Auflagerpressung: $\;$ 0,93 $\leq$ 1,0 ($F_{c,90,d}$ = 28,11 kN; A_{ef} = 175 cm^2; $f_{c,90,d}$ = 0,172 kN/m^2; $k_{c,90}$ = 1,0)

Nachweise der Gebrauchstauglichkeit
zul. $w_{Inst\,G+Q}$ $\;$ = 1,33 cm $\geq$ 1,21 cm

zul. w_{fin} $\qquad$ = 2,00 cm $\geq$ 1,57 cm

zul. w_{net} $\qquad$ = 1,33 cm $\geq$ 0,98 cm

Übung 2: Holzstütze

Informationen zum System und zur Belastung:
Holzprofil: $\qquad$ b/h = 16/18 cm
Pendelstütze: $\qquad$ l = 3,30 m
Holzgüte: $\qquad$ C24
N_{Ed} = $\qquad$ 180 kN

Für die Stütze ist der Knicksicherheitsnachweis (Stabilitätsnachweis) zu führen.

<u>Lösung:</u>
Schlankheit: λ = 71,37 → gew. 75 (i_z = 4624)
$k_{c,z}$ = 0,499
$f_{c,0,d}$ = 1,29 kN/cm^2; $\sigma_{c,0,d}$ = 0,625 kN/cm^2
Nachweis: 0,969 $\leq$ 1,0

6 Stahlbemessung entsprechend DIN EN 1993-1-1: 2010-12

6.1 Stahl als Bauprodukt

Stahl ist eine Legierung. Eisen ist ein chemisches Element. Damit aus Eisen hochfester Baustahl entsteht, werden dem Herstellungsprozess vom Stahl weitere chemische Elemente (Legierungsbestandteile) hinzugefügt, insbesondere zur Erzielung höherer Festigkeiten und anderer gewünschter Eigenschaften (Schmiegsamkeit etc.). Darüber hinaus wird der Kohlenstoffgehalt im Stahl auf 0,20 - 0,25% begrenzt, hauptsächlich um die Schweißeignung und Zähigkeit zu gewährleisten.

Die Legierungsbestandteile machen insgesamt weniger als $\leq$ 5% aus: Ca, Si, Cr, Mn, AL, Ti, Ni, Mo. Im Gegensatz zum reinen Eisen, werden Stähle hierdurch sprödunempfindlicher, besser schweißbar sowie kaltverformbar. Stahl korrodiert im unbehandelten Zustand bei relativer Luftfeuchtigkeit über 65%. Korrosionsschutz für den Stahl bieten u. a. Beschichtungen (Farbauftrag), Überzüge (Verzinken) etc.

Im Vergleich zu Beton und dem Naturwerkstoff Holz zeichnet sich Stahl durch relativ konstante Trageigenschaften über ein gesamtes Bauteil hinweg aus. Bei Holz führen vor allem unterschiedliche Maserungen zu einer Streuung der Trageigenschaften. Bei Beton, insbesondere bei Ortbeton, kann die Tragfähigkeit durch Schwankungen im Mischverhältnis von Zement, Wasser und Gesteinskörnung sowie durch witterungsbedingte Einflüsse während des Erhärtungsprozesses relativ stark variieren.

Sicherheitsfaktoren gemäß jeweiliger Norm für diese Baustoffe:
(ständige + vorübergehende Bemessungssituation)

Stahl (z. B. S235)	γ_{M0}	= 1,00 (z. B. Träger), γ_{M0} = 1,10 (Stabilitätsversagen z. B. Stützen)
Betonstahl (B500 A,B)	γ_s	= 1,15
Holz (z. B. C24)	γ_m	= 1,30
Beton (z. B. C20/25)	γ_c	= 1,50

Darüber hinaus besitzt Stahl im Gegensatz zu Holz und Beton die Fähigkeit, sich über die Fließ- bzw. Streckgrenze hinaus plastisch zu verformen, ohne dabei seine Festigkeitseigenschaften bzw. die elastische Verformbarkeit zu verlieren.

© Der/die Autor(en), exklusiv lizenziert an
Springer Fachmedien Wiesbaden GmbH, ein Teil von Springer Nature 2025
B. Uerek, *Dimensionierung von Holz-, Stahl- sowie Stahlbetonprofilen*,
https://doi.org/10.1007/978-3-658-48702-7_6

Hieraus ergeben sich 3 mögliche Nachweisverfahren:

Tab. 6.1: Gegenüberstellung von Nachweisverfahren.
Achtung: Eine Vermischung der Verfahren ist nicht zulässig!

	Nachweisverfahren	Schnittkraftermittlung M_{Ed}, V_{Ed}	zulässige Spannungen σ_{Rd}, τ_{Rd}
E-E	Elastisch - Elastisch	Elastisch	Elastisch
E-P	Elastisch - Plastisch	Elastisch	Plastisch
P-P	Plastisch - Plastisch	Plastisch	Plastisch

	Nachweisverfahren	M_{Ed}, V_{Ed}	zul .Biegespannung σ_{Rd}	zul. Schubspannung τ_{Rd}
E-E	Elastisch - Elastisch	Siehe Kapitel 3	$\sigma_{Rd} = \dfrac{M_{Ed}}{W_{elastisch}}$	$\tau_{Rd} = \dfrac{V_{z,Ed} \cdot S_i}{I_y \cdot t_w}$
E-P	Elastisch - Plastisch	Siehe Kapitel 3	$\sigma_{Rd} = \dfrac{M_{Ed}}{W_{plastisch}}$	$\tau_{Rd} = \dfrac{V_{Ed}}{A_v}$
P-P	Plastisch - Plastisch	Theorie II. Ordnung		

6.2 Ablaufplan für Tragfähigkeitsnachweise von Stahlträgern entsprechend DIN EN 1993-1-1:2010-12

Im Folgenden werden die Nachweise nach dem **E-P-Verfahren** geführt.
Es gilt DIN EN 1993-1-1:2010-12 (1): Beanspruchbarkeit darf nicht überschritten werden. Wenn in einem Querschnitt mehrere Beanspruchungsarten (N, Q, M) gleichzeitig auftreten, ist die Kombination zu berücksichtigen (Interaktion).

Nachweise der Tragfähigkeit:
- Biegespannungsnachweis   DIN EN 1993-1-1:2010-12 Abs. 6.2.5
- Schubspannungsnachweis   DIN EN 1993-1-1:2010-12 Abs. 6.2.6
- Interaktion der o. g. Beanspruchungsarten   DIN EN 1993-1-1:2010-12 Abs. 6.2.8 (2)

Nachweis der Gebrauchstauglichkeit:
- Durchbiegungsnachweis   DIN EN 1993-1-1:2010-12 Abs. 7.1

Berechnungsschritte 1-3: siehe Kapitel 5.2. Die Schritte 1-3 sind baustoffunabhängig!

4. Vorbemessung

vgl. DIN EN 1993-1-1:2010-12 6.2.5 gilt: $\dfrac{M_{Ed}}{M_{pl,Rd}} \leq 1$ mit $M_{pl,Rd} = \dfrac{W_{pl} \cdot f_y}{\gamma_{M0}}$

$\rightarrow \dfrac{M_{Ed}}{\frac{W_{pl} \cdot f_y}{\gamma_{M0}}} \leq 1$ $\rightarrow$ mit $\sigma_{Rd} = \dfrac{f_y}{\gamma_{M0}}$.

Nach W_{pl} umgestellt:

$$\min W_{y,\,plastisch} = \frac{M_{Ed}}{\sigma_{Rd}}$$

M_{Ed} = vorhandenes Moment
σ_{Rd} = zulässige Biegespannung inkl. Teilsicherheitsbeiwert $\gamma_{M0} = 1{,}0$
    (z. B. S235, $\sigma_{Rd} = 23{,}5 \text{ kN/cm}^2$)

Mit $\sigma_{Rd} = \dfrac{f_y}{\gamma_M}$ (z. B. S235, $\gamma_{M0} = 1{,}0$ und $f_y = 23{,}5 \text{ kN/cm}^2$, siehe Anhänge A2.1 und A2.2)

$\rightarrow$ Aus $W_{y,plastisch}$ einen geeigneten Stahlträger wählen:
gewähltes $W_{y,plastisch} \geq$ min. $W_{y,plastisch}$ (Stahlträger aus Anhang A2.5 wählen)

5. Biegespannungsnachweis

$$\frac{M_{Ed}}{M_{Rd}} \leq 1$$

mit $M_{pl,Rd} = \dfrac{W_{pl} \cdot f_y}{\gamma_{M0}}$ $\rightarrow$ $\dfrac{M_{Ed}}{\dfrac{W_{pl} \cdot f_y}{\gamma_{M0}}} \leq 1$ $\rightarrow$ $\dfrac{M_{Ed}}{W_{pl} \cdot \sigma_{Rd}}$ mit $M_{Ed} = \sigma_d \cdot W_{pl}$ $\rightarrow$ $\dfrac{\sigma_d \cdot \cancel{W_{pl}}}{\cancel{W_{pl}} \cdot \sigma_{Rd}}$

$$\boxed{\frac{\sigma_d}{\sigma_{Rd}} \leq 1} \qquad \frac{vorhandene\ Biegespannung}{zulässige\ Biegespannung} \leq 1$$

$\sigma_d \quad = \dfrac{M_d}{W_{plastisch}}$ \qquad vorhandene Biegespannung

σ_{Rd} = 23,5 kN/cm² (S235) zulässige Biegespannung inkl. Teilsicherheitsbeiwert γ_M ($\rightarrow$ A 2.2)

6. Schubspannungsnachweis

vgl. DIN EN 1993-1-1:2010-12 6.2.6 gilt:

$$\frac{V_{Ed}}{V_{Rd}} \leq 1 \quad \text{mit } V_{Rd} = \frac{A_V \cdot (f_y / \sqrt{3})}{\gamma_{M0}} \quad \text{und } \tau_{Rd} = \frac{f_y / \sqrt{3}}{\gamma_{M0}} \rightarrow V_{Rd} = A_V \cdot \tau_{Rd} :$$

$$\rightarrow \frac{V_{Ed}}{A_V \cdot \tau_{Rd}} \leq 1 \quad \text{und } \tau_d = \frac{V_{Ed}}{A_V} \text{ gilt:}$$

$$\boxed{\frac{\tau_d}{\tau_{Rd}} \leq 1} \qquad \frac{vorhandene\ Schubsapnnung}{zulässige\ Schubspannung} \leq 1$$

$\tau_d \quad = \dfrac{V_{Ed}}{A_V}$ \qquad vorhandene Schubspannung

τ_{Rd} = 13,6 kN/cm² (S235)   zulässige Schubspannung inkl. Teilsicherheitsbeiwert γ_M ($\rightarrow$ A2.2)

- V_{Ed} = maßgebende (betragsmäßig größte) Querkraft
  Bei 1-Feld-Systemen: $V_{Ed} \triangleq Q_A$ bzw. Q_B
  Bei 2-Feld-Systemen: $V_{Ed} \triangleq Q_{Br}$

- A_V = anzurechnende Schubfläche bei plastischer Verformung (E-P-Verfahren)
  für gewalzte Doppel-T-Profile $A_V = A - 2 \cdot bt_f + (t_w + 2 \cdot r)\, t_f$ (oder Anhang A2.5)

7. Interaktion der Biege- und Schubspannung (nur ab 2-Feld-Systemen maßgebend)

Bei 2-Feld-Systemen treten am Mittelauflager „B" gleichzeitig die maximalen Biegemomente und Querkräfte auf. An dem Stahlträger geht das nicht spurlos vorbei: Interagieren Biegemomente und Querkräfte gleichzeitig an einer Stelle eines Trägers, reduziert sich die Momententragfähigkeit dieses Trägers an dieser Stelle. Daher muss überprüft werden, ob die zulässige Biegespannung von σ_{Rd} = 23,5 kN/cm² noch gewährleistet werden kann. Im Gegensatz dazu wirken bei 1-Feld-Systemen das maximale Biegemoment in Feldmitte und die maximale Querkraft am Auflager. Daher ist die Interaktion dieser beiden Kräfte für 1-Feld-Systeme nicht relevant.

Folgende Überprüfung ist daher bei 2-Feld-Systemen (grundsätzlich Mehrfeldsysteme) zusätzlich zum Biegespannungsnachweis (Abs. 5) erforderlich: vgl. DIN EN 1993-1-1:2010-12 Abs. 6.2.8 (2)

$$\frac{V_{Ed}}{V_{z,pl,Rd}} \leq 0,5 \quad \text{entspricht} \quad \frac{\tau_d}{\tau_{Rd}} \leq 0,5 \quad \text{Mit } V_{z,pl,Rd} = \tau_{Rd} \cdot A_v \text{ und } V_{Ed} = \tau_d \cdot A_V$$

Dies bedeutet: Bei 2-Feld-Systemen (und mehr Feldern) behält der Nachweis der Biegespannung nur dann seine Gültigkeit, wenn der Ausnutzungsgrad der Schubbemessung (E-P-Nachweis) unter $\leq$ 0,50 liegt.

8. Durchbiegungsnachweis (Nachweis der Gebrauchstauglichkeit)

vorhandene Durchbiegung $\leq$ zulässige Durchbiegung

$W_{INST,G} + W_{INST,Q}$ $\leq$ leff / 300

<u>1-Feld-System:</u>

$$W_{INST,G+Q} = \frac{(g_k + q_k) \cdot l^4}{76,8 \cdot E \cdot I_y}$$

<u>2-Feld-System: (nur gleiche Feldlängen!)</u>

$$W_{INST,G} = \frac{0,0054 \cdot g_k \cdot l^4}{E \cdot I_y}$$

$$W_{INST,Q} = \frac{0,0092 \cdot q_k \cdot l^4}{E \cdot I_y}$$

Für beide Systeme gilt:

l = statische Länge, E = 21000 kN/cm² (s. Anhang A2.2) , I_y bzw. I_z = Trägheitsmoment cm³ (s. Anhang A 2.5)

6.3   Bemessung eines Stahlträgers als 1-Feld-System

Stahlbemessung entsprechend DIN EN 1993-1-1:2010-12 und DIN EN 1993-1-1/NA:2010-12

Infos zur Bemessung:

Es werden beispielhafte Eigen- und Nutzlasten angesetzt, die auf der Oberkante des Trägers wirken. Die Eigenlast des Trägers wird bei der Aufgabe aus didaktischen Gründen vernachlässigt.

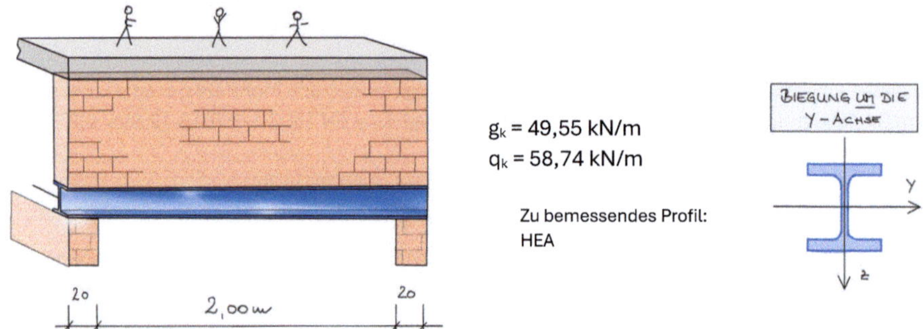

$g_k = 49{,}55$ kN/m

$q_k = 58{,}74$ kN/m

Zu bemessendes Profil:
HEA

Bild 6.1: 1-Feld-Stahlträger belastet durch Wand und Decke.

1.   Bemessungslasten

g_d $= 49{,}55$ kN/m $\cdot$ 1,35 $= 66{,}893$ kN/m

q_d $= 58{,}74$ kN/m $\cdot$ 1,50 $= 88{,}110$ kN/m

e_d $= g_d + q_d$

        $= 66{,}893$ kN/m $+ 88{,}110$ kN/m $= 155{,}003$ kN/m

$\gamma_g = 1{,}35$

$\gamma_q = 1{,}50$

Index d:
Designlast $\triangleq$
Bemessungslast

2.   Das statische System

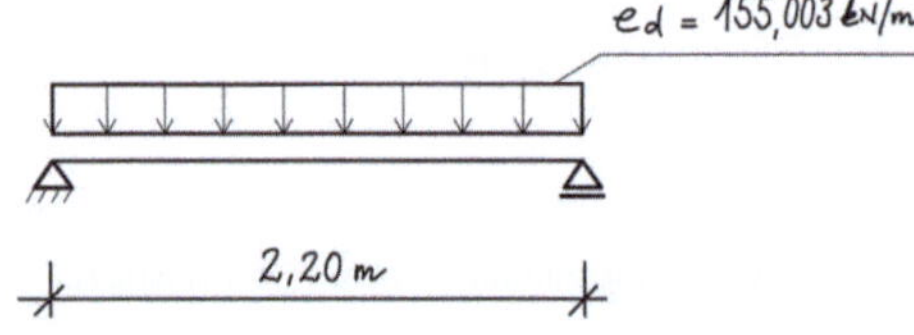

Bild 6.2: Statisches System des Stahlträgers.

$l_{eff} = 2{,}00$ m $+ 2 \cdot (0{,}20$m$/2) = 2{,}20$ m

3.   Auflagerkräfte und Schnittkräfte

$A \triangleq B \qquad = \dfrac{155{,}003 \ kN/m \ \cdot \ 2{,}20 \ m}{2}$

$\qquad\qquad\quad = 170{,}503$ kN

$\dfrac{ed \cdot l}{2}$

$A \triangleq Q_A$

$B \triangleq Q_B$

➔ $Q_A = Q_B$ = 170,503 kN   (für die Schubbemessung)

$M_{y,d}$ = $\dfrac{155{,}003\ kN/m \cdot (2{,}20\ m)^2}{8}$ $\dfrac{ed \cdot l^2}{8}$

= 93,777 kNm   (für die Biegebemessung)

4. Vorbemessung

Bemessung nach dem E-P Verfahren (elastisch-plastisch)

min. $W_{y,pl}$ = $\dfrac{9377{,}7\ kNcm}{23{,}5\ kN/cm^2}$ $\dfrac{M_{y,d}}{\sigma_{Rd}}$

= 399,05 cm^3 Stahlgüte S 235
σ_{Rd}: **A2.2**

➔ gewählt: HEA 200, mit gew. $W_{y,pl}$ = 429 cm^3 ≥ min. $W_{y,pl}$ = 399,05 cm^3

A_v = 18,1 cm^2 Stahlprofile und
$W_{y,pl}$: **A2.5**

5. Biegespannungsnachweis (E-P-Verfahren)

$\dfrac{vorh.\ \sigma_{y,d}}{\sigma_{Rd}} \leq 1$ $\dfrac{vorhandene\ Biegespanung}{zulässige\ Biegespannung} \leq 1$

Vorhandene Biegespannung:

vorh. $\sigma_{y,d}$ = $\dfrac{9377{,}7\ kNcm}{429 cm^3}$ $\dfrac{M_{y,d}}{gew.\ W_{y,pl}}$

= 21,859 kN/cm^2 $M_{y,d}$ aus Abs. 3:
93,777 kNm ≙ 9377,7 kNcm

Zulässige Biegespannung: HEA200 mit $W_{y,pl}$ = 429 cm^3

σ_{Rd} = 23,5 kN/cm^2 Stahlgüte S235

Nachweis:

$\dfrac{vorh\ \sigma_{y,d}}{\sigma_{Rd}}$ = $\dfrac{21{,}859\ kN/cm^2}{23{,}500\ kN/cm^2}$ = 0,93 ≤ 1   Nachweis erfüllt!

6. Schubspannungsnachweis (E-P-Verfahren)

$$\frac{vorh\ \tau_d}{zul\ \tau_{Rd}} \le 1 \qquad \frac{vorhandene\ Schubspannung}{zulässige\ Schubspannung} \le 1$$

Vorhandene Schubspannung

$$vorh.\ \tau_d = \frac{170{,}503\ kN}{18{,}1\ cm^2}$$

Größte Querkraft im Träger direkt am Auflager → $Q_A \triangleq Q_B$

$\dfrac{Q_A}{A_V}$

A_V: **A2.2**

$$= 9{,}420\ kN/cm^2$$

Zulässige Schubspannung

$$\tau_{Rd} = 13{,}6\ kN/cm^2$$

Stahlgüte S 235
τ_{Rd}: **A2.2**

Nachweis:

$$\frac{vorh\ \tau_d}{zul\ \tau_{Rd}} = \frac{9{,}42\ kN/cm^2}{13{,}60\ kN/cm^2} = 0{,}693 \le 1 \quad \text{Nachweis erfüllt!}$$

7. Durchbiegungsnachweis (Nachweis der Gebrauchstauglichkeit)

HEA 200 mit I_y =   3690 cm^4
$\qquad\qquad\quad E$ =   21000 kN/cm^2

I_y: **A2.5**
$E \triangleq$ Elastizitätsmodul
A2.2

g_k =   49,55 kN/m
q_k =   58,74 kN/m
$g_k + q_k$ =   108,29 kN/m $\triangleq$ 1,083 kN/cm

$$W_{INST_{g+q}} = \frac{(g_k + q_k) \cdot leff^4}{76{,}8 \cdot E \cdot I_y}$$

$$= \frac{1{,}083\ kN/cm \cdot (220\ cm)^4}{76{,}8 \cdot 21000\ kN/cm^2 \cdot 3690\ cm^4}$$

$$= 0{,}426\ cm$$

Vorhandene Durchbiegung $W_{INST\ g+q}$ = 0,426 cm
Zulässige Durchbiegung $l/300$ = 220/300   = 0,733 cm

zul w = l/300

0,426cm $\le$ 0,733 cm   Nachweis erfüllt

6.4 Bemessung eines Stahlträgers als 2-Feld-System

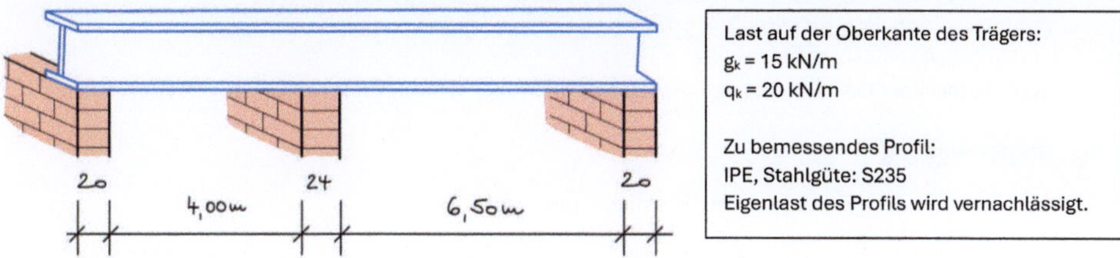

Bild 6.3: Prinzipskizze eines Stahlträgers als 2-Feld-System.

1. Bemessungslast

g_d = 15 kN/m · 1,35 = 20,25 kN/m
g_d = 20 kN/m · 1,50 = 30,00 kN/m

e_d = 20,25 kN/m + 30,00 kN/m
= 50,25 kN/m

2. Statisches System

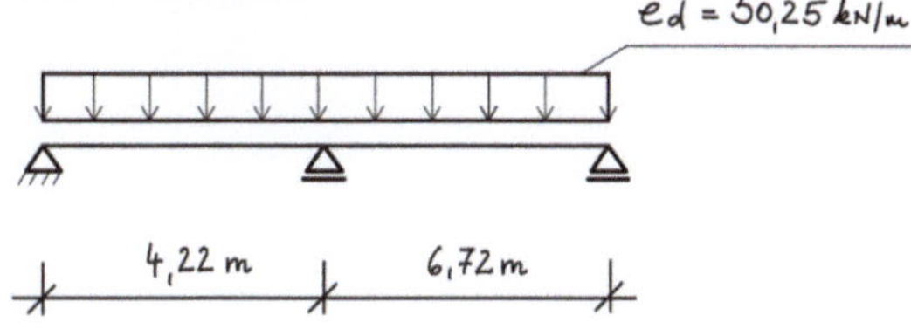

Bild 6.4: Statisches System des Stahlträgers.

$$l_1 = \frac{0,20\ m}{2} + 4,00\ m + \frac{0,24\ m}{2} = 4,22\ m$$

$$l_2 = \frac{0,24\ m}{2} + 6,50\ m + \frac{0,20\ m}{2} = 6,72\ m$$

3. Schnittkräfte

l_2/l_1 = 6,72 m / 4,22 m = 1,59 → aufgerundet auf 1,60

→ Für die Schnittkraftermittlung im 2-Feld-System wird die Tabelle aus Anhang A 4 verwendet. Hierbei ist das Längenverhältnis der beiden Felder l_1 und l_2 maßgebend. Aus didaktischen Gründen wird auf ein Interpolieren verzichtet und das Längenverhältnis auf der sicheren Seite liegend auf 1,60 aufgerundet. Dadurch können die zugehörigen Werte direkt aus dem v. g. Anhang abgelesen werden.

Folgende Schnittkräfte sind für die Bemessung maßgebend (vgl. Kapitel 5.4):

M_B $= 0{,}245 \cdot 50{,}25$ kN/m $\cdot (4{,}22)^2 = 219{,}244$ kNm $\triangleq 21924{,}4$ kNcm

Q_{Br} $= 0{,}953 \cdot 50{,}25$ kN/m $\cdot 4{,}22$ $= 202{,}088$ kN   (Querkraft rechts vom Auflager B)

Bei Anwendung der Tabelle in Anhang 4 ist <u>immer</u> die kürzere Seite in den dazugehörigen Formeln einzusetzen!

4. Vorbemessung

Bemessung nach dem E-P Verfahren (elastisch-plastisch)

$$\text{min. } W_{y,pl} \quad = \quad \frac{21924{,}4 \; kNcm}{23{,}5 \; kN/cm^2} \qquad\qquad\qquad\qquad \frac{M_B}{\sigma_{Rd}}$$

$$= \quad 932{,}952 \text{ cm}^3$$

Stahlgüte S 235
σ_{Rd}: **A2.2**

$\rightarrow$ gewählt: IPE 360 mit gew. $W_{y,pl}$ $= 1019$ cm^3 $\geq$ min. $W_{y,pl} = 932{,}952$ cm^3

                              A_v $= 35{,}1$ cm^2

Stahlprofile und
$W_{y,pl}$: **A2.5**

5. Biegespannungsnachweis (E-P-Verfahren)

$$\frac{vorh. \; \sigma_{y,d}}{\sigma_{Rd}} \leq 1 \qquad \frac{vorhandene \; Biegespannung}{zulässige \; Biegespannung} \leq 1$$

Vorhandene Biegespannung:

$$vorh. \; \sigma_{y,d} \quad = \quad \frac{219{,}244 \; kNm \; \cdot \; 100}{1019 \; cm^3}$$

$$= \quad 21{,}516 \text{ kN/cm}^2$$

Zulässige Biegespannung:

$$zul. \; \sigma_{Rd} \quad = \quad 23{,}5 \text{ kN/cm}^2 \quad (S235)$$

Nachweis:

$$\frac{21{,}516 \; kN/cm^2}{23{,}5 \; kN/cm^2} \quad = \quad 0{,}916 \quad \leq 1 \qquad \text{Nachweis erfüllt!}$$

6. Schubspannungsnachweis (E-P-Verfahren)

$$\frac{vorh \; \tau_d}{zul \; \tau_{Rd}} \leq 1 \qquad \frac{vorhandene \; Schubspannung}{zulässige \; Schubspannung} \leq 1$$

Vorhandene Schubspannung

$$vorh. \tau_d \quad = \quad \frac{202{,}088 \; kN}{35{,}1 \; cm^2}$$

Größte Querkraft im Träger rechts vom Auflager B zum längeren Feld $\rightarrow$ Q_{Br}.

$\dfrac{Q_{Br}}{A_V}$

$$= \quad 5{,}757 \text{ kN/cm}^2$$

A_v: **A2.2**

Zulässige Schubspannung

$$zul.\tau_d \quad = \quad 13,60 \text{ kN/cm}^2 \qquad \text{Stahlgüte S 235}$$
$$\tau_{Rd}: \textbf{A2.2}$$

Nachweis:

$$\frac{5,757 \ kN/cm^2}{13,60 \ kN/cm^2} \quad = \quad 0,423 \quad \leq 1 \quad \text{Nachweis erfüllt!}$$

7. Interaktion von Biege- und Querkraft

$$\frac{vorh.\tau d}{zul. \ \tau d} \quad = \quad 0,423 \quad \leq 0,50$$

Nachweis erbracht. Nach DIN EN 1993-1-1:2010-12 Abs. 6.2.8 (2) behält der Biegenachweis unter Abschnitt 5 behält seine Gültigkeit

8. Durchbiegungsnachweis

Die Formeln im Kapitel 6.2 gelten nicht für unterschiedliche Feldlängen, deshalb wird an dieser Stelle auf diesen Nachweis verzichtet.

6.5 Stahlstütze (Pendelstütze)

Knicknachweis vgl. DIN EN 1993-1-1:2010-12 Abs. 6.3.1 (Gl. 6.46 + Gl. 6.47) für Querschnitte der Klasse 1 und gleichmäßigem Querschnitt.

Nachweis: $\dfrac{N_{Ed}}{N_{b,Rd}} \leq 1$

N_{Ed} $\triangleq$ Bemessungswert der einwirkenden Druckkraft

$N_{b,Rd}$ $\triangleq$ der Bemessungswert der Knickbeanspruchbarkeit von druckbeanspruchten Bauteilen

Infos zur Stütze:
- Am Stützenkopf einwirkende Belastung N_{Ed} = 121,388 kN
- Pendelstütze mit einer Länge von l_{eff} =5,00m
- IPE 220, S235

1. Bemessungslast

N_{Ed} = 121,388 kN

2. Das statische System

3. Maßgebende Schnittkraft

Normalkraft in der Stütze

N $\triangleq$ N_{Ed} = 121,388 kN

4. Knicknachweis bzw. Stabilitätsnachweis

Keine horizontale Belastung, daher ohne Biegung.

Nachweis: $\dfrac{N_{Ed}}{N_{b,Rd}}$ $\leq$ 1,0

$N_{b,Rd} = \dfrac{\chi \cdot A \cdot f_y}{\gamma_{M1}}$

Dabei sind:

f_y = Maximale Druckspannung des Stahlquerschnitts [kN/cm²]   ⎤   maximal aufnehmbare Druck-
A = Querschnittsfläche [cm²]   ⎬   kraft pro cm² Stahlquerschnitt
                                                                                                  ⎦   ohne Knickgefahr: $F = A \cdot f_y$

γ_{M1} = Sicherheitsfaktor für den Baustoff Stahl bei Stützen (Stabilitätsnachweis)

χ = Reduktionsfaktor der aufnehmbaren Druckkraft in Abhängigkeit von der Länge und Quer-
         schnittsform der Stütze (Schlankheit) für die maßgebende Knickrichtung. Tabellenwert siehe Anhang A 2.3 in Verbindung mit A 2.4.

1) L_{Cr} ≙   Knicklänge $L_{Cr} = l \cdot \beta$ Pendelstütze $\beta = 1{,}0$; l ≙ Lichte Höhe der Stütze

2) N_{Cr} = $\dfrac{\pi^2 \cdot E \cdot I}{L_{Cr}^2}$ (DIN EN 1993-1-1:2010-12 Abs. 6.3.1.3 für Pendelstützen, s. Kapitel 4.3 → Eulerfall 2)

N_{Cr} ≙   Verzweigungslast in [kN]
E ≙   Elastizitätsmodul 21000 kN/cm²
I_z , I_y ≙   Trägheitsmoment hier: IPE 220 I_z = 205 cm⁴ (Tabellenwert Anhang A2.5)

Grundsätzlich gilt: Die Stütze knickt <u>immer um</u> die schwächere Achse z aus, <u>sofern die Achse z nicht konstruktiv gehalten ist (siehe Fall 2).</u>
(Hinweis: Die Stütze knickt <u>in</u> y-Richtung aus, aber <u>um</u> die z-Achse!)

Fall 1: Stütze ist in keiner Richtung oder um die y-Achse gehalten:
         → Stütze knickt um die schwache Achse z aus → I_z einsetzen.

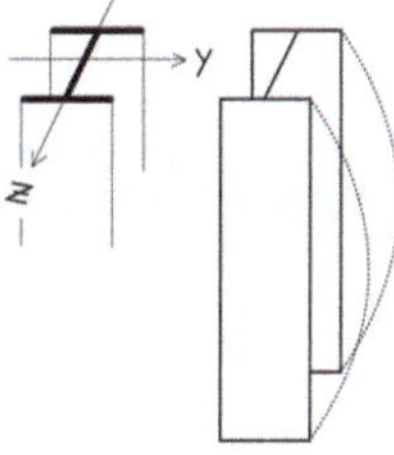

Fall 2: Stütze kann konstruktiv nicht um die schwache Achse z ausweichen.
         → Stütze knickt um die starke Achse y aus → I_y einsetzen.

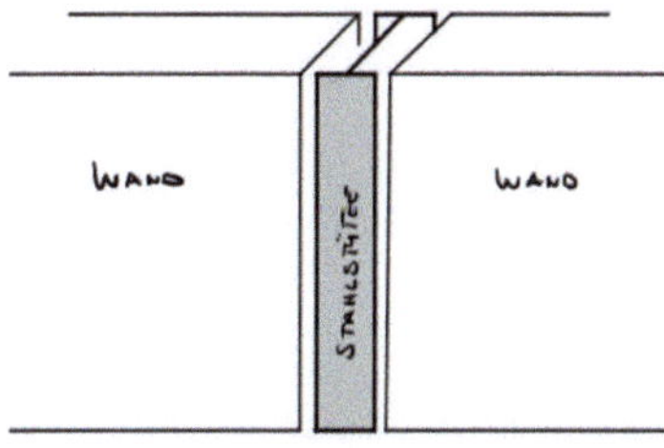

Bild 6.5: Knickrichtung um die schwache (z-z) bzw. starke (y-y) Achse eines Doppel-T-Trägers.

Im Beispiel ist die Stütze freistehend, sodass sie bei einer zu hohen Knicklast um die schwache Achse z ausknicken würde. → I_z = 205 cm⁴ (IPE220)

$$N_{Cr} = \frac{\pi^2 \cdot 21000 kN/cm^2 \cdot 205\ cm^4}{(500\ cm)^2} = 169{,}955\ kN$$

3) λ: Schlankheitsgrad

$$\lambda = \sqrt{\frac{A \cdot f_y}{N_{cr}}}$$

$$= \sqrt{\frac{33{,}4\ cm^2 \cdot 23{,}5\ kN/cm^2}{169{,}955\ kN}}$$

$$=\ 2{,}149 \rightarrow \quad \text{aufgerundet } \lambda = 2{,}20 \ \text{(ansonsten interpolieren)}$$

4) χ: Bestimmung der Knicklinie für den Abminderungsfaktor χ

   IPE220 → h / b = 220 / 110 = 2
           t_f = 9,2 mm (Flanschdicke)

       → Knicklinie „b"   Knicklinie: **A2.4**

       → χ = 0,176 (λ=2,20 ; Knicklinie „b") χ: **A2.3** in Abh. von λ = 2,20

5) $N_{b,Rd}$ = $\dfrac{\chi \cdot A \cdot f_y}{\gamma_{M1}}$ (zulässige Druckkraft)

                         A: **A2.5**
     = $\dfrac{0{,}176 \cdot 33{,}4\ cm^2 \cdot 23{,}5\ kN/cm^2}{1{,}1}$ $f_y \triangleq \sigma_{Rd}$: **A2.2**
                         γ_{M1} : **A2.1**

     = 125,584 kN

6) Knicknachweis:

$$\frac{N_{Ed}}{N_{b,Rd}} = \frac{121{,}388\ kN}{125{,}584\ kN} = 0{,}97 \quad \leq 1 \quad \text{Nachweis erfüllt!}$$

---

zu 4) Für eine rechnerische Ermittlung von χ vgl. DIN EN 1993-1-1:2010-12 Abs. 6.3.1.2 (6.49):

$$\chi = \frac{1}{\phi + \sqrt{\phi^2 - \lambda^2}} \qquad \text{aber } \chi \leq 1$$

mit $\phi = 0{,}5\left[1 + \alpha\left(\lambda - 0{,}2\right) + \lambda^2\right]$

Knicklinie	a	b	c	d
Imperfektionsbeiwert α	0,21	0,34	0,49	0,76

6.6 Übungsaufgaben inkl. Lösung zum Stahlträger und zur Stahlstütze

Übung 1: Stahlträger

Informationen zum System und zur Belastung:
- 2-Feld-System. Statische Längen: l_1 = 7,00m, l_2 = 7,00 m
    Stahlgüte: S235
- Lasten: g_k = 12,0 kN/m
    q_k = 8,0 kN/m

Für ein HEA-Profil sind die Nachweise der Tragfähigkeit und Gebrauchstauglichkeit zu führen.

Lösung:

Nachweise der Tragfähigkeit

Schnittkräfte: M_B = 172,725 kNm; $Q_{Br} \triangleq Q_{Bl}$ =123,375 kN

Vorbemessung: HEA 240 mit vorh. $W_{y,pl}$ = 745 cm^3 ≥ min. W_y = 735 cm^3

Biegebemessung: σ_d / $\sigma_{R,d}$ = 0,987 ≤ 1,0 (σ_d = 23,185 kN/cm^2; $\sigma_{R,d}$ = 23,5 kN/cm^2)

Schubbemessung: τ_d / $\tau_{R,d}$ = 0,36 ≤ 1,0 (τ_d = 4,896 kN/cm^2 $\tau_{R,d}$ = 13,6 kN/m^2; A_V = 25,2 cm^2)

Interaktion: 0,36 ≤ 0,50 (Biegespannungsnachweis behält seine Gültigkeit)

Nachweise der Gebrauchstauglichkeit

zul. w_{fin} = 2,33 cm ≥ 2,04 cm

Übung 2: Stahlstütze

Informationen zum System und zur Belastung:

Holzprofil: HEB 100 (I_z = 167 cm^4, A = 26 cm^2)

Pendelstütze: l = 4,00 m

Holzgüte: S235

N_{Ed} =   140 kN

Für die Stütze ist der Knicksicherheitsnachweis (Stabilitätsnachweis) zu führen.

Lösung:

Schlankheit: λ = 1,68 → gew. 1,70 (Knicklinie „c")

χ = 0,258

$N_{b,Rd}$ = 143,31 kN; N_{Ed} = 140 kN

Nachweis: 0,977 ≤ 1,0

7 Übungsbeispiel: Kombination von Bauteilen

Für die dargestellte Konstruktion sollen die Holz- und Stahlprofile bemessen werden: eine Holzbalkendecke wird von einem Stahlträger gestützt, der wiederum auf drei Stützen aufliegt. Dabei werden die Lasten aus der Holzbalkendecke teilweise in den Stahlträger und von dort in die Stützen weitergeleitet. Die übrigen Lasten aus der Holzbalkendecke werden durch die Wände abgetragen.
Auf eine Berechnung der Durchbiegung der Holzbalken und des Stahlträgers sowie auf den Nachweis der Wände wird verzichtet.

Position 1: Holzbalkendecke eines Wohnhauses (2-Feld-System)
           Eigenlast: **$g_k = 1,70 \text{ kN/m}^2$**
           Verkehrslast: **$q_k = 2,00 \text{ kN/m}^2$**
           Balkenabstände: $e = 80 \text{ cm}$
           Holzgüte: C24

Position 2: Stahlträger (2-Feld-System) HEA-Profil, S 235

Position 3: Stahlstütze IPE-Profil, S 235, Pendelstütze $L_{cr} = 3,00 \text{ m}$

Position 4: Holzstütze: C24, b/h = 14/18 cm, Pendelstütze $l_{eff} = 3,00 \text{ m}$

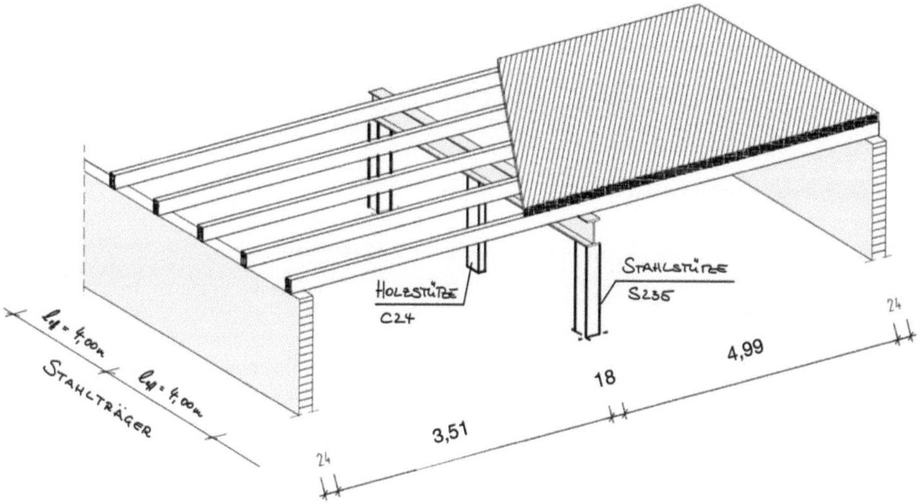

Bild 7.1: Prinzipskizze einer Bauwerkskonstruktion bestehend aus einer Holzbalkendecke, einem Abfangträger aus Stahl sowie Stützen. Die außenliegenden Mauerwerkswände werden hierbei nicht bemessen.

© Der/die Autor(en), exklusiv lizenziert an
Springer Fachmedien Wiesbaden GmbH, ein Teil von Springer Nature 2025
B. Uerek, *Dimensionierung von Holz-, Stahl- sowie Stahlbetonprofilen*,
https://doi.org/10.1007/978-3-658-48702-7_7

7.1 Position 1: Holzbalkendecke b/h = 10/22 cm, e = 80 cm

1) Bemessungslasten:

g_d $\quad = 1,70\ kN/m^2 \cdot 0,80\ m \cdot 1,35 \quad = 1,836\ kN/m$

q_d $\quad = 2,00\ kN/m^2 \cdot 0,80\ m \cdot 1,50 \quad = 2,400\ kN/m$

e_d $\quad = g_d + q_d$
$\quad = 4,236\ kN/m$

$\gamma_g = 1,35$
$\gamma_q = 1,50$

Index d:
Designlast $\triangleq$
Bemessungslast

2) Statisches System:

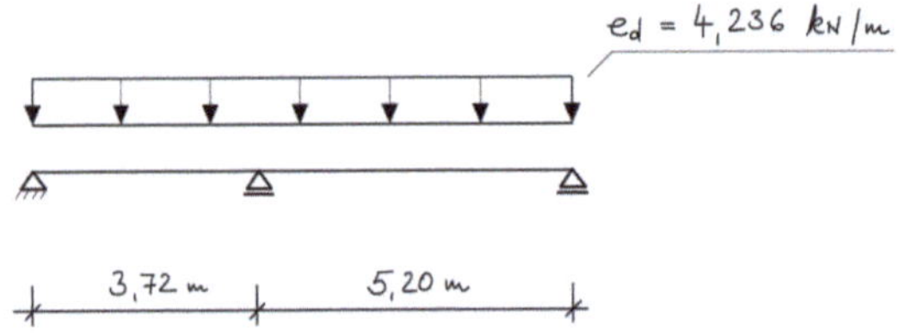

Bild 7.2: Statisches System der Holzbalkendecke.

$l_{eff\ 1}$ $\quad = 0,24\ m\ /\ 2 + 3,51m + 0,18\ m\ /\ 2 = 3,72\ m$

$l_{eff\ 2}$ $\quad = 0,18\ m\ /\ 2 + 4,99m + 0,24\ m\ /\ 2 = 5,20\ m$

$l_{eff\ 2}\ /\ l_{eff\ 1} = 5,20\ /\ 3,72 \sim 1,40$ (Schnittkrafttabelle siehe Anhang A 4)

3) Auflager – und Schnittkräfte:

M_B $\qquad =$ $\qquad 0,195 \cdot 4,236\ kN/m \cdot (3,72\ m)^2 = 11,432\ kNm$

Q_{Br} $\qquad =$ $\qquad 0,839 \cdot 4,236\ kN/m \cdot 3,72\ m \quad = 13,221\ kN$

Q_{Bl} $\qquad =$ $\qquad 0,695 \cdot 4,236\ kN/m \cdot 3,72\ m \quad = 10,952\ kN$

B $\qquad =$ $\qquad Q_{Br} + Q_{Bl} \qquad\qquad\qquad\quad = 24,173\ kN$

Faktoren
0,195/0,839/0,695
siehe Anhang A 4

$M_B \triangleq$ Für die Vor- und Biegebemessung

$Q_{Br} \triangleq$ Für die Schubbemessung

$B \triangleq$ Für die Auflagerpressung +Lastweiterleitung auf den Stahlträger

<u>Nur für die spätere Lastweiterleitung in die Stützen erforderlich (siehe Pos. 2 + 3 + 4)</u>

<u>Infolge gd</u>

$Q_{Br,gd}$ $\qquad =$ $\qquad 0,839 \cdot 1,836kN/m \cdot 3,72\ m \quad = 5,730\ kN$

$Q_{Bl,gd}$ $\qquad =$ $\qquad 0,695 \cdot 1,836\ kN/m \cdot 3,72\ m \quad = 4,747\ kN$

B_{gd} $\qquad =$ $\qquad Q_{Br} + Q_{Bl} \qquad\qquad\qquad\quad = 10,477\ kN$

<u>Infolge qd</u>

$Q_{Br,qd}$ $\qquad =$ $\qquad 0,839 \cdot 2,400kN/m \cdot 3,72\ m \quad = 7,491\ kN$

$Q_{Bl,qd}$ $\qquad =$ $\qquad 0,695 \cdot 2,400\ kN/m \cdot 3,72\ m \quad = 6,205\ kN$

B_{qd} $\qquad =$ $\qquad Q_{Br} + Q_{Bl} \qquad\qquad\qquad\quad = 13,696\ kN$

4) Vorbemessung:

$$f_{m,d} \quad = \quad \frac{0{,}80 \cdot 2{,}4 \ kN/cm^2}{1{,}30} \qquad\qquad \frac{k_{mod} \cdot f_{m,k}}{\gamma_m}$$

$$= \quad 1{,}477 \ kN/cm^2 \qquad\qquad \textbf{A1.2}$$

$$\min. W_y \quad = \quad \frac{11{,}432 \ kNm \cdot 100}{1{,}477 \ kN/cm^2} \qquad\qquad \frac{M_d}{f_{m,d}}$$

$$= \quad 774 \ cm^3$$

Gewähltes Profil b/h = 10/22 cm mit gew. W_y = 807 cm³ ≥ min. W_y = 774 cm³   **A1.8**

5) Biegespannungsnachweis:

$$\frac{\sigma_{m,y,d}}{f_{m,y,d}} \leq 1 \qquad \frac{vorhandene\ Biegespannung}{zulässige\ Biegespannung} \leq 1$$

$$- \quad \text{vorh. } \sigma_{m,y,d} \quad = \quad \frac{11{,}432 \ kNm \cdot 100}{807 \ cm^3} \qquad\qquad \frac{M_d}{gew.\,W_y}$$

$$= \quad 1{,}416 \ kN/cm^2$$

$$- \quad \text{zul. } f_{m,d} \quad = \quad 1{,}477 \ kN/cm^2$$

Biegespannungsnachweis:

$$\frac{1{,}416 \ kN/cm^2}{1{,}477 \ kN/cm^2} = 0{,}959 \ \leq 1 \qquad \text{Nachweis erfüllt}$$

6) Schubspannungsnachweis:

$$\frac{t_d}{f_{v,d}} \leq 1 \qquad \frac{vorhandene\ Schubspannung}{zulässige\ Schubspannung} \leq 1$$

$$- \quad \text{vorh. } \tau_d \quad = \quad 1{,}5 \cdot \frac{Q_{Br}}{h \cdot b \cdot kcr} \qquad\qquad Q_{Br} \ \hat{=}\ \text{größte, daher maß-}$$

gebende Querkraft

$$= \quad 1{,}5 \cdot \frac{13{,}221 \ kN}{10 \ cm \cdot 22 \ cm \cdot (1{,}3 \cdot 0{,}5)} \qquad\qquad k_{cr} \text{ um 30 \% erhöht}$$

siehe Kapitel 5.2 Abs. 6

$$= \quad 0{,}139 \ kN/cm^2$$

$$- \quad \text{zul. } f_{v,d} \quad = \quad \frac{0{,}80 \cdot 0{,}40 \ kN/cm^2}{1{,}30} \qquad\qquad \textbf{A1.2}$$

$$= \quad 0{,}246 \ kN/cm^2$$

Schubspannungsnachweis:

$$\frac{0{,}139 \ kN/cm^2}{0{,}246 \ kN/cm^2} = 0{,}563 \qquad \leq 1 \qquad \text{Nachweis erfüllt!}$$

7)   Nachweis zur Einhaltung der zulässigen Auflagerpressung:

Nachweis: $\dfrac{\frac{F_{c,90,d}}{A_{ef}}}{k_{c,90} \cdot f_{c,90,d}} \leq 1$ $\dfrac{vorhandene\ Auflagerpressung}{zulässige\ Auflagerpressung} \leq 1$ **siehe Kapitel 5.2**

- $F_{c,90,d} \triangleq$ Auflagerkraft B = 24,173 kN

- A_{ef}:

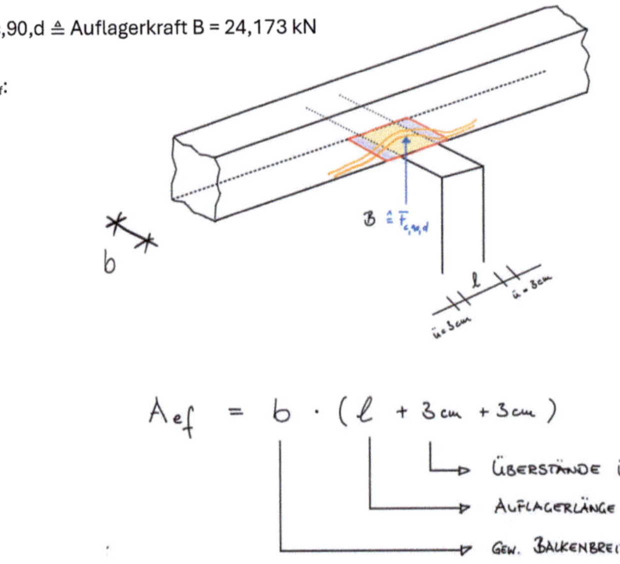

Bild 7.3: Effektiver Druckbereich der Auflagerfläche am Zwischenauflager.

A_{ef} = 10 cm · (10 cm + 3 cm + 3 cm)
          Balkenbreite · (Auflagerbreite + Überstand)

= 160 cm²

Der Holzbalken liegt auf dem Flansch des Stahlträgers auf, dessen Dimensionierung jedoch noch aussteht. Daher kann die Auflagerbreite (Flanschbreite des Stahlträgers) für den Holzbalken noch nicht exakt angegeben werden. An dieser Stelle wird folgende Annahme getroffen: Für die Auflagerpressung des Holzprofils wird das kleinste HEA-Profil (HEA 100) mit einer Flanschbreite von 10 cm in Ansatz gebracht. Sollte ein größeres HEA-Profil in der Position 2 gewählt werden, liegt dieser Ansatz auf der sicheren Seite.

- $k_{c,90}$:   Die Streckenlast reicht bis zum Auflager, weshalb dieser Wert mit 1,0 anzusetzen ist

- Zulässige Biegespannung: $f_{C,90,d} = \dfrac{0,80 \cdot 0,25\ kN/cm^2}{1,30} = 0,154\ kN/cm^2$ **$f_{c,90,k}$: A1.2**

Nachweis: $\dfrac{\frac{24,173\ kN}{160\ cm^2}}{1,0 \cdot 0,154\ kN/cm^2} = 0,98 \leq 1$

7.2 Input: Lastweiterleitung von der Holzbalkendecke auf den Stahlträger

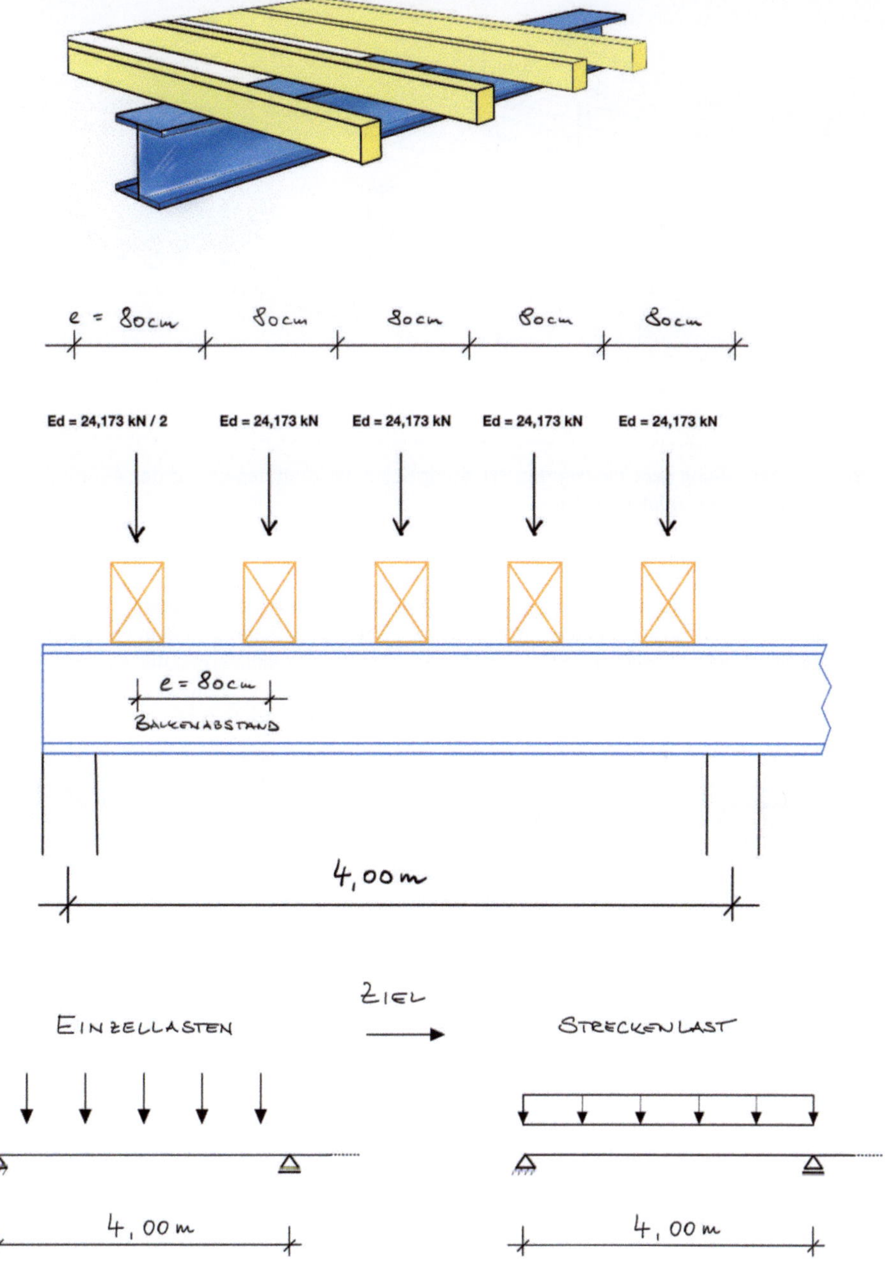

Bild 7.4: Prinzipskizze zur Lastweiterleitung von der Holzbalkendecke auf den Stahlträger und das hieraus abgeleitete statische System für den Stahlträger.

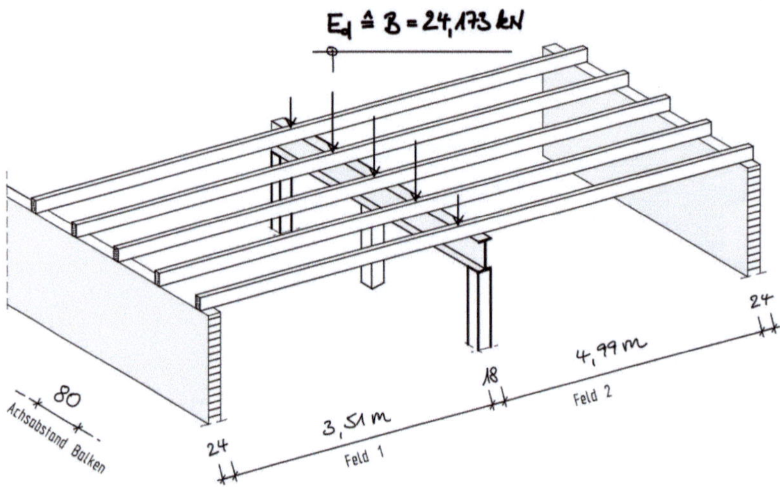

Bild 7.5: Darstellung der einwirkenden Belastung E_d auf den Stahlträgern aus den Auflagerkräften B der Holzbalkendecke.

Die Auflagerkräfte B aus den einzelnen Holzbalken wirken auf den Obergurt des Stahlträgers. Werden diese Einzellasten als Punktlasten statisch modelliert, entstünden im Träger Momentenspitzen. Real verteilen sich diese Einzellasten jedoch im Stahlträger, sodass hieraus eine abgeflachte Momentenlinie ohne Momentenspitzen resultiert. Aus diesem Grund kann mit einer vereinfachten Modellierung gerechnet werden, bei der die Einzellasten zu einer Streckenlast umgewandelt werden:

$$e_d = \frac{E_d\ [kN]}{e\ [m]}$$

$e_d \triangleq$ Streckenlast
$E_d \triangleq$ Einzellast   *hier: Auflagerkraft B aus der Holzbalkendecke*
$e \triangleq$ Abstände der Einzellasten   *hier: Holzbalkenabstand*

7.3 Position 2: Stahlträger S235 (HEA 180)

1. Bemessungslast

$$e_d = \frac{E_d}{e} \triangleq \frac{B\,[kN]}{e\,[m]} = \frac{24{,}173\,kN}{0{,}80\,m} = 30{,}216\ \text{kN/m} \qquad \text{(B aus Pos.1)}$$

$E_d \triangleq$ Auflagerkraft B aus Pos.1: Holzbalkendecke

$e \triangleq$ Holzbalkenabstände

2. Statisches System

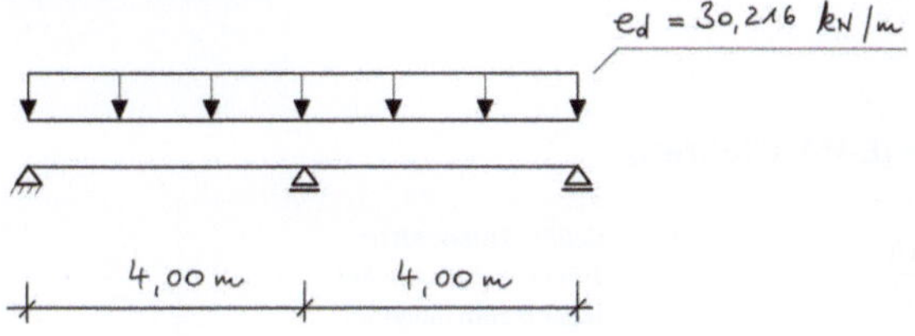

Bild 7.6: Statisches System des Stahlträgers.

$l_2/l_1 = 4{,}00\ m / 4{,}00\ m = 1{,}00$

3. Maßgebende Auflager- und Schnittkräfte

siehe Anhang A 4 :
Faktoren 0,125/0,625
für $l_2/l_1 = 1{,}0$

$M_B \triangleq$ f. Biegebemessung
$Q_{Br} \triangleq$ f. Schubbemessung

M_B	$= 0{,}125 \cdot 30{,}216\ \text{kN/m} \cdot (4{,}00)^2$	$= 60{,}432\ \text{kNm}$
Q_{Br}	$= 0{,}625 \cdot 30{,}216\ \text{kN/m} \cdot 4{,}00$	$= 75{,}540\ \text{kN}$

Für die Lastweiterleitung in die Stützen:

Q_{Bl}	$= 0{,}625 \cdot 30{,}216\ \text{kN/m} \cdot 4{,}00$	$= 75{,}540\ \text{kN}$
B	$= Q_{Br} + Q_{Bl}$	$= 151{,}08\ \text{kN}$

$B \triangleq$ f. Lastweiterleitung mittige Stütze

$C \triangleq$ f. Lastweiterleitung außenliegende Stütze

$$A \triangleq C = 0{,}375 \cdot B_{gd}/0{,}80m \cdot 4{,}00\ m$$
$$+ 0{,}438 \cdot B_{qd}/0{,}80m \cdot 4{,}00\ m$$

$$= 0{,}375 \cdot 10{,}477\ kN / 0{,}80\ m \cdot 4{,}00\ m$$
$$+ 0{,}438 \cdot 13{,}696\ kN / 0{,}80\ m \cdot 4{,}00\ m \qquad = 49{,}638\ \text{kN}$$

4. Vorbemessung

Faktor 100
kN/m $\cdot$ 100 $\triangleq$ kNcm

σ_{Rd}: **A2.2**

$W_{y,pl}$ und A_v: **A2.5**

$$\text{min. } W_{y,pl} = \frac{M_B}{\sigma_{Rd}} = \frac{60{,}432\ kNm \cdot 100}{23{,}5\ kN/cm^2}$$

$$= 257{,}2\ cm^3$$

gewählt: HEA 180 mit gew. $W_{y,pl} = 325\ cm^3 \quad \geq \quad \text{min. } W_{y,pl} = 257{,}2\ cm^3$

$$A_v = 14{,}5\ cm^2$$

5. Biegespannungsnachweis (E-P-Verfahren)

$$\text{vorh. } \sigma_{y,d} \quad = \quad \frac{60,432 \; kNm \; \cdot \; 100}{325 \; cm^3} \quad = \; 18,594 \; \text{kN/cm}^2$$

$$\text{zul. } \sigma_{Rd} \quad = \quad 23,5 \; \text{kN/cm}^2 \quad (\text{S235})$$

Nachweis:

$$\frac{18,594 \; kN/cm^2}{23,5 \; kN/cm^2} \quad = \quad 0,791 \; \leq 1 \qquad \text{Nachweis erfüllt!}$$

6. Schubspannungsnachweis (E-P-Verfahren)

$$\text{vorh.} \tau_d \quad = \quad \frac{75,540 \; kN}{14,5 \; cm^2}$$

Größte Querkraft im Träger rechts vom Auflager B zum längeren $\dfrac{Q_{Br}}{A_V}$

$$= \quad 5,210 \; \text{kN/cm}^2$$

τ_{Rd}: **A2.2**

$$\text{zul.} \tau_d \quad = \quad 13,60 \; \text{kN/cm}^2$$

A_v: **A2.5**

Nachweis:

$$\frac{5,210 \; kN/cm^2}{13,60 \; kN/cm^2} \quad = \quad 0,383 \; \leq 1$$

7. Interaktion von Biege- und Querkraft

$$\frac{vorh.\tau_d}{zul..\tau_d} \quad = \quad 0,383 \; \leq \; 0,50$$

Nachweis erbracht.

Biegenachweis unter Schritt 5) behält seine Gültigkeit.

7.4 Position 3: Außenliegende Stahlstützen S235 (IPE 140)

Infos zur Stütze:
- Pendelstütze mit einer Länge von l_{eff} = 3,00m
- IPE 140, S235

1. Bemessungslast

N_{Ed} = 49,638 kN (Auflagerkraft A bzw. C aus Position 2)

2. Das statische System

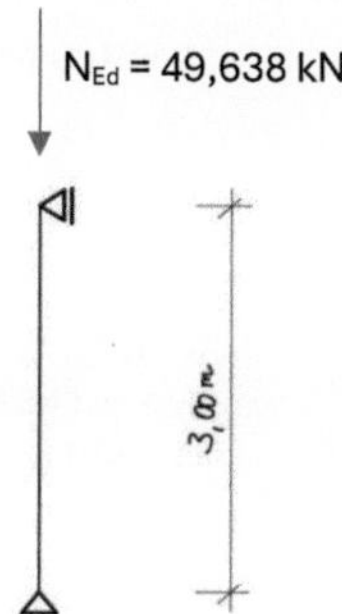

Bild 7.7: Statisches System der Stahlstütze.

3. Maßgebende Schnittkraft

Normalkraft in der Stütze

$N \triangleq N_{Ed}$ = 49,638 kN kN

4. Knicknachweis bzw. Stabilitätsnachweis

Nachweis:

$$\frac{N_{Ed}}{N_{b,Rd}} \leq 1,0$$

$$N_{Cr} = \frac{\pi^2 \cdot E \cdot I}{L_{Cr}^2}$$

E-Modul: **A2.2**
I_z für IPE140: **A2.5**

I_z , I_y $\triangleq$ Trägheitsmoment hier: vom IPE 220 (Tabellenwert)
Im Beispiel soll die Stütze frei stehen, weshalb sie um die schwache Achse z ausknicken würde → I_z = 44,9 cm⁴ (IPE140)

$$N_{Cr} = \frac{\pi^2 \cdot 21000 kN/cm^2 \cdot 44,9\ cm^4}{(300\ cm)^2}$$

$$= 103,40\ kN$$

c) $\quad \lambda \quad = \quad \sqrt{\dfrac{16,40 \; cm^2 \; \cdot \; 23,5 \; kN/cm^2}{103,40 \; kN}}$

$\qquad\qquad = \quad 1,93 \quad \rightarrow \quad$ aufgerundet 2,00   **A2.3**

d) χ: Bestimmung der Knicklinie für den Abminderungsfaktor χ **A2.4**

$\qquad$ IPE220 $\quad \rightarrow \quad$ h / b $\quad$ = 140 / 73 $\quad$ = 1,92 $\qquad$ > 1,2

$\qquad\qquad\qquad\qquad\qquad$ t_f $\quad$ = 6,9 mm $\;$ (Flanschdicke) $\quad \le$ 40 mm

$\qquad\qquad \rightarrow \quad$ Knicklinie „b"   Knicklinie: **A2.4**

$\qquad\qquad \rightarrow \quad \chi \quad$ = 0,209 $\qquad$ (λ=2,00 ; Knicklinie „b") χ: **A2.3** in Abh. von λ = 2,00

e) $\quad N_{b,Rd} \quad = \quad \dfrac{\chi \cdot A \cdot f_y}{\gamma_{M1}}$ $\qquad\qquad$ (zulässige Druckkraft)

$\qquad\qquad\qquad = \quad \dfrac{0,209 \; \cdot \; 1,93 \; cm^2 \; \cdot \; 23,5 \; kN/cm^2}{1,1}$ A: **A2.5**
$\qquad\qquad\qquad\qquad\qquad\qquad\qquad\qquad\qquad\qquad\qquad\qquad\quad$ fy $\triangleq \sigma_{Rd}$: **A2.2**
$\qquad\qquad\qquad\qquad\qquad\qquad\qquad\qquad\qquad\qquad\qquad\qquad\quad$ γ_{M1} : **A2.1**

$\qquad\qquad\qquad = \quad$ 73,226 kN

f) $\quad$ Knicknachweis:

$\qquad \dfrac{N_{Ed}}{N_{b,Rd}} \qquad = \qquad \dfrac{49,638 kN}{73,226 \; kN} \qquad$ = 0,678 $\quad \le$ 1 $\;$ Nachweis erfüllt!

7.5 Position 4: Holzstütze b/h = 14/18 cm

Infos zur Stütze: Holz C24, b/h=14/18, l_{eff} = 3,00 m

Bemessungslast:

N_{Ed} = 151,08 kN (Auflagerkraft B aus Position 2)

Statisches System:

N_{Ed} = 151,08 kN

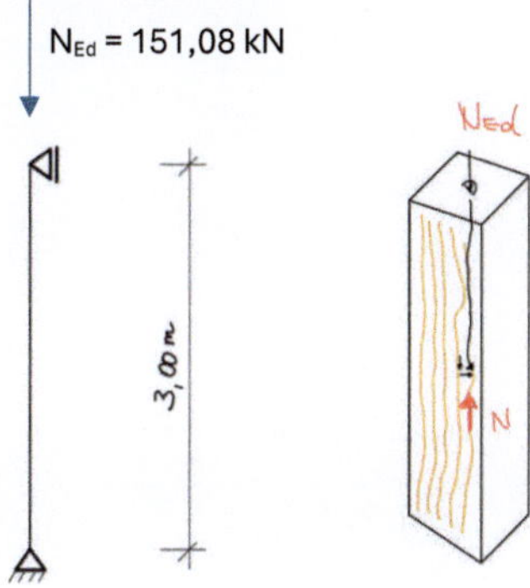

Bild 7.8: Statisches System der Holzstütze.

Maßgebende Schnittkraft:

$N \triangleq N_{Ed}$ = 151,08 kN

Knicknachweis bzw. Stabilitätsnachweis

$$\frac{\sigma_{c,0,d}}{k_{c,z} \cdot f_{c,0,d}} \leq 1$$

- $k_{c,z}$: $\lambda = \dfrac{l_{eff}}{i} = \dfrac{stat.L\ddot{a}nge\ (l \cdot \beta)}{Tr\ddot{a}gheitsradius} = \dfrac{300\ cm \cdot 1,0}{4,04\ cm} = 74,15 \rightarrow \lambda = 75$ (aufgerundet, ansonsten interpolieren)

$\rightarrow k_{c,z}$ = 0,499

$k_{c,z}$: **A1.7** (λ = 75, C24)
Trägheitsradius i: **A1.8**

$i \triangleq$ Trägheitsradius

zulässige Druckspannung:

$$f_{c,0,d} = \frac{k_{mod} \cdot f_{c,0,k}}{\gamma_M} = \frac{0,80 \cdot 2,1\ kN/cm^2}{1,30}$$

$$= 1,292\ kN/cm^2$$

$f_{c,0,d}$: **A1.3**
k_{mod}: **A1.6**
γ_M : **A1.1**

vorhandene Druckspannung:

$$\sigma_{c,o,d} \quad = \frac{N}{A} \quad = \frac{151{,}08\ kN}{14\ cm\ \cdot\ 18\ cm} = 0{,}600\ \ kN/cm^2$$

Nachweis:

$$\frac{\sigma_{c,o,d}}{k_{c,z}\ \cdot\ f_{c,o,d}} \quad \leq 1{,}0$$

$$\frac{0{,}600\ kN/cm^2}{0{,}499\ \cdot\ 1{,}292\ kN/cm^2} = 0{,}930\ \leq 1{,}0 \quad \text{Nachweis erfüllt}$$

8 Stahlbetonbemessung entsprechend DIN EN 1992-1-1:2011-01

8.1 Aufgabenverteilung von Beton und Stahl

Im Gegensatz zu Holz- oder Stahlbauteilen besteht Stahlbeton aus zwei Baustoffen, die unterschiedliche Materialeigenschaften besitzen und unterschiedlich kosten. Der Kostenfaktor wird dabei grundsätzlich durch den teuren Bewehrungsstahl im Stahlbeton beeinflusst. Aus diesem Grund werden bei der Bemessung von Stahlbetonbauteilen die verschiedenen Materialeigenschaften gezielt eingesetzt, um den Stahlanteil wirtschaftlich zu dimensionieren. Das Nachweisverfahren ist daher auch etwas komplexer als bei Holz- oder Stahlbauteilen, da zum einen kein vereinfachter, linearer Spannungsverlauf zugrunde gelegt wird und zum anderen ein optimaler Hebelarm (vgl. Kapitel 4.2) gesucht werden muss, bei dem die maximale Betondruckspannung möglichst voll ausgenutzt wird.

- Der übliche Baustahl B 500 kann genauso viel Zug- wie Druckkräfte aufnehmen. Die maximale charakteristische Zug- und Druckspannung beträgt $500\ \text{N/mm}^2 \triangleq 50\ \text{kN/cm}^2$.

- Der Beton weist gute Druckeigenschaften auf, jedoch beträgt seine Zugfestigkeit nur etwa 10% seiner Druckfestigkeit. Beispiel: C20/25 – charakteristische Druckspannung $20\ \text{N/mm}^2$ (s.u.), charakteristische Zugspannung $2{,}9\ \text{N/mm}^2$. Aufgrund dieser geringen Zugfestigkeit sind die Zugeigenschaften des Betons für die Anforderungen an die Tragfähigkeit vernachlässigbar.

> Hieraus ergibt sich für die Stahlbetonbemessung:
> Der **Beton** soll planmäßig alle **Druckkräfte** aufnehmen.
> Der **Stahl** soll planmäßig alle **Zugkräfte** aufnehmen.

Diese Aufgabenverteilung lässt sich als Fachwerk modellieren (siehe Kapitel 8.2)

8.1.1 Eigenschaften von Beton

Tab.8.1: Festigkeitswerte ausgewählter Betongüten vgl. DIN EN 1992-1-1:2011-01 Tab. 3.1

$c \triangleq$ concrete		Betonfestigkeitsklassen			
		C20/25	C25/30	C30/37	C35/45
f_{ck}	N/mm²	**20**	**25**	**30**	**35**
$f_{ck,\,cube}$	N/mm²	25	30	37	45
$f_{ctk;0,95}$	N/mm²	2,9	3,3	3,8	4,2
ε_{c2}	⁰/₀₀	2,0			
ε_{cu2}	⁰/₀₀	3,5			

$f_{ck} \quad \triangleq \quad$ **Zylinderdruckfestigkeit.**

$f_{ck,\,cube} \quad \triangleq \quad$ **Würfeldruckfestigkeit.**

Index c $\triangleq$ compression, Druck, Index k $\triangleq$ charakteristischer Wert

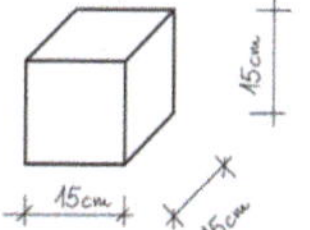

Bild 8.1: Probekörper

© Der/die Autor(en), exklusiv lizenziert an
Springer Fachmedien Wiesbaden GmbH, ein Teil von Springer Nature 2025
B. Uerek, *Dimensionierung von Holz-, Stahl- sowie Stahlbetonprofilen*,
https://doi.org/10.1007/978-3-658-48702-7_8

Die Prüfung der Druckfestigkeit der Prüfkörper (Zylinder/Würfel) erfolgt gemäß DIN EN 206-1 / DIN 1045-2 nach 28 Tagen der Herstellung, also nach genau 4 Wochen, sodass die Prüfung am gleichen Arbeitstag durchgeführt werden kann und nicht aufs Wochenende fällt. Nach 4 Wochen haben die Betone bereits einen ausreichend hohen Hydratationsgrad und können den v. g. Betonfestigkeitsklassen zugeordnet werden. Für die Zuordnung ist das 5%-Fraktil maßgeblich. Das bedeutet, dass höchstens 5 % der untersuchten Probekörper die in der Tabelle angegebenen Werte unterschreiten dürfen.

Druckspannung des Betons:

Für Betone ≤ 50/60 gilt u. a. das Parabel-Reckteck-Diagramm

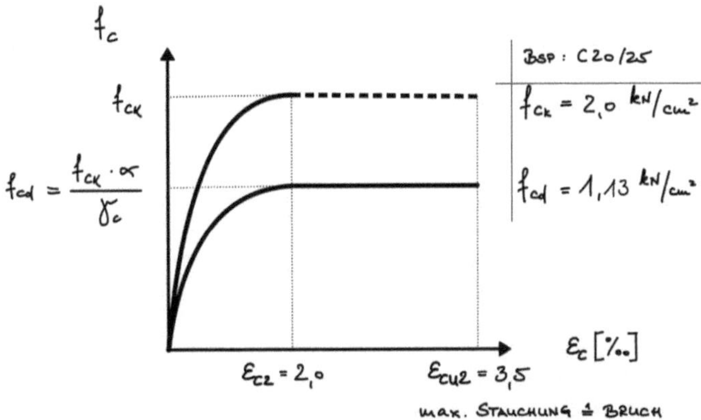

Bild 8.2: Spannungsdehnungslinie bei Beton als vereinfachtes Parabel-Rechteck-Diagramm.

vgl. DIN EN 1992 -1-1/2011-01 und DIN EN 1992 -1-1/NA:2011-01

f_{ck} ≙ charakteristische Zylinder-Druckfestigkeit, bei der der Beton bricht.

f_{cd} ≙ Bemessungswert der Druckfestigkeit.

γ_c ≙ Sicherheitsfaktor für den Baustoff Beton

α ≙ Faktor zur Berücksichtigung der Abnahme der Druckfestigkeit unter lang andauernder Belastung.

<u>Beispiel C20/25</u>
f_{ck} = 20 N/mm² ≙ 2,0 kN/cm²

$$f_{cd} = \frac{f_{ck} \cdot 0,85}{1,5} \quad \rightarrow \quad \text{C20/25: } f_{cd} = \frac{2,0\ kN/cm^2 \cdot 0,85}{1,5} = 1,13\ \text{kN/cm}^2$$

Wie groß ist die maximale Druckkraft, die ein Zylinder mit einem Durchmesser von ø 15 cm aus Beton der Betongüte C20/25 aufnehmen kann?

$\sigma \triangleq f_{ck} = F_k / A \qquad \rightarrow \qquad F_k = A \cdot f_{ck}$

- $A_{Zyl} = \pi \cdot d^2/4 = \pi \cdot 15^2/4 = 176{,}71\ \text{cm}^2$
- $F_k = 176{,}71\ \text{cm}^2 \cdot 2{,}0\ \text{kN/cm}^2$
- $\underline{F_k = 353{,}43\ kN} \triangleq$ ca. 35,3 Tonnen   (**ohne** Sicherheitsbeiwerte γ_c, α)

Wie groß ist die maximale Bemessungsdruckkraft, die der o. g. Zylinder gemäß DIN 1992 maximal aufnehmen darf?

- $F_d = A \cdot f_{cd}$ = 176,71 cm² · 1,13 kN/cm²
- $\underline{F_d = 200{,}28\ kN} \triangleq$ ca. 20 Tonnen   (**mit** Sicherheitsbeiwerte γ_c, α)

In der Kraft F_d sind die Sicherheitsfaktoren für Eigenlasten (γ_G = 1,35) und Nutzlasten (γ_Q = 1,50) enthalten. Um F_d mit dem Ergebnis für F_k vergleichen zu können, muss dieser Faktor herausgerechnet werden: Handelt es sich bei der Kraft F_d um eine Eigenlast, dann gilt:
$G_k = F_d / 1,35 = 200,28$ kN / 1,35 = 148,36 kN
Handelt es sich bei der Kraft F_d um eine Nutzlast, dann gilt:
$Q_k = F_d / 1,50 = 200,28$ kN / 1,50 = 133,52 kN

Enthält der Bemessungswert für die Gesamtlast F_d sowohl Eigen- als auch Nutzlasten, liegt der charakteristische Wert F_k zwischen den beiden oben berechneten Werten G_k und Q_k. Besonders bei Stahlbetondecken ist die Eigenlast deutlich höher als die Nutzlast. Eine Stahlbetondecke weist Eigenlasten von etwa 7 kN/m² auf, während die Nutzlast auf einer Wohnungstrenndecke jedoch nur zwischen 1,50 kN/m² - 2,70 kN/m² liegt. Daher kann die Kraft F_k überschläglich mit einem **Faktor von ca. 1,40** berechnet werden: $E_k = F_d / 1,40 = 143,06$ **kN**.

Im Ergebnis werden also nur etwa 40 % (143,06 kN /353,43 kN) der aufnehmbaren Kraft F_k als Grenzbelastung bei der Dimensionierung des Baustoffes Beton berücksichtigt. Der Baustoff hat somit eine Reserve von 60 %. Auf den ersten Blick erscheint dies viel, doch Beton ist ein sehr inhomogener Baustoff. Es kommt hier entscheidend auf das Mischverhältnis von Wasser, Zement und Gesteinskörnung an. Zudem ist die richtige Zusammensetzung der Gesteinskörnung selbst von großer Bedeutung. Wird der Beton als Ortbeton auf der Baustelle verarbeitet, besteht ein hohes Risiko, dass das Mischverhältnis und die Umgebungstemperaturen während der Erhärtung nicht den präzisen Laborbedingungen entsprechen.

<u>Sicherheitsfaktoren insgesamt:</u>
Baustoffseite: $\dfrac{0,85}{1,5} = 0,567$

Lastseite: ~ $\dfrac{1}{1,4} = 0,714$

Zusammen: 0,567 · 0,714 = 0,405 ≙ ca. 40 %

Um wieviel cm darf ein 100 cm langes Betonbauteil gestaucht werden?

ε = $\Delta l / l$ (Längenänderung)
Maximale Stauchung bis zum Bruch: 3,5 $^0/_{00}$ = 3,5 / 1000 = 0,0035.

ε = $\Delta l / l$ (linear nach dem Hook'schen Gesetz)
$\Delta l = l \cdot \varepsilon$
Δl = 100 cm $\cdot$ 0,0035 = 0,35 cm maximale Stauchung bis zum Bruch.

8.1.2   Eigenschaften von Betonstahl

Zugspannung des Bewehrungsstahls:

Für den Bewehrungsstahl wird üblicherweise der B 500 A bzw. B verwendet. Die Stähle A und B unterscheiden sich in der Ermüdungsfestigkeit und damit in ihren Duktilitätseigenschaften. Beide weisen jedoch die gleichen Bemessungswerte für die Zug- bzw. Druckspannung auf.

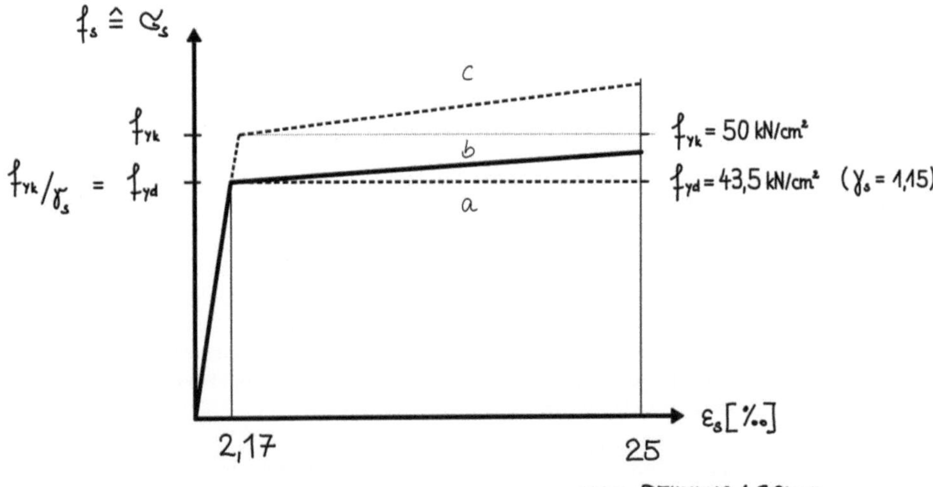

Bild 8.3: Rechnerische Spannungsdehnungslinie bei Bewehrungsstahl.

vgl. DIN EN 1992-1-1:2011-01 Abs. 3.2.6

Das dargestellte Diagramm gilt für B500 A bzw. B sowohl für Zug als auch für Druck.

f_{yk} $\hat{=}$ Streckgrenze: Charakteristische Zug- bzw. Druckfestigkeit (Bruchgrenze).
f_{yd} $\hat{=}$ Bemessungswert der Zug- bzw. Druckfestigkeit.
γ_s $\hat{=}$ Sicherheitsfaktor für den Baustoff Betonstahl γ_s = 1,15

Diagramm-Linien:

a $\triangleq$ Vereinfachter Ansatz für die Bemessung

b $\triangleq$ Verlauf für die Bemessung (z. B. μ_{Ed}-Verfahren)

c $\triangleq$ idealisierter Verlauf ohne Sicherheitsfaktor

Die Stahldehnung im Stahlbeton soll aus wirtschaftlichen Gründen voll ausgeschöpft werden. Dies tritt ein, wenn der Stahl zu fließen beginnt. Bei der Bemessung sollte daher die Dehnung ε_s zwischen 2,17 $^0/_{00}$ und 25 $^0/_{00}$ liegen.

Die Geraden steigen ab dem Nullpunkt linear. Dies entspricht dem Hook'schen Gesetz, wobei die Steigung dem E-Modul entspricht.

<u>Beispiel B 500 A bzw. B:</u> f_{yk} = 500 N/mm^2 $\triangleq$ 5,0 kN/cm^2

$$\text{fyd} = \frac{5,0\ kN/cm^2}{1,15} = 43{,}478\ \text{kN/cm}^2\ (\approx 43{,}5\ \text{kN/cm}^2)$$

Wie groß ist die maximale Zug- bzw. Druckkraft, die ein Bewehrungsstab (B500) mit einem Durchmesser von ø 8 mm aufnehmen kann?

$\sigma \triangleq f_k = F_k / A \rightarrow F_k = A \cdot f_k$

-     $A_s = \pi \cdot d^2/4 = \pi \cdot (0{,}8\ \text{cm})^2/4 = 0{,}50\ \text{cm}^2$
-     $F_k = 0{,}50\ \text{cm}^2 \cdot 50\ \text{kN/cm}^2$
-     $\underline{F_k = 25\ kN}$ $\triangleq$ ca. 2,5 Tonnen

Wie groß ist die maximale Bemessungskraft (Zug bzw. Druck), die der o. g. Bewehrungsstab gemäß DIN 1992 maximal aufnehmen darf?

-     $F_d = A \cdot f_{yd} = 0{,}50\ \text{cm}^2 \cdot 43{,}5\ \text{kN/cm}^2$
-     $\underline{F_d = 21{,}75\ kN}$ $\triangleq$ ca. 2,2 Tonnen

    $E_k = F_k = 21{,}75\ \text{kN} / 1{,}4 = 15{,}54\ \text{kN}$ (Faktor ~1,40 siehe Kapitel 8.1.1)

Das bedeutet, dass bei der Dimensionierung des Bewehrungsstahl in diesem Beispiel eine Kraft von 15,54 kN gemäß DIN 1992 zugelassen wird. Der Bewehrungsstab ist somit zu etwa 62 % (15,54 kN / 25 kN) ausgelastet.

<u>Sicherheitsfaktoren insgesamt:</u>

Baustoffseite: $\dfrac{1}{1{,}15} = 0{,}87$

Lastseite: ~ $\dfrac{1}{1{,}4} = 0{,}714$

Zusammen: $0{,}87 \cdot 0{,}714 = 0{,}62$ $\triangleq$ ca. 62 %

<u>Um wieviel cm darf ein 100 cm langer Bewehrungsstab gedehnt werden?</u>

Maximale Dehnung bis zum Bruch = 25 $^0/_{00}$ = 25 / 1000 = 0,025.

$\varepsilon = \Delta l / l \rightarrow \Delta l = l \cdot \varepsilon$

$\Delta l = 100\ \text{cm} \cdot 0{,}025 = 2{,}5\ \text{cm}$ maximale Dehnung bis zum Bruch.

8.2 Fachwerkanalogie zur Aufgabenverteilung zwischen Beton und Betonstahl

Das Fazit aus Kapitel 8.1 lautet:

Der Beton soll planmäßig alle Druckkräfte aufnehmen.
Der Stahl soll planmäßig alle Zugkräfte aufnehmen.

Im Folgenden wird die Analogie zum Fachwerkmodel erläutert, um die Aufgabenverteilung zu verdeutlichen. Besondere Anforderungen, wie z. B. Torsion werden aus didaktischen Gründen unberücksichtigt bleiben.

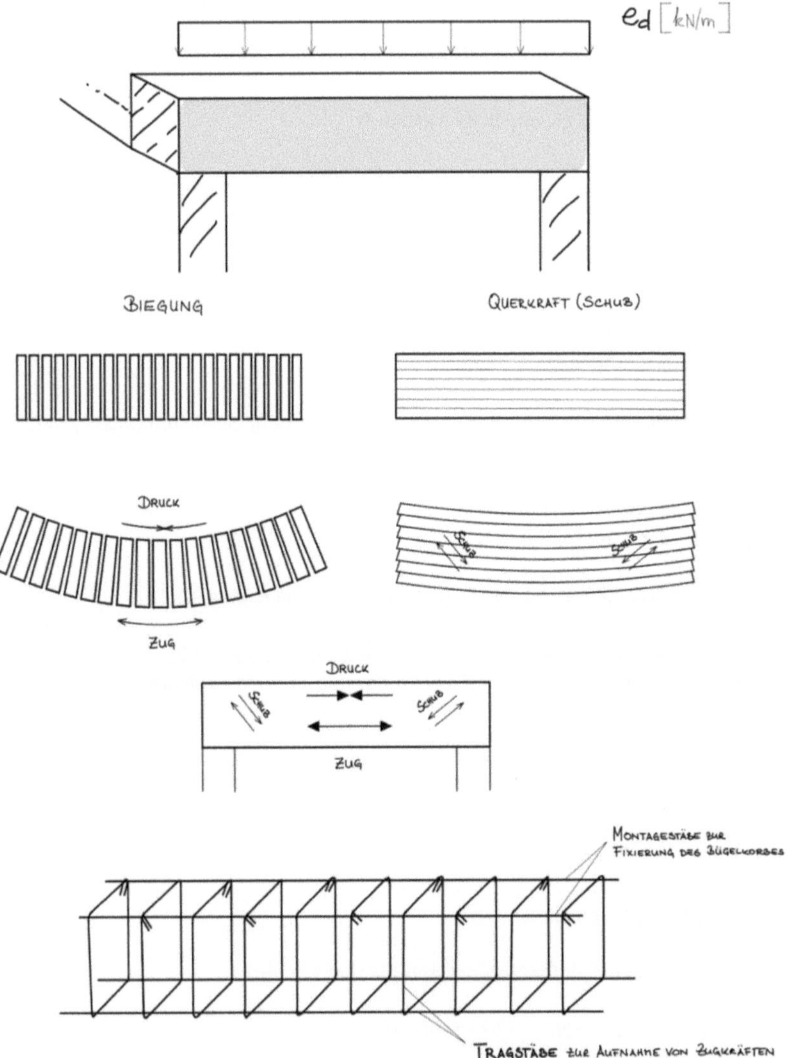

Bild 8.4: Stahlbetonbalken mit Verformungsfigur infolge Biegung und Schub sowie der daraus bemessene Bewehrungskorb.

Die statische Funktionsweise des Stahlbetons:
Wie resultiert aus den v. g. Belastungsbildern der Bewehrungskorb für den Stahlbetonbalken?

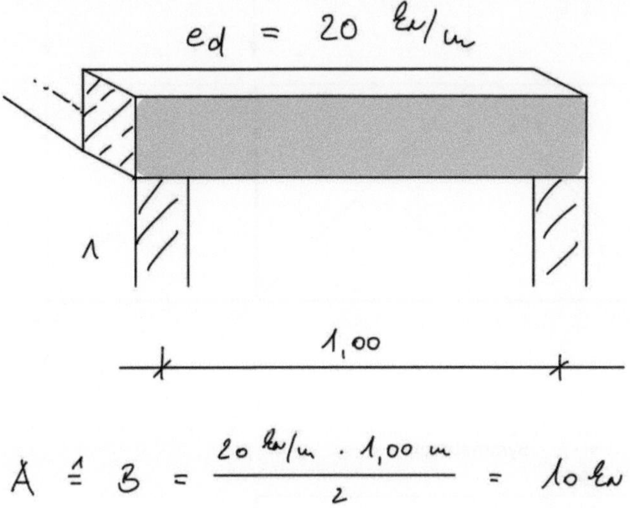

DIE KRAFTWEITERLEITUNG EROLGT NACH DEM FACHWERKSPRINZIP

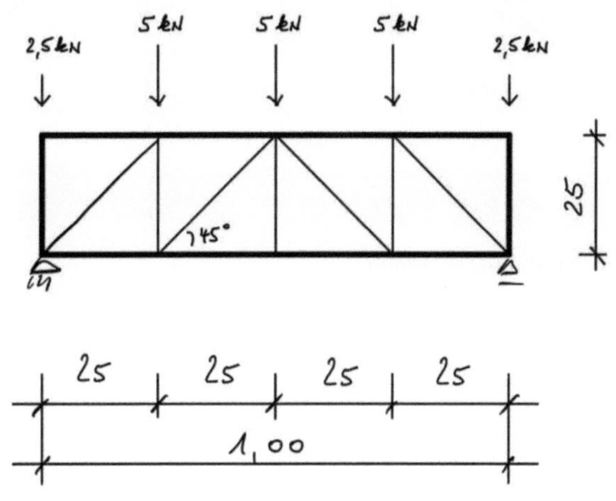

EINZELLAST : $F = 20\ \text{kN/m} \cdot 0{,}25\ \text{m} = 5\ \text{kN}$

$F/2 = 2{,}5\ \text{kN}$

Bild 8.5: Modellierung eines Stahlbetonbalkens als Fachwerksystem zur Analyse der Lastweiterleitung innerhalb des Balkens.

Bei Anwendung des Knotenpunktverfahrens lassen sich die folgenden Stabkräfte sowie die jeweilige Belastungsart (Druck-, Zug- oder Nullstab) ermitteln.

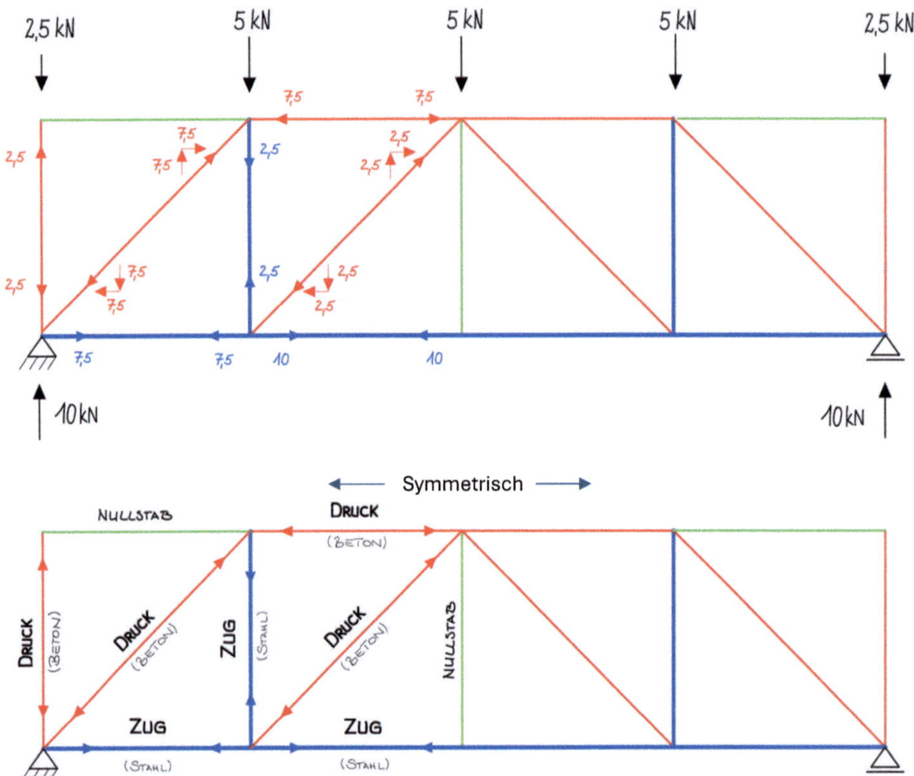

Daraus ergibt sich folgende Bewehrungsanordnung:

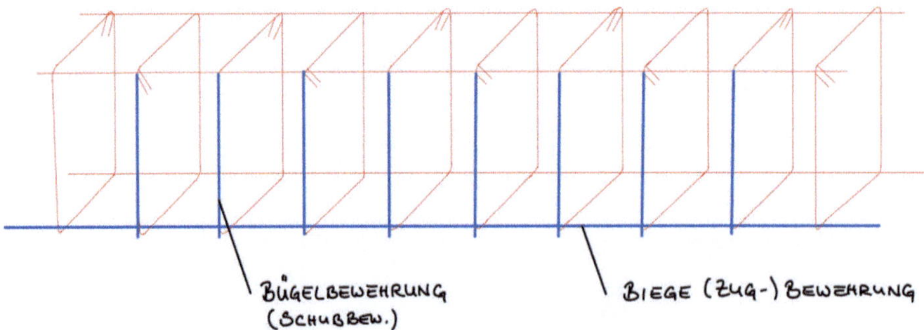

Bild 8.6: Modellierung eines Stahlbetonbalkens als Fachwerksystem zur Analyse der Lastweiterleitung innerhalb des Balkens und die hieraus abgeleitete Bewehrungsanordnung.

Der Beton nimmt die Druckkräfte auf, die im oberen Bereich des Balkens und zwischen den Bügeln auftreten. Die oberen Montagestäbe dienen planmäßig nur der Stabilisierung des Bügelkorbes.

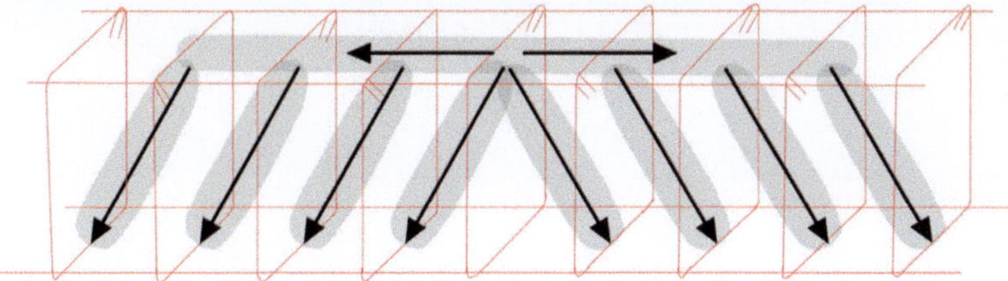

Bild 8.7: Verteilung der Druckkräfte im Beton.

Obere horizontale Kraft $\triangleq$ Druckkraft
Diagonalkräfte $\triangleq$ Beton-Druckstrebe (von der Neigung abhängig)

8.3 Prinzip der Stahlbetonbemessung

Das Prinzip der Stahlbetonbemessung beruht auf der Berechnung des optimalen Hebelarms zwischen den inneren Druck- und Zugkräften, um die Betondruckfestigkeit bestmöglich auszuschöpfen und so eine wirtschaftliche Bemessung des Stahls zu gewährleisten. Je stärker der Beton belastet werden kann, desto weniger Bewehrung ist erforderlich. Hierzu wird nachfolgend das Verhältnis von Moment, Kraft und Hebelarm näher erläutert: Im v. g. Beispiel eines 1-Feld-Systems muss die größte Kraft (10 kN) in Feldmitte aufgenommen werden. Zur Vereinfachung erhalten die Diagonalstäbe im zugrunde liegenden Fachwerkmodell des Stahlbetonbalkens eine Neigung von 45°. Die Höhe entspricht dabei dem Abstand der vertikalen Stäbe, der mit d = 25 cm angegeben ist.

$$M = \frac{20\ \text{kN/m} \cdot (1{,}0\ \text{m})^2}{8} = 2{,}5\ \text{kNm}$$

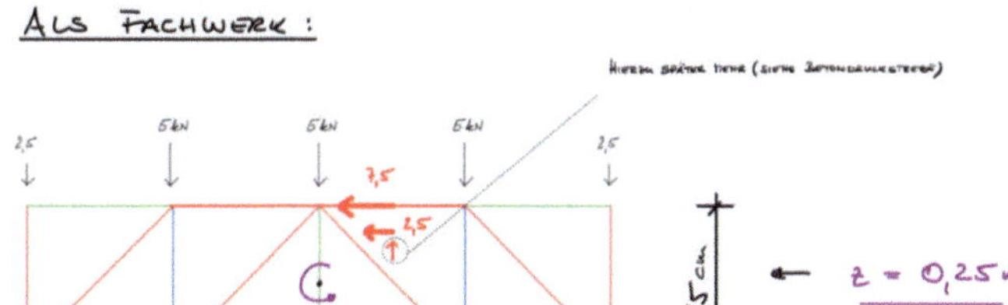

Bild 8.8: Umrechnung des einwirkenden Momentes in ein Kräftepaar.

$$F = \frac{M}{z} = \frac{2{,}5\ \text{kNm}}{0{,}25\ \text{m}} = 10\ \text{kN}$$

10 kN müssen jeweils von Beton und Stahl aufgenommen werden.

Eine Drehkraft bzw. ein Moment wird in ein Kräftepaar zerlegt, bei dem beide Kräfte den gleichen Betrag haben.

$$M = F \cdot z \quad \rightsquigarrow \quad F_{Druck} \mathrel{\hat{=}} F_{Zug} = \frac{M}{z}$$

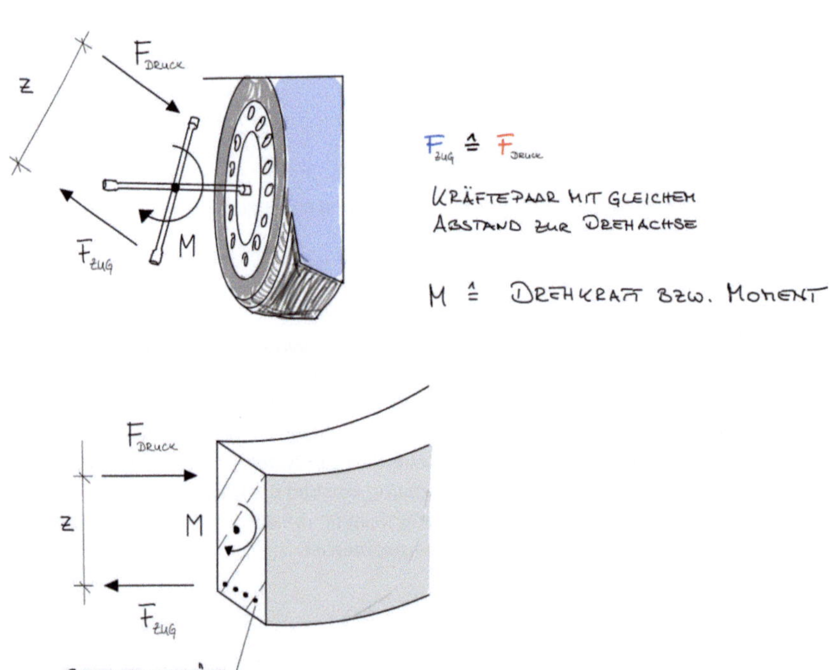

Bild 8.9: Zusammenhang zwischen Moment (Drehkraft an einem Punkt) und dem resultierenden Kräftepaar in Abhängigkeit vom Hebelarm.

Die im Beispiel beschriebene Verteilung von Zug- und Druckstäben bleibt unabhängig von der Länge des Stahlbetonbalkens (bei nach unten gerichteter Belastung) gleich. Die unteren und vertikalen Stäbe werden auf Zug, die oberen und Diagonalstäbe auf Druck belastet.

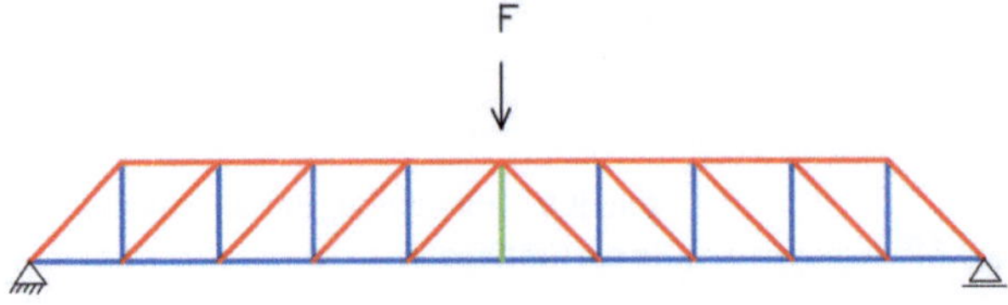

Bild 8.10: Fachwerkanalogie eines beliebigen Stahlbetonbalkens.

Bei der Stahlbetonbemessung wird das Prinzip des Kräftepaares in Abhängigkeit vom Hebelarm angewendet, um die Lastverteilung zwischen Beton und Stahl zu optimieren. Eine wirtschaftliche Optimierung bedeutet dabei, dass die Kraftreserven des Betons bestmöglich ausgeschöpft werden, wodurch der Bedarf an Bewehrungsstahl verringert wird. Die maximale Auslastung beider Baustoffe ist erreicht, wenn der Beton eine maximale Stauchung von 3,5 ‰ und der Stahl eine maximale Dehnung von 25 ‰ erreicht.

Eine Veränderung des Hebelarms z beeinflusst die vom Beton und Stahl aufzunehmende Kraft F, während das Drehmoment unverändert bleibt.

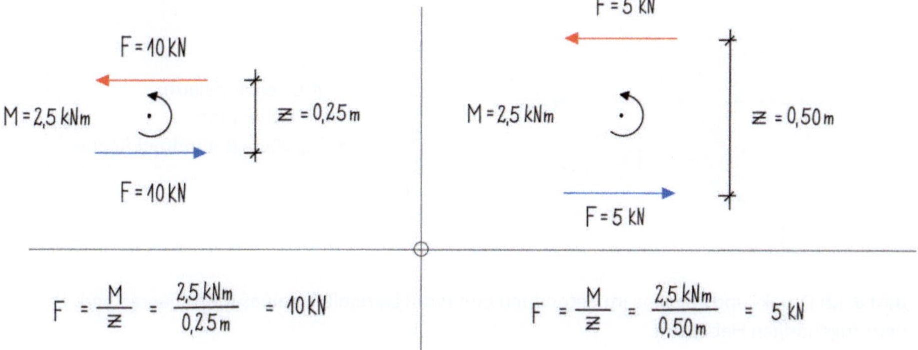

$$F = \frac{M}{z} = \frac{2,5\ \text{kNm}}{0,25\ \text{m}} = 10\ \text{kN}$$

$$F = \frac{M}{z} = \frac{2,5\ \text{kNm}}{0,50\ \text{m}} = 5\ \text{kN}$$

Im Stahlbeton gilt:

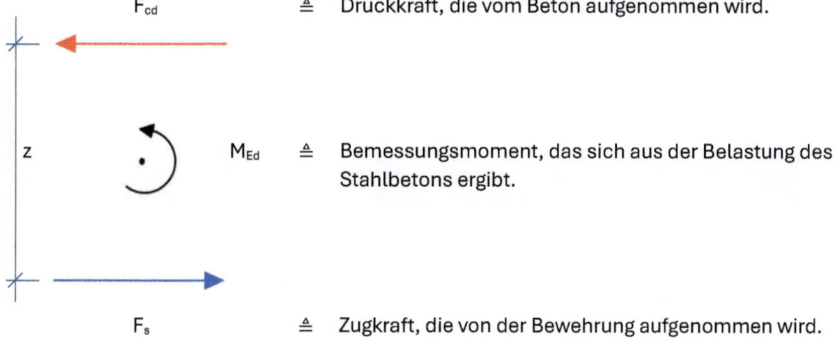

F_{cd} ≙ Druckkraft, die vom Beton aufgenommen wird.

M_{Ed} ≙ Bemessungsmoment, das sich aus der Belastung des Stahlbetons ergibt.

F_s ≙ Zugkraft, die von der Bewehrung aufgenommen wird.

Bild 8.11: Kräftepaar in Abhängigkeit vom Hebelarm.

Bei der Suche nach dem optimalen Hebelarm bleiben die Abmessungen des Stahlbetonbalkens i. d. R. unverändert. Die untere Grenze des inneren Hebelarms beginnt bei der Zugkraft F_s und entspricht der Lage der Bewehrungsstäbe, die diese Zugkräfte aufnehmen. Die Lage der Bewehrungsstäbe ist dabei von der Betondeckung c_{nom} abhängig und stellt somit einen Fixpunkt für den Hebelarm dar. Die obere Grenze des Hebelarms beschreibt die Position der Druckkraft, die in einem aktivierten Druckbereich des Betons wirkt. Die Position dieser Druckkraft hängt von der Größe der aktivierten Betondruckfläche ab. Bei einem kleineren Hebelarm vergrößert sich die aktivierte Betondruckfläche, während sich diese Fläche bei einem größeren Hebelarm verkleinert.

Die Maße des Stahlbetonbalkens sollen hierbei unverändert bleiben:

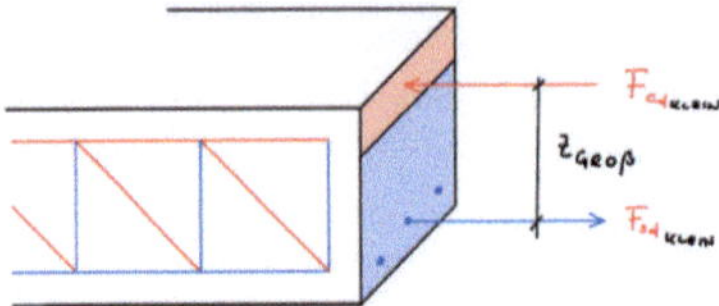

Großer Hebelarm:
- geringere Kraft
- kleinere Betondruckfläche

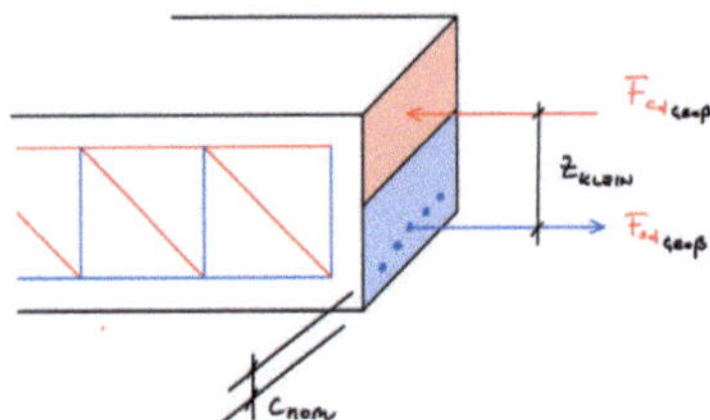

Kleiner Hebelarm:
- größere Kraft
- größere Betondruckfläche

Bild 8.12: Druck- und Zugzone im Betonquerschnitt mit Darstellung eines Kräftepaares und dem zugehörigen Hebelarm.

Vereinfachter Ansatz (Iteration über den Hebelarm):
Hierbei kann die resultierende Druckkraft vereinfacht in der Mitte der aktivierten Betondruckfläche angesetzt werden (vereinfachter, linearer Druckspannungsverlauf):

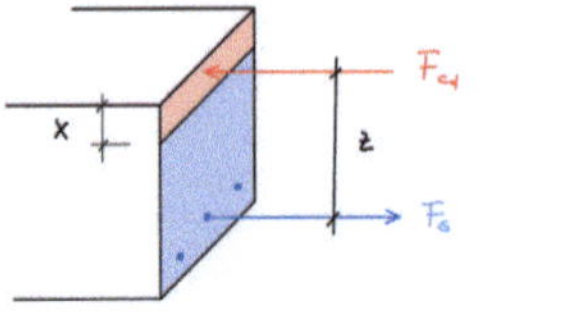
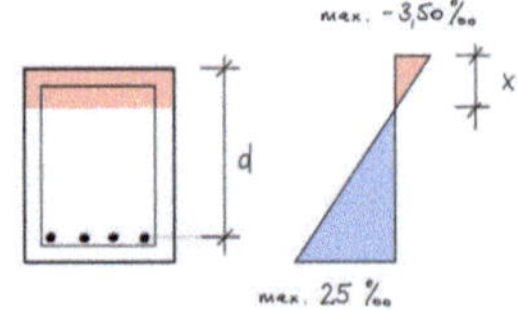
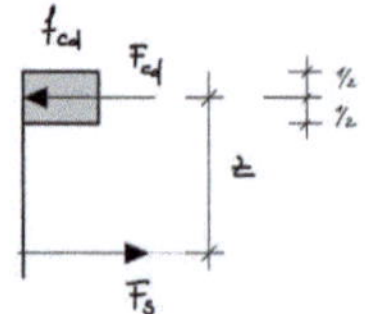

Genauerer Ansatz (Iteration über ε_c und ε_s):
Hierbei werden x und z aus der Dehnung des Stahls und der Stauchung des Betons ermittelt.

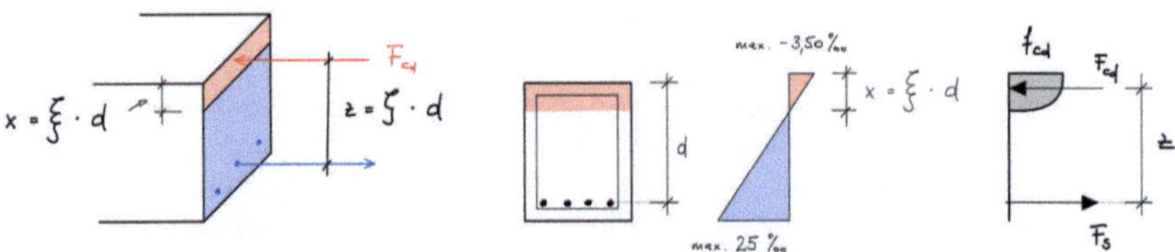

Bild 8.13: Zusammenhang zwischen der Größe der Druck- und Zugzone zum Hebelarm und der Druckspannungsverlauf im vereinfachten und genaueren

Die Druckkraft F_{cd} liegt immer im Schwerpunkt des Spannungsverlaufes, weshalb diese Kraft im „Genaueren Ansatz" etwas höher ist als im „Vereinfachten Ansatz". Dies führt zu einer kleineren Kraft F_{cd} =M/z, bei gleichbleibender Druckfläche – x bleibt dabei unverändert. Die Ergebnisse im „Vereinfachten Ansatz" liegen somit bei der Bemessung eines Balkens auf der sicheren Seite.

8.3.1 Vereinfachter Ansatz (Iteration mit Hilfe des inneren Hebelarms)

Im folgenden Beispiel wird der innere Hebelarm manuell angepasst, um die zugehörige Betondruckspannung und die daraus resultierende Bewehrung zu ermitteln:

Dabei gelten folgende Zusammenhänge:

Beispiel 1

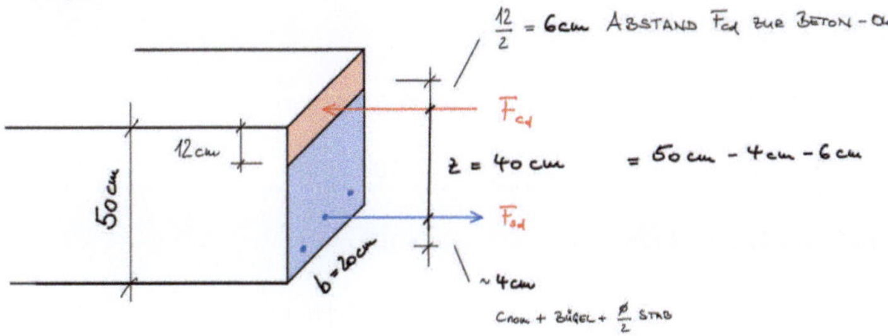

Bild 8.14: Stahlbetonquerschnitt mit Darstellung des Kräftepaares/Hebelarms sowie die daraus resultierende Druck- und Zugzone.

Gegeben:
- Höhe der Druckfläche sei x = 12 cm (**erster iterativer Schritt, also geschätzt**)!
- Stahlbetonmaße b/h = 20/50 cm
- Lage der Stabachse der Bewehrung zur Unterkante Beton 4 cm
- Moment M = 80 kNm
- C20/25 mit maximal zulässigem f_{cd} = 1,13 kN/cm²
- B500A mit f_{yd} = 43,5 kN/cm²

<u>Berechnung:</u>

Hebelarm   z = 50cm - 4 cm – 12 cm / 2 = 40 cm $\hat{=}$ 0,40 m

Kräftepaar $F_{cd} \hat{=} F_s = M/z = {80\,kNm}/{0,40m}$ = 200 kN

Aktivierte Betondruckfläche: Ac = 20 cm · 12 cm   = 240 cm²

Betondruckspannung: $f_{cd} = F_{cd}/A_c = {200\,kN}/{240\,cm^2}$ = 0,833 kN/cm² ≤ 1,13 kN/cm²

Bewehrung: $A_s = F_s/f_{yd} = {200\,kN}/{43,5\,kN/cm^2}$ = 4,60 cm²

$A_s \hat{=}$ erforderliche Querschnittsfläche der Bewehrung
f_{cd} = vereinfacht wird hier mit einer Genauigkeit von 2 Stellen nach dem Komma gerechnet

Beispiel 2

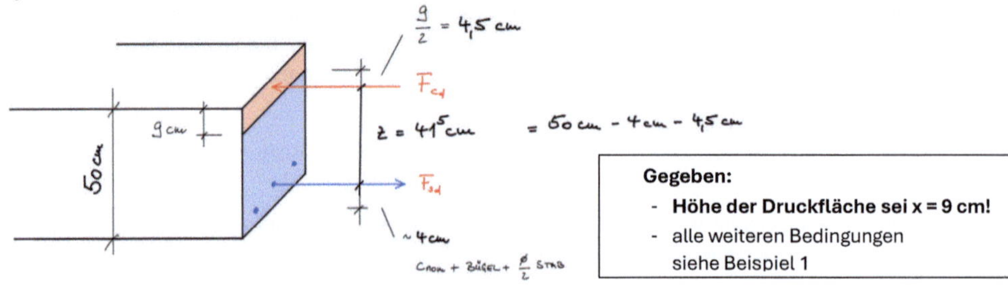

Bild 8.15: Stahlbetonquerschnitt mit Darstellung des Kräftepaares/Hebelarms sowie die daraus resultierende Druck- und Zugzone.

<u>**Berechnung:**</u>

Hebelarm

$z = 50\,\text{cm} - 4\,\text{cm} - 9\,\text{cm} / 2 = 41,5\,\text{cm} \triangleq 0,415\,\text{m}$

Kräftepaar

$F_{cd} \triangleq F_s = M/_z = {80\ kNm}/_{0,415m}$ $= 192,77\,\text{kN}$

Aktivierte Betondruckfläche: $A_c = 20\,\text{cm} \cdot 9\,\text{cm}$ $= 180\,\text{cm}^2$

Betondruckspannung: $f_{cd} = {F_{cd}}/_{A_c} = {192,77\ kN}/_{180\ cm^2}$ $= 1,07\,\text{kN/cm}^2 \le 1,13\,\text{kN/cm}^2$

Bewehrung: $A_s = {F_s}/_{f_{yd}} = {192,77\ kN}/_{43,5\ kN/cm^2}$ $= 4,43\,\text{cm}^2$

$A_s \triangleq$ erforderliche Querschnittsfläche der Bewehrung

Tab. 8.2: Zusammenfassung aus beiden Beispielen

Veränderungen	Beispiel 1	Beispiel 2	Veränderung in %
Höhe der aktivierten Druckfläche	12 cm	9 cm	
Hebelarm	40 cm	41,5 cm	+ 3,75 %
$F_s \triangleq F_{cd}$	200 kN	192,77 kN	- 3,75 %
aktivierte Druckfläche	240 cm²	180 cm²	- 25%
Betondruckspannung	0,833 kN/cm²	1,07 kN/cm²	+ 28 %
Bewehrungsquerschnitt	4,60 cm²	4,43 cm²	- 3,8 %

An diesen beiden Beispielen ist folgender Zusammenhang zu erkennen:

Durch die Vergrößerung des inneren Hebelarms wurde der Betrag des Kräftepaares $F_s \triangleq F_{cd}$ verringert. Diese Reduzierung von F_s führt zu einem geringeren Bewehrungsbedarf. Allerdings führt die Vergrößerung des Hebelarms (+3,75 %) zu einer starken Verkleinerung der aktivierten Druckfläche. Die Kraft verringert sich durch das lineare Verhältnis um - 3,75 %. Im Gegensatz dazu hat sich die aktivierte Betondruckfläche jedoch um -25 % reduziert (180 cm² / 240 cm²) – siehe hierzu Bild 8.12, 8.14 und 8.15. *Die Vergrößerung des Hebelarms führt also zu einer überproportionalen Verringerung der wirksamen Betondruckfläche und damit zu einer überproportionalen Erhöhung der Betondruckspannung durch die Beziehung von* $\sigma = F/A$. Obwohl in beiden Beispielen die zulässige Betondruckspannung von $f_{cd} = 1{,}13\ \text{kN/cm}^2$ eingehalten wird, zeigen die Beispiele, dass der innere Hebelarm nicht beliebig vergrößert und die Kraft F damit nicht beliebig verkleinert werden kann.

Eine Optimierung des Hebelarms z ist abhängig von:

- der Belastung und damit dem Moment M,
- der Druck- und Zugfläche,
- der zulässigen Betondruckfestigkeit,
- der zulässigen Zugspannung der Bewehrung (üblicherweise B500A Stahl),
- der unterseitigen Betondeckung c_{nom}

8.3.2 Genauerer Ansatz (Iteration mit Hilfe von ε_c und ε_s)

Eine wirtschaftliche Bemessung ist grundsätzlich dann erreicht, wenn die maximale Dehnung des Bewehrungsstahls ($\varepsilon_s = 25\ ‰$) und die maximale Stauchung des Betons ($\varepsilon_c = -3{,}5\ ‰$) erreicht werden. Sobald beide Bedingungen erfüllt sind, ist keine Einsparung mehr möglich. In der Praxis wird jedoch üblicherweise ein Stahlbetonquerschnitt aus konstruktiven Gründen bereits vorgegeben, für den die Bewehrung zu berechnen ist. Ein vorgegebener Stahlbetonquerschnitt in Kombination mit einem Biegemoment ermöglicht es oft nicht, beide Bedingungen gleichzeitig zu erfüllen.

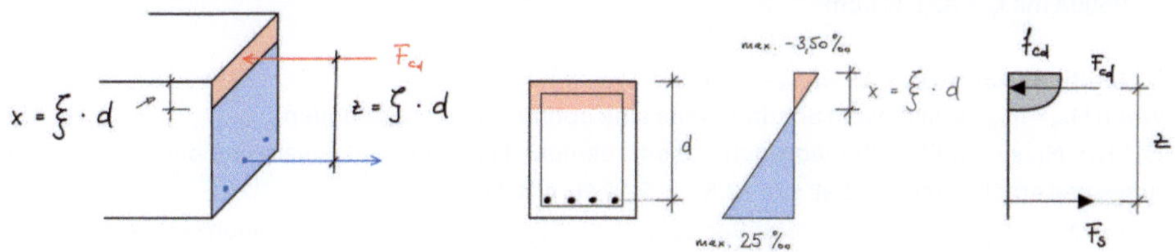

Bild 8.16: Druck- und Zugzone im Stahlbetonquerschnitt.

<u>Allgemeine Formeln:</u>

1. $\xi = \dfrac{x}{s} = \dfrac{\varepsilon_c}{\varepsilon_c - \varepsilon_s}$

2.

$0 \geq$	ε_c	$\geq -2{,}00\ ‰$	$\alpha_R = \dfrac{\lvert\varepsilon_c\rvert}{2} - \dfrac{\varepsilon_c^2}{12}$	$k_a = \dfrac{8 - \lvert\varepsilon_c\rvert}{24 - 4 \cdot \varepsilon_c^2}$
$-2{,}00‰ \geq$	ε_c	$\geq -3{,}50\ ‰$	$\alpha_R = 1 - \dfrac{2}{3 \cdot \lvert\varepsilon_c\rvert}$	$k_a = \dfrac{\lvert\varepsilon_c\rvert \cdot (3 \cdot \lvert\varepsilon_c\rvert - 4) + 2}{2 \cdot \lvert\varepsilon_c\rvert \cdot (3 \cdot \lvert\varepsilon_c\rvert - 2)}$
	ε_c	$= -3{,}50\ ‰$	$\alpha_R = 0{,}81$	$k_a = 0{,}416$

3. $z = (1 - \xi \cdot k_a) \cdot d$ \qquad (mit $\zeta = 1 - \xi \cdot k_a$)

4. zul. $F_{cd} = \alpha_R \cdot \xi \cdot f_{cd} \cdot b \cdot d$

5. $M_{Rd} = F_{cd} \cdot z$ \qquad (index R $\triangleq$ Resistent)

In 5 Schritten wird das maximal aufnehmbare Biegemoment M_{Rd} berechnet. Dabei handelt es sich um das maximale Biegemoment M_{Rd}, das vom Stahlbeton mit einem gewählten Betonquerschnitt b/d, einer gewählten Betongüte f_{cd} sowie einer definierten Dehnung des Stahls und Stauchung des Betons aufnehmen kann. Anschließend wird der berechnete Wert von M_{Rd} mit dem vorhandenen Biegemoment M_{Ed} verglichen. Entspricht der Wert von M_{Rd} bei maximaler Dehnung des Stahls und maximaler Stauchung des Betons dem Wert von M_{Ed}, wurde eine optimale Lösung gefunden und die Bewehrung damit wirtschaftlich bemessen (1. Iterationsschritt).

Hierbei gilt:

$M_{Rd} \leq M_{Ed}$ Tragfähigkeit des Stahlbetons reicht nicht aus (Stahlquerschnitt erhöhen, indem rechnerisch der Hebelarm verkleinert wird – hierdurch erhöht sich die Zugkraft F_s. Ziel ist hierbei den Betonquerschnitt aus konstruktiven Gründen nicht zu ändern.)

$M_{Rd} = M_{Ed}$ keine Verbesserung mehr möglich. Tragfähig und wirtschaftlich. Ideale Lösung.

$M_{Rd} \geq M_{Ed}$ Tragfähig - der Betonquerschnitt ist aber i. d. R. unwirtschaftlich dimensioniert.

Beispiel 3:

Aus Beispiel 1 werden folgende Werte übernommen:
- Stahlbetonmaße b/h = 20/50 cm
- Lage der Stabachse der Bewehrung zur Unterkante Beton 4 cm
- Moment M_{Ed} = 80 kNm
- C20/25 mit maximal zulässigem f_{cd} = 1,13 kN/cm²
- B500A mit f_{yd} = 43,5 kN/cm²

1. Iterationsschritt: ε_s = 25 ‰, ε_c = -3,5 ‰

Wenn $M_{Rd} = M_{Ed}$, ist in diesem Schritt bereits eine optimale Lösung gefunden.

Ist $M_{Rd} \leq M_{Ed}$ sind weitere Iterationsschritte erforderlich – Hebelarm verkleinern und damit den Bewehrungsgrad erhöhen (neues Ziel: ε_c = - 3,5 ‰, 2,17 ‰ ε_s < 25 ‰)

Sofern $M_{Rd} \geq M_{Ed}$ sollte ein kleinerer Betonquerschnitt gewählt werden: 1. Iterationsschritt mit ε_s = 25 ‰, ε_c = -3,5 ‰ erneut mit neu gewähltem Betonquerschnitt durchführen.

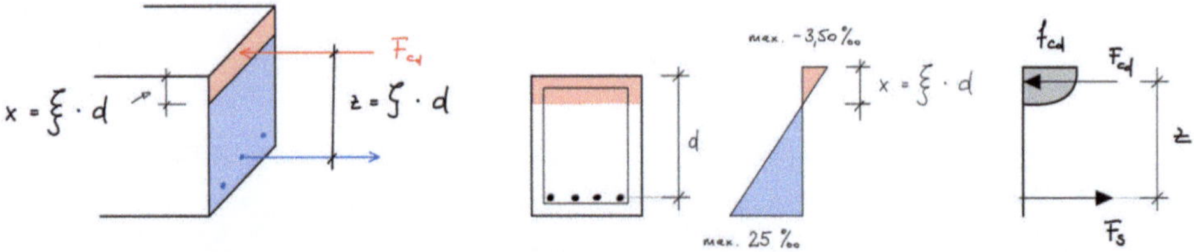

Bild 8.17: Druck- und Zugzone im Stahlbetonquerschnitt.

1. $\xi = \dfrac{x}{d} = \dfrac{-3,5}{-3,5 - (25)}$ = 0,1228 $\triangleq$ 12,28 % von d

2. ε_c = - 3,50 ‰ $\rightarrow \alpha_R$ = 0,81 ; k_a = 0,416

3. z = (1 - 0,1228 · 0,416) · 46 cm   = 43,65 cm

4. zul. F_{cd} = 0,81 · 0,1228 · 1,13 kN/cm² · 20 cm · 46 cm   = 103,41 kN

5. M_{Rd} = 103,41 kN · 43,65 cm = 4513,71 kNcm $\triangleq$ 45,14 kNm (M = F · z)

Zusammenfassung aus Beispiel 3:

$x = \zeta \cdot d = 0{,}1228 \cdot 46\,\text{cm} = 5{,}65\ \text{cm}$

Hebelarm	$z = 43{,}65\ \text{cm} \stackrel{\wedge}{=} 0{,}4365\ \text{m}$	
Kräftepaar	$F_{cd} \stackrel{\wedge}{=} F_s = M/z = 80\ kNm/0{,}4365m$	$= 183{,}28\ \text{kN} \geq!\ \text{zul. } F_{cd} = 103{,}41\ \text{kN}$
Aktivierte Betondruckfläche:	$A_c = 20\ \text{cm} \cdot 5{,}65\ \text{cm}$	$= 113\ \text{cm}^2$
Betondruckspannung:	$f_{cd} = F_{cd}/A_c = 183{,}28kN/113\ cm^2$	$= 1{,}62\ \text{kN/cm}^2 \geq!\ 1{,}13\ \text{kN/cm}^2$
Bewehrung:	$A_s = F_s/f_{yd} = 183{,}28\ kN/43{,}5\ kN/cm^2$	$= 4{,}21\ \text{cm}^2$

Bei einer statischen Höhe von d = 46 cm und den Ansätzen ε_s = 25 ‰, ε_c = -3,5 ‰ ergibt sich ein Hebelarm z von 43,65 cm. Zusammen mit dem vorhandenen Moment von 80 kNm führt dieser Hebelarm zu einer Zugkraft F_s von 183,28 kN, woraus ein Bewehrungsquerschnitt von 4,21 cm² resultiert. Dieser große Hebelarm verlagert den Schwerpunkt der Betondruckzone jedoch weit nach oben, so dass nur eine unzureichende Betondruckfläche wirksam wird. Dadurch wird die zulässige Druckspannung überschritten, was in diesem Iterationsschritt zum Versagen des Betons führt.

Lösung:
Ziel: Einhalten der zulässigen Druckspannung.
Vorgehensweise: Erhöhung der wirksamen Betondruckfläche durch Verringerung des Hebelarms.
Rechnerisch wird dies erreicht, indem eine geringere Stahldehnung (ε_s < 25 ‰) angesetzt wird. Um bei gleichbleibendem Moment (hier: M = 80kNm) die planmäßig geringere Dehnung zu erreichen, ist ein größerer Bewehrungsquerschnitt erforderlich. Dadurch steigt gleichzeitig die vom Stahl aufnehmbare Zugkraft F_S. Nach der Beziehung M = F · z → z = M/F kann sich hierdurch ein kleinerer Hebelarm z (hier: z < 43,65 cm) im Stahlbeton einstellen. Die Verringerung des Hebelarms erhöht zwar auch die Druckkraft F_{cd}, vergrößert jedoch die wirksamen Betondruckfläche überproportional, wodurch die Betondruckspannung insgesamt reduziert wird. Damit die Bewehrung dennoch wirtschaftlich ausgenutzt wird, sollte die Stahldehnung in den folgenden Iterationsschritten über ε_s = 2,17 ‰ liegen, da der Stahl ab diesem Wert zu fließen beginnt. Daher wird nachfolgend der 2. Iterationsschritt mit dem unteren Grenzwert der Dehnung des Stahls durchgeführt.

Beispiel 4:

2. Iterationsschritt: ε_s = 2,17 ‰, ε_c = -3,5 ‰

1. $\xi = \dfrac{x}{d} = \dfrac{-3{,}5}{-3{,}5 - (2{,}17)}$ $\qquad = 0{,}617 \stackrel{\wedge}{=} 61{,}7\ \%\ \text{von d}$

2. $\varepsilon_c = -3{,}50\ ‰$ $\qquad \rightarrow \alpha_R = 0{,}81\ ;\ k_a = 0{,}416$

3. $z = (1 - 0{,}617 \cdot 0{,}416) \cdot 46\ \text{cm}$ $\qquad = 34{,}19\ \text{cm}$

4. zul. $F_{cd} = 0{,}81 \cdot 0{,}617 \cdot 1{,}13\ \text{kN/cm}^2 \cdot 20 \cdot 46\ \text{cm}$ $\qquad = 519{,}80\ \text{kN}$

5. $M_{Rd} = 519{,}80\ \text{kN} \cdot 34{,}19\ \text{cm} = 17771{,}96\ \text{kNcm}$ $\qquad \stackrel{\wedge}{=} 177{,}72\ \text{kNm} > M_{Ed} = 80\ \text{kNm}$

Zusammenfassung aus Beispiel 4:

$x = \xi \cdot d = 0{,}617 \cdot 46\,cm = 28{,}382\,cm$

Hebelarm	$z = 34{,}19\,cm \,\triangleq\, 0{,}3419\,m$	
Kräftepaar	$F_{cd} \triangleq F_s = M/_z = 80\,kNm/_{0{,}3419m}$	$= 233{,}99\,kN \leq$ zul. Fcd $= 519{,}80\,kN$
Aktivierte Betondruckfläche:	$Ac = 20\,cm \cdot 23{,}382\,cm$	$= 567{,}64\,cm^2$
Betondruckspannung:	$f_{cd} = {F_{cd}}/_{A_c} = {233{,}99kN}/_{567{,}64\,cm^2}$	$= 0{,}412\,kN/cm^2 \leq 1{,}13\,kN/cm^2$
Bewehrung:	$A_s = {F_s}/_{f_{yd}} = {233{,}99kN}/_{43{,}5\,kN/cm^2}$	$= 5{,}379\,cm^2$

Wie erwartet führt die planmäßig geringere Dehnung des Stahls zu einem größerer Bewehrungsquerschnitt und zur Verringerung des inneren Hebelarms z (34,19 cm), was die aktivierte Betondruckfläche erheblich vergrößert.

Das Verhältnis des maximal aufnehmbaren Biegemoments M_{Rd} (177,72 kNm) zum vorhandenen Biegemoment M_{Ed} (80 kNm) zeigt jedoch im 2. Iterationsschritt, dass der Stahlbeton sehr unwirtschaftlich bemessen ist. Daher sollte in einem 3. Iterationsschritt die Stahldehnung erhöht und im Bereich zwischen 2,17 ‰ $\leq \varepsilon_s \leq$ 25 ‰ angesetzt werden. Dies ermöglicht einen geringeren Bewehrungsgrad, da eine stärkere Dehnung zugelassen wird. Darüber hinaus ist die Tragfähigkeit des Betons noch nicht annähernd ausgeschöpft (0,412 kN/cm² $\leq$ 1,13 kN/cm²). Die hohen Tragreserven des Betons werden durch eine erhöhte Stahldehnung reduziert, wodurch auch der Beton wirtschaftlicher bemessen wird.

→ Weitere Iterationsschritte sind erforderlich, um das maximale Biegemoment M_{Rd} näher an das vorhandene Biegemoment M_{Ed} heranzuführen, wobei die Stahldehnung im Bereich von 2,17 ‰ $\leq \varepsilon_s \leq$ 25 ‰ liegen muss.

8.3.3 Fazit

Die vier Beispiele zeigen, dass ein iteratives Vorgehen zur Ermittlung des optimalen Hebelarms für eine wirtschaftliche Bemessung des Bewehrungsquerschnittes möglich, jedoch aufwendig ist.

Zur Vereinfachung dieses Prozesses existieren Verfahren, die auf Tabellenwerten basieren und eine schnelle Optimierung ermöglichen, wie beispielsweise das **k_d-Verfahren** oder das **μ_Ed-Verfahren**. In den nachfolgenden Kapiteln wird das **μ_Ed-Verfahren** näher betrachtet und angewendet.

8.4 Das μ_{Eds} - Verfahren

Das μ_{Eds} - Verfahren löst das Problem aus den Kapiteln 8.3.1 und 8.3.2 mithilfe von Tabellenwerten und stellt somit ein einfaches und praktisches Werkzeug dar, mit dem die Bewehrung von Stahlbetonbauteilen rasch und wirtschaftlich bemessen werden kann.

Hierbei sind folgende Schritte erforderlich:

1. Schritt: $\mu_{Eds} = \dfrac{M_{Eds}}{b_{eff} \cdot d^2 \cdot f_{cd}}$ [-]

2. Schritt: Mit Hilfe von μ_{Eds} den Tabellenwert ω ablesen

3. Schritt: Bewehrung berechnen mit: $A_{s1} = \dfrac{1}{\sigma_{sd}} (\omega \cdot b \cdot d \cdot f_{cd})$

   Dabei gilt: $\sigma_{sd} \triangleq f_{yd} = 43{,}5 \text{ kN/cm}^2$

Kurzes Beispiel hierzu:

- Stahlbetonbalken: b/h = 20/50 cm,
- $c_{nom} = 2{,}0$cm;   d = 50 cm - c_{nom} – 2 cm = 46 cm   (zu „2 cm" s. Kapitel 8.5 Abs. 4.1)
- Maximales Biegemoment M_{Eds} = 80 kNm
- C20/25 mit f_{cd} = 1,13 kN/cm²
- Bewehrungsstahl B500A

1. Schritt: $\mu_{Eds} = \dfrac{80 \; kNm \cdot 100}{20cm \cdot 46^2 \cdot 1{,}13 \; kN/cm^2} = 0{,}167$ [-]

2. Schritt: $\mu_{Eds} = 0{,}167 \rightarrow$ Tabellenwerte interpoliert : $\omega = 0{,}1849$ * (siehe Anhang A3.4)

3. Schritt: $A_{s1} = \dfrac{1}{43{,}5 \; kN/cm^2} (0{,}1849 \cdot 20cm \cdot 46 \text{ cm} \cdot 1{,}13 \text{ kN/cm}^2) = 4{,}42 \text{ cm}^2$

   Es ist ein Bewehrungsquerschnitt von insgesamt 4,42 cm² erforderlich.
   Eine mögliche Bewehrungswahl: 4 $\varnothing$ 12 mit As = 4,52 cm² $\geq$ 4,42 cm²

8.4.1 μ_{Eds} - Verfahren im Vergleich zu Kapitel 8.3

Der Kern des μ_{Eds} - **Verfahrens** stellt folgende Beziehung dar

$$\rightarrow \qquad \frac{\mu_{Eds}}{\omega} = \zeta \qquad \text{wobei } z = \zeta \cdot d$$

Diese Vorgehensweise wird nachfolgend am Beispiel aus dem vorherigen Kapitel „zu Fuß" nachgerechnet, wobei der optimierte Hebelarm $\frac{\mu_{Eds}}{\omega} = \zeta$ mit $z = \zeta \cdot d$ aus dem µEds – Verfahren berücksichtigt werden soll.

Beispiel 5

Dem μ_{Eds} - Verfahren liegen die 5 Formeln aus den Beispielen 3 und 4 des vorherigen Kapitels 8.3.2 zugrunde. Dabei wird ein parabelförmiger Anstieg der Betondruckspannung zugrunde gelegt, weshalb die Druckkraft <u>nicht</u>, wie in den Beispielen 1 und 2 aus Kapitel 8.3.1, mittig im Spannungsverlauf liegt. Stattdessen wird sie etwas oberhalb der Mitte der aktivierten Betondruckfläche angesetzt. Dieser Ansatz ermöglicht eine weitere Optimierung des Bewehrungsquerschnitts.

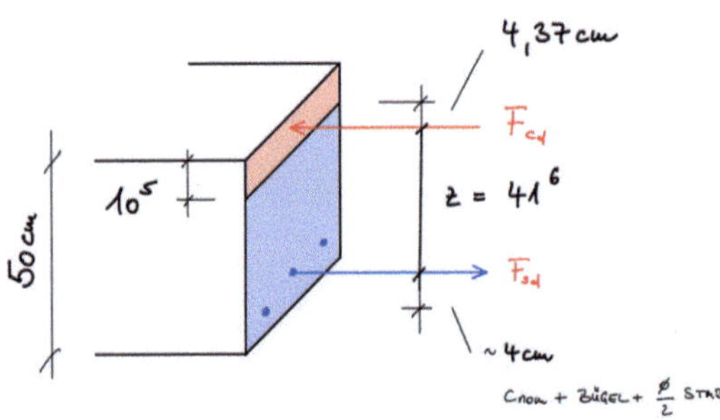

$$\mu_{Eds} = \frac{80\ kNm \cdot 100}{20cm \cdot 46^2 \cdot 1,13\ kN/cm^2} = 0,167\ [-]$$

$\mu_{Eds} = 0,167 \rightarrow$ Tabellenwert interpoliert : $\omega = 0,1849$

Bild 8.18: Stahlbetonquerschnitt mit Darstellung des Kräftepaares/Hebelarms sowie die daraus resultierende Druck- und Zugzone.

$$\zeta = \frac{\mu_{Eds}}{\omega} = \frac{0,167}{0,1849} = 0,905$$

$$z = 0,905 \cdot 46\ cm = 41,6\ cm$$

$$x = \xi \cdot d = 0,2279 \cdot 46\ cm = 10,48\ cm \qquad \text{(mit } \xi \text{ aus } \mu_{Eds}\ \text{Anhang A3.4 interpoliert)}$$

<u>Berechnung:</u>

Hebelarm	$z = 41,6$ cm	$\triangleq 0,416$ m
Kräftepaar	$F_{cd} \triangleq F_s = M/z = 80\ kNm/0,416m$	$= 192,31$ kN
Aktivierte Betondruckfläche:	$A_c = 20$ cm $\cdot$ 10,48 cm	$= 209,7$ cm²
Betondruckspannung:	$f_{cd} = F_{cd}/A_c = 192,31\ kN/209,7\ cm^2$	$= 0,917$ kN/cm² $\leq$ 1,13 kN/cm²
Bewehrung:	$A_s = F_s/f_{yd} = 192,31\ kN/43,5\ kN/cm^2$	$= 4,42$ cm²

8.4.2 Herleitung der Formeln für μ_{Eds} und zur Berechnung der Längsbewehrung

$M_{Rd} \qquad = F_{cd} \cdot z$

• $F_{cd} \qquad = \alpha_R \cdot \xi \cdot f_{cd} \cdot b \cdot d \quad$ (siehe Kapitel 8.3.2)

• $z \qquad = \zeta \cdot d$

$M_{Rd} \qquad = F_{cd} \cdot z$

$M_{Rd} \qquad = \alpha_R \cdot \xi \cdot f_{cd} \cdot b \cdot d \cdot z \qquad\qquad$ | für $z = \zeta \cdot d$ einsetzen

$\qquad\qquad = \alpha_R \cdot \xi \cdot f_{cd} \cdot b \cdot d \cdot \zeta \cdot d \qquad\qquad$ | den Term $\alpha_R \cdot \xi$ nach hinten setzen, aus $d \cdot d = d^2$

$\qquad\qquad = f_{cd} \cdot b \cdot d^2 \cdot \zeta \cdot \alpha_R \cdot \xi \qquad\qquad$ | $: f_{cd} \cdot b \cdot d^2$

Hieraus folgt: $\quad \dfrac{M_{Rd}}{f_{cd} \cdot b \cdot d^2} \; = \; \zeta \cdot \underbrace{\alpha_R \cdot \xi}_{\omega} \; = \; \zeta \cdot \omega \; = \; \mu_{Eds}$

$\underline{\mu_{Eds} - \text{Formel:}}$

$$\mu_{Eds} = \frac{M_{Rd}}{f_{cd} \cdot b \cdot d^2}$$

$\underline{\text{Herleitung der Formel für die Längsbewehrung } A_{s1}:}$

$$A_{s1} = \frac{F_s}{f_{yd}}$$

mit $F_s \triangleq F_{cd} = \alpha_R \cdot \xi \cdot f_{cd} \cdot b \cdot d \quad$ (Kräftepaar $F_s \triangleq F_{cd}$)

$$A_{s1} = \frac{\alpha_R \cdot \xi \cdot f_{cd} \cdot b \cdot d}{f_{yd}} \qquad\qquad \text{mit } \omega = \alpha_R \cdot \xi$$

$\underline{\text{Bewehrungsquerschnitt } A_{s1}:}$

$$A_{s1} = \frac{\omega \cdot f_{cd} \cdot b \cdot d}{f_{yd}}$$

8.4.3   Herleitung der Formel zur Berechnung von Bügelbewehrung

Die Bügelbewehrung (vertikale Stäbe im Fachwerk) ist dafür vorgesehen, die vertikalen Zugkräfte auf-zunehmen. Die maximale Vertikalkraft (V_{Ed}) tritt am Auflager auf. Risse entstehen zwar typischerweise am Rande des Auflagers, weshalb auch die Vertikalkraft etwas versetzt vom Auflager berechnet und angesetzt werden darf (siehe Kapitel 8.4.4). In den nachfolgenden Beispielen wird jedoch vereinfacht, aber auf der sicheren Seite liegend, mit der Auflagerkraft selbst gerechnet.

$$f_{yd} = \frac{V_{Ed}}{A_{sw}} \quad \rightarrow \quad A_{sw} = \frac{V_{Ed}}{f_{yd}} \qquad A_{sw} = \text{Bügelbewehrung in cm}^2$$

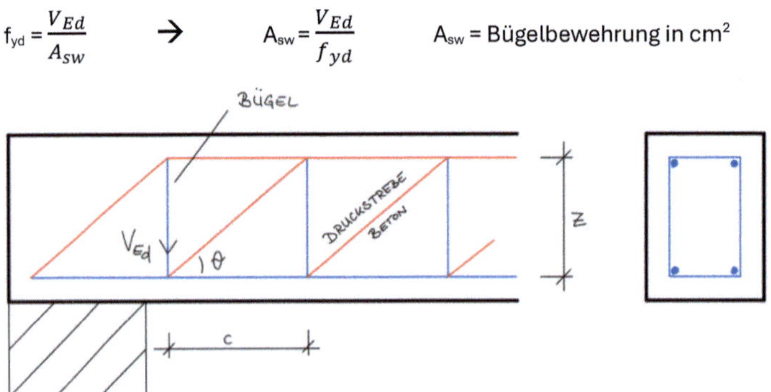

Bild 8.19: Fachwerkanalogie im Stahlbetonquerschnitt im Auflagerbereich.

Praktischerweise wird die Bügelbewehrung pro Meter angegeben [cm^2 / m]:

$$a_{\text{Bügel}} = a_{sw} = \frac{A_{sw}}{c} = \frac{V_{Ed}}{f_{yd} \cdot c}$$

$$\text{mit } \tan\theta \quad = \frac{z}{c}$$

$$c \quad = \frac{z}{\tan\theta} \triangleq c = z \cdot \cot\theta$$

$$\boxed{a_{sw} = \frac{V_{Ed}}{f_{yd} \cdot z \cdot \cot\theta}}$$

8.4.4   Hinweise zur Berechnung der nachfolgenden Aufgaben

Folgende Reduktionsmöglichkeiten von Schnittkräften werden aus didaktischen Gründen nicht an-gesetzt, wobei es sich hierbei um keine verpflichtenden Ansätze handelt. Ohne diese Ansätze liegen die Ergebnisse stets auf der sicheren Seite:

- $\Delta M_{Ed} = F_{Ed,sup} \cdot t / 8$ (Reduktion des Stützmomentes gemäß DIN EN 1992-1-1:2011-01 Abs. 5.3.2.2 (4))
- Momentenumlagerung   (Reduktion des Stützmomentes gemäß DIN EN 1992-1-1:2011-01 Abs. 5.5 Abs. 4)
- Querkraftreduzierung

  bei direkter Auflagerung   (Q darf bei gleichmäßig verteilter Belastung (Streckenlast) im Abstand d vom Auflager nachgewiesen werden gemäß DIN EN 1992-1-1:2011-01 Abs. 6.2.1 (8) + NA/2103-04 NCI zu 6.2.1 (8). Bei indirekter Auflagerung ist die Querkraft i. d. R. in der Auflagerachse zu bestimmen. Ausnahmen siehe DAfStb-Heft 600).

Formelverweise zur Norm sind stellvertretend im Kapitel 8.5 für Balken und im Kapitel 8.7 für Platten angegeben.

8.5 Bemessung eines Stahlbetonbalkens als 1-Feld-System

Stahlbetonbemessung entsprechend DIN EN 1992-1-1:2011-01 + NA:2011-01

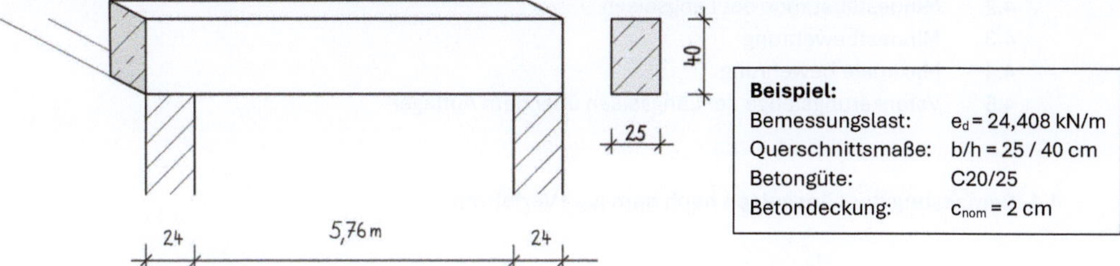

Bild 8.20: Stahlbetonbalken als 1-Feld-System.

1. Bemessungslast

e_d = 24,408 kN/m

2. Statisches System

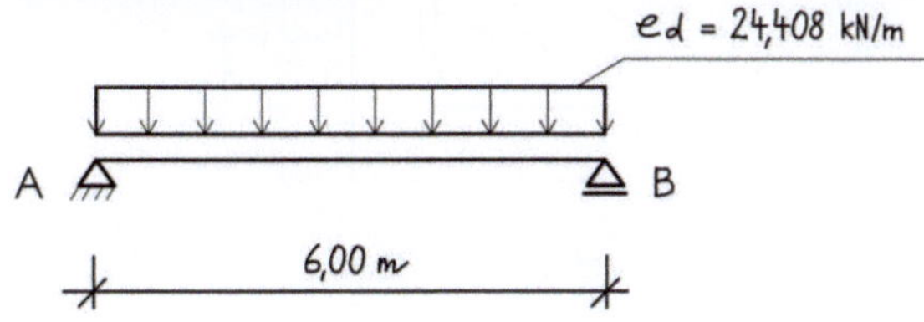

Bild 8.21: Statisches System des Stahlbetonbalkens.

l_{eff} = 5,76 m + 2 · (0,24 m /2) = 6,00 m

3. Auflager- und Schnittkräfte

Auflagekräfte A und B

$$A \triangleq B = \frac{24,408\ kN/m\ \cdot\ 6,00m}{2} = 73,224\ kN \qquad \frac{ed \cdot l}{2}$$

$Q_A \triangleq Q_B \triangleq A \triangleq B$

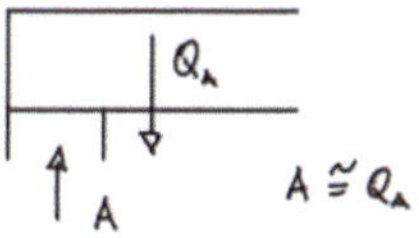

zur Querkraft siehe Kapitel 8.4.4

Bild 8.22: Querkraft am Auflager.

Biegemoment

$$M_d = \frac{24,408\ kN/m\ \cdot\ (6,00m)^2}{8} = 109,836\ kNm \triangleq 10983,6\ kNcm \qquad \frac{ed \cdot l^2}{8}$$

4. Bemessung der Längseisen

4.1   Bemessung der Längseisen mit dem μ_{Ed}-Verfahren
4.2   Mindestabstände der Längseisen
4.3   Mindestbewehrung
4.4   Maximale Bewehrung
4.5   Verankerungslänge der Längseisen über dem Auflager

4.1 Bemessung der Längseisen nach dem μ_{Ed} - Verfahren

$$\mu_{Ed} \quad = \quad \frac{M_d}{b \cdot d^2 \cdot fcd}$$

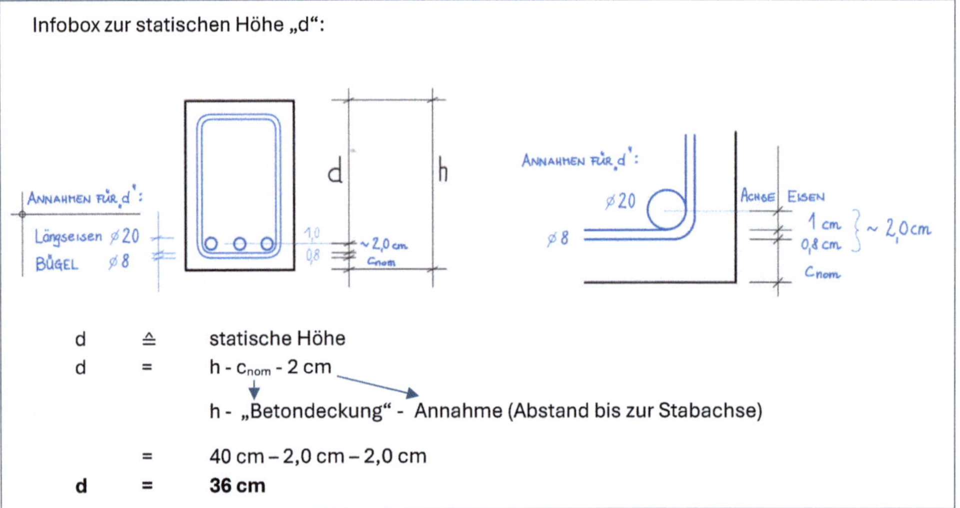

Infobox zur statischen Höhe „d":

d   ≙   statische Höhe
d   =   h - c_{nom} - 2 cm

        h - „Betondeckung" - Annahme (Abstand bis zur Stabachse)

        =   40 cm – 2,0 cm – 2,0 cm
d   =   36 cm

Bild 8.23: Bestimmung der statischen Höhe „d".

$$\mu_{Ed} \quad = \quad \frac{10983{,}6 \; kNcm}{25 \; cm \cdot (36 \; cm)^2 \cdot 1{,}13 \; kN/cm^2}$$

M_d siehe Abs. 3.1
C20/25 →
f_{cd} = 1,13 kN/cm²
A3.2

        =   0,30 [-]

→ ω = 0,3706   **A 3.4**

A_{s1} = $\dfrac{1}{\sigma_{sd}} (\omega \cdot b \cdot d \cdot f_{cd})$ **A 3.4**

      = $\dfrac{1}{43{,}5 \; kN/cm^2} \cdot 0{,}3706 \cdot 25 \; cm \cdot 36 \; cm \cdot 1{,}13 \; kN/cm^2$

      =   8,66 cm²

→ **gew. 6 ⌀ 14 mm** mit vorh. A_s = 9,24 cm² ≥ erf A_s = 8,66 cm²   **A 3.8**

4.2 Abstände der Längseisen:

Nach Anhang A3.12 sind max. zulässig 6 ø 14 ≥ vorh. 6 ø 14.

Der Stababstand muss mindestens so groß sein, dass der Beton ordnungsgemäß eingebracht und verdichtet werden kann, um einen ausreichenden Verbund sicherzustellen.

Gemäß DIN EN 1992-1-1:2011-01 8.2 (2) + NA:2013-04 NDP zu 8.2 (2) gilt:

max [Stabdurchmesser; (ø + 5 mm) bei > ø16; 20 mm].

4.3 Mindestbewehrung

Zur Sicherstellung einer ausreichenden Duktilität ist eine Mindestbewehrung erforderlich. Diese ermöglicht eine plastische Verformung.

Vgl. DIN EN 1992-1-1/NA:2013-04 NDP Zu 9.2.1.1 (1)

$$\min A_s = \frac{M_{cr}}{f_{y,k} \cdot z} = \frac{f_{ctm} \cdot W}{f_{y,k} \cdot 0{,}9 \cdot d}$$

$$\text{Rissmoment } M_{cr} = f_{ctm} \cdot W \qquad\qquad W: \text{ s. Kap. 4.2}$$

$$= 0{,}22 \text{ kN/cm}^2 \cdot \frac{b \cdot h^2}{6} \qquad\qquad f_{ctm}: \textbf{A 3.2}$$

$$= 0{,}22 \text{ kN/cm}^2 \cdot \frac{25 \, cm \cdot (40 \, cm)^2}{6}$$

$$= 1466{,}67 \text{ kNcm}$$

$$f_{y,k} = 50 \text{ kN/cm}^2 \quad (\text{B500A} \rightarrow 500 \text{ N/mm}^2) \qquad \textbf{A 3.2}$$

$$z = 0{,}9 \cdot d \quad (\text{gemäß o. g. DIN})$$

$$\min. A_s = \frac{1466{,}67 \, kNcm}{50 \, kN/cm^2 \cdot 0{,}9 \cdot 36 \, cm} = 0{,}91 \text{ cm}^2 \leq \text{vor. } A_s = 9{,}24 \text{ cm}^2$$

Mindestbewehrung ist mit der gewählten Bewehrung aus Abschnitt 4.1 eingehalten!

4.4 Maximale Biegebewehrung

DIN EN 1992-1-1/NA:2013-04 NDP Zu 9.2.1.1 (3):

$$\textit{max. } A_s = 0{,}08 \cdot A_c \qquad (A_c \triangleq \text{Betonquerschnittsfläche})$$

$$= 0{,}08 \cdot 25 \text{ cm} \cdot 40 \text{ cm}$$

$$= 80 \text{ cm}^2 \geq \text{vor. } A_s = 9{,}24 \text{ cm}^2 \quad \text{Nachweis erfüllt!}$$

4.5 Verankerungslänge über dem Auflager (Endauflager)

vgl. DIN EN 1992-1-1/NA:2013-04 Abs. 8.4

$$l_{bd,dir} = 2/3 \cdot l_{bd} \geq 6{,}7 \cdot ø$$

siehe **A3.5**
für weitere Erläuterungen

$$\rightarrow l_{bd} = \alpha_1 \cdot l_{b,rqd} \cdot \frac{A_{Serf.}}{A_{Svorh.}} \geq l_{b,min}$$

$$\alpha_1 = 1{,}0 \quad (\text{grades Stabende})$$

$$l_{b,rqd} = 66 \text{ cm} \ (ø14, C20/25)$$

$$A_{S,erf} = \frac{V_{Ed} \cdot 0{,}60}{43{,}5\ kN/cm^2} \qquad\qquad \text{mit } V_{Ed} \triangleq Q_A$$

$$= \frac{73{,}224\ kN \cdot 0{,}60}{43{,}5\ kN/cm^2} = 1{,}01\ cm^2$$

$$A_{S,vorh.} = 9{,}24\ cm^2 \qquad\qquad \text{(s. Abs. 4.1)}$$

1) l_{bd} $\quad = 1{,}0 \cdot 66\ cm \cdot \dfrac{1{,}01\ cm^2}{9{,}24\ cm^2}$

$\qquad\quad = \underline{7{,}21cm}$

2) l_{bmin1} $\quad = 0{,}3 \cdot \alpha_1 \cdot l_{b,rqd}$

$\qquad\quad = 0{,}3 \cdot 1{,}0 \cdot 66\ cm$

$\qquad\quad = \mathbf{\underline{19{,}8\ cm}}$

3) l_{bmin2} $\quad = 10 \cdot \varnothing$

$\qquad\quad = 10 \cdot 1{,}4\ cm$

$\qquad\quad = \underline{14\ cm}$

Größter der 3 Werte ist

Verankerungslänge über dem direkten Auflager

a) $l_{bd,dir}$ $\quad = 2/3 \cdot l_{bd}$ $\qquad = 2/3 \cdot \mathbf{19{,}8\ cm}$ $\qquad = \mathbf{\underline{13{,}2\ cm}}$

b) $l_{bd,dir}$ $\quad = 6{,}7 \cdot \varnothing$ $\qquad = 6{,}7 \cdot 1{,}4\ cm$ $\qquad = 9{,}38\ cm$

Der größere Wert von a) und b) ist maßgebend!

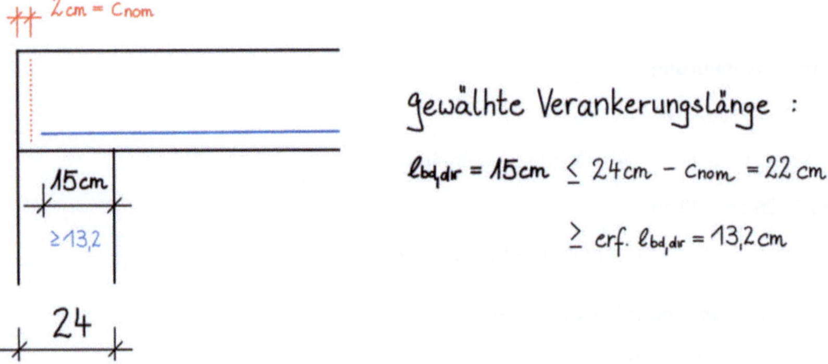

Bild 8.24: Verankerungslänge über dem Auflager.

5. Schubbemessung / Querkraftbemessung (Bügelbemessung)

5.1 Nachweis der Druckstrebe: Kann der Beton die diagonal auftretenden Druckkräfte aufnehmen und weiterleiten (siehe Fachwerkanalogie).
5.2 Bügelbewehrung
5.3 Mindestbügelbewehrung
5.4 Maximale Bügelabstände

5.1 Nachweis der Druckstrebe

vgl. DIN EN 1992-1-1:2011-01 Abs.6.2.3 (3) (Gl. 6.9)

$V_{Rd,max}$ $\triangleq$ maximal aufnehmbare Druckkraft des Betons zwischen den Bügeln.

$$V_{Rd,max} = \frac{b_w \cdot z \cdot 0,75 \cdot f_{cd}}{\cot\theta + \tan\theta}$$

$$V_{Rd,max} = \frac{25\ cm \cdot 0,9 \cdot 36\ cm \cdot 0,75 \cdot 1,13\ kN/cm^2}{1,20 + \frac{1}{1,20}}$$

$= 337,61$ kN $\geq$ vorh. $Q_A = 73,224$ kN   Nachweis erfüllt! Q_A siehe Abs. 3)

Vereinfachend darf bei Biegung (und Längsdruckkraft) für $\cot\theta = 1,20$ angesetzt werden hiermit $\theta = 39,806°$.

DIN EN 1992-1-1:NA:2013-04 NDP zu 6.2.3 (2)

5.2 Bügelbewehrung

vgl. DIN EN 1992-1-1:2011-01 Abs.6.2.3 (3) (Gl. 6.8)

$$a_{sw}[cm^2/m] = \frac{V_{Ed}}{f_{yd} \cdot z \cdot \cot\theta}$$ $V_{Ed} \triangleq Q_A$

$$= \frac{73,224\ kN}{43,5\ kN/cm^2 \cdot 0,9 \cdot 36\ cm \cdot 1,20}$$

$$= 0,0433\ cm^2/cm$$

$$\triangleq 4,33\ cm^2/m$$

$\rightarrow$ gew. ø6 / 12,5 cm mit vorh. $a_{sw} = 4,52$ cm²/m $\geq$ erf. $a_{sw} = 4,33$ cm²/m   **A 3.9**

5.3 Mindestbügelbewehrung

vgl. DIN EN 1992-1-1/NA:2013-04 NDP Zu 9.2.2 (5):

min. a_{sw} $\geq p_{w,min} \cdot b_w \cdot \sin\alpha$ (senkrecht stehende Bügel: $\sin 90° = 1,0$)   **A 3.6**

$\geq 0,071 \cdot 25\ cm$

$= 1,775$ cm²/m $\leq$ vorh. $a_{sw} = 4,52$ cm²/m   Nachweis erfüllt!

5.4 Maximalen Bügelabstände

vgl. DIN EN 1992-1-1/NA:2013-04 NDP Zu 9.2.2 (6) Tabelle NA.9.1:

$$\frac{V_{Ed}}{V_{Rd,max}} \triangleq \frac{Q_A}{V_{Rd,max}} = \frac{73{,}224 \; kN}{337{,}611 \; kN} = 0{,}22 \; [-]$$

$$\frac{V_{Ed}}{V_{RD,max}} = 0{,}22 \leq 0{,}30$$

A 3.7

$V_{Rd,max}$ s.S.150

$s_{max} = 0{,}70 \cdot h = 0{,}70 \cdot 40 \; cm = 28 \; cm$ und $s_{max} \leq 30 \; cm$

Maximaler Bügelabstand 28 cm $\geq$ gewählter Bügelabstand 12,5 cm siehe Abschnitt 5.2.

8.5.1 „Zu Fuß"-Nachweis mit Hilfe des inneren Hebelarms

Das μ_{Ed}-Verfahren ermittelt einen optimalen Hebelarm, sodass die Betondruckfestigkeit bestmöglich ausgeschöpft und damit ein wirtschaftlicher Bewehrungsgrad berechnet wird. Mit diesem Hebelarm wird der erforderliche Bewehrungsquerschnitt ermittelt, ohne dass zusätzlich ein Biegespannungsnachweis für den Bewehrungsstahl oder den Beton geführt werden muss. Das μ_{Ed}-Verfahrens stellt sicher, dass mit Ermittlung des Bewehrungsquerschnitts diese Nachweise sowohl für den Bewehrungsstahl als auch für den Beton eingehalten werden. Diese Vorgehensweise bei der Stahlbetonbemessung unterscheidet sich wesentlich von der Bemessung von Baustoffen wie Holz oder Stahl (s. Kapitel 5 bzw. 6), bei der ein festes Widerstandsmoment und damit ein konstanter innerer Hebelarm in Bezug auf das verwendete Profil zugrunde gelegt wird, mit dem der Biegespannungsnachweis geführt wird. Nachfolgend wird dennoch „zu Fuß" überprüft, ob mit der Wahl der Bewehrung nach Abs. 4.1 dieses Kapitels die maximale Zugspannung der Bewehrung sowie die maximale Druckspannung des Betons eingehalten sind:

Für: Biegemoment M_{Ed} = 109,836 kNm, μ_{Ed} = 0,30 $\rightarrow$ ω = 0,3706 $\rightarrow$ $\zeta = \frac{\mu_{Ed}}{\omega}$ = 0,81

$\rightarrow$ **Innerer Hebelarm z** = $\zeta \cdot$ d = 0,81 $\cdot$ 36 cm = 29,16 cm, ξ = 0,458 (siehe unten)

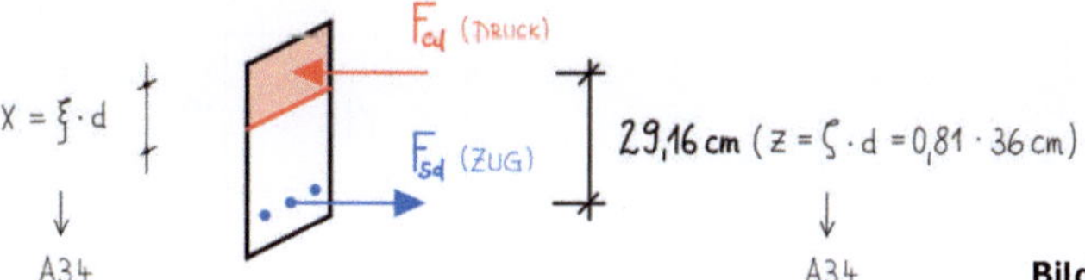

$F_{cd} \triangleq F_{sd} = \frac{M}{z} = \frac{M}{\zeta \cdot d} = \frac{109,836\ kNm}{0,2916\ m}$ = 376,67 kN (Kräftepaar)

Bild 8.25: Kräftepaar im maßgebenden Stahlbetonquerschnitt mit Darstellung des Hebelarms für den Druck- und Zugspannungsnachweis.

Druckspannungsnachweis für den Beton (C20/25)	Zugspannungsnachweis für den Stahl B500A
Wirksame Druckfläche: A $= b \cdot x = b \cdot (\xi \cdot d) = 25$ cm $\cdot 0,458 \cdot 36$ cm $= 412,2$ cm^2 $f_{cd} = \frac{376,67\ kN}{412,2\ cm^2} = 0,91$ kN/cm$^2 \leq 1,13$ kN/cm^2	Erforderliche Stahlquerschnittsfläche: $\sigma_{sd} = \frac{F}{A} \rightarrow A = \frac{F}{\sigma}$ erf. $A_s = \frac{376,67\ kN}{43,5\ kN/cm^2} = 8,66$ cm$^2 \leq$ vorh. $A_s = 9,24$ cm^2

$\zeta = 1 - \xi \cdot k_a$ (Kapitel 8.3.2)

$\xi = (1 - \zeta) / k_a$ mit $\zeta = \frac{\mu_{Ed}}{\omega}$ (mit k_a = 0,416 siehe Kapitel 8.3.2)

$\xi = (1 - \frac{\mu_{Ed}}{\omega}) / k_a = (1 - \frac{0,30}{0,3706}) / 0,416 = 0,458$ (siehe auch Anhang A3.4)

Die Höhe x der Druckfläche sollte bei üblichen Durchlaufträgern (z. B. 2-Feld-System) mit Feldlängenverhältnissen zw. 0,5 und 2 nach DIN EN 1992-1-1/NA:2013-04 NCI Zu 5.4 (NA.5) begrenzt werden auf x/d = 0,45, sofern keine geeigneten konstruktiven Maßnahmen getroffen oder andere Nachweise zur Sicherstellung ausreichender Duktilität geführt werden. Letzter Nachweis wurde unter Abs. 4.3 dieses Kapitels geführt, weshalb 0,458 > 0,45 vertretbar ist.

6 Bewehrungsskizze:

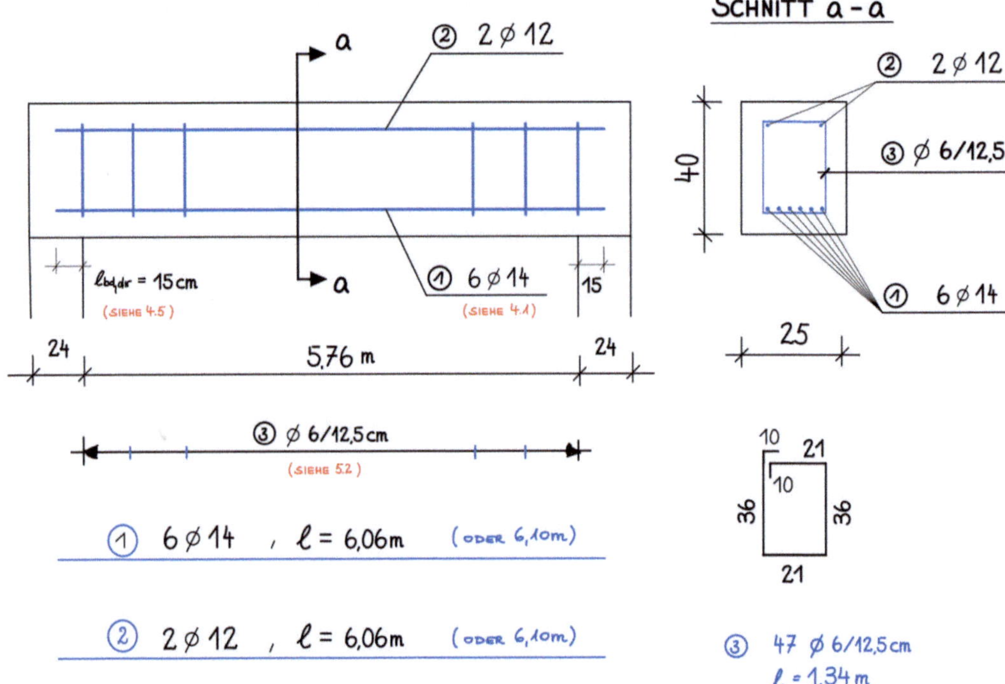

Position	Stück	∅ [mm]	Einzel-Länge [m]	Bemaßte Biegeform (unmaßstäblich)	Gesamt-Länge [m]	Masse [kg]
①	6	14	6,06	6,06	36,36	44,0
②	2	12	6,06	6,06	12,12	10,8
③	47	6	1,34	10 / 21 / 10 / 36 / 36 / 21	64,39	14,2

Bild 8.26: Bewehrungsskizze mit Stahlliste für den Beispielbalken.

Σ = 69 kg

8.6 Bemessung eines Stahlbetonbalkens als 2-Feld-System

Stahlbetonbemessung gemäß DIN EN 1992-1-1:2011-01 + NA:2011-01

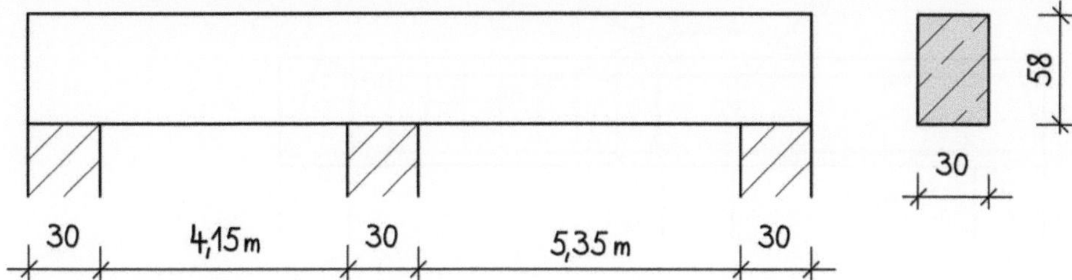

Bild 8.27: Stahlbetonbalken als 2-Feld-System.

Betongüte C25/30
Stahlgüte B500A
Expositionsklasse XC1$\rightarrow$ c_{nom} = 2,0 cm

Lasten:
q_k = 20 kN/m   (Nutzlasten über dem Balken)
g_k = 30 kN/m   (Eigenlasten über dem Balken)
Wichte des Stahlbeton γ = 25 kN/m³ (charakteristisch)

1. Bemessungslasten

g_{d1} = 1,35 · 30 kN/m   = 40,5 kN/m
g_{d2} = 1,35 · 25 kN/m³ · b · h
      = 1,35 · 25 kN/m³ · 0,30 m · 0,58m   = 5,873 kN/m (Eigenlast des Stahlbetonbalkens)

Σg_d = g_{d1} + g_{d2} = 46,373 kN/m

q_d = 1,50 · 20 kN/m   = 30 kN/m

2. Statisches System

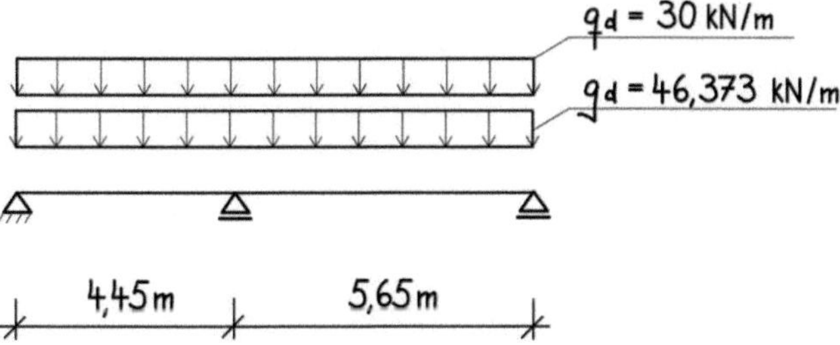

Bild 8.28: Statisches System des Stahlbetonbalken.

Maßgebende Lastfälle für die Bemessung folgender Bewehrung bzw. Verankerungslängen

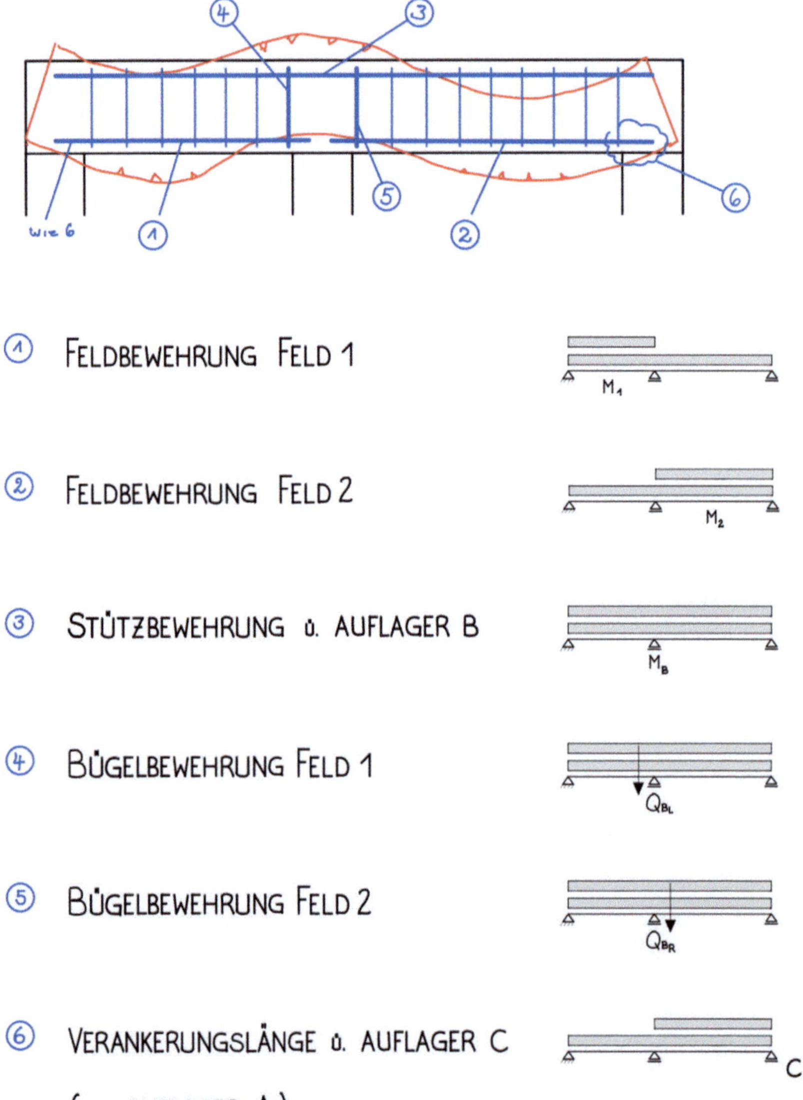

Bild 8.29: Darstellung eines bewehrten Stahlbetonbalkens und Festlegung der maßgebenden Lastfälle und der hiermit berechneten Schnittkräfte zur Bestimmung der o. g. Bewehrungslagen.

3. Schnittkraftermittlung (siehe hierzu Schnittkraftfaktoren Anlage A3.4)

l_2/l_1 = 5,65 / 4,45 = 1,27 → 1,30 (siehe Anlage A3.4, zur besseren Veranschaulichung aufgerundet)

M_B = 0,174 · (4,45 m)² · (46,373 kN/m + 30 kN/m) = 263,153 kNm

M_1 = 0,053 · (4,45 m)² · 46,373 kN/m + 0,099 · (4,45 m)² · 30 kN/m = 107,483 kNm

M_2 = 0,133 · (4,45 m)² · 46,373 kN/m + 0,156 · (4,45 m)² · 30 kN/m = 214,810 kNm

Q_{Br} = 0,784 · 4,45 m · (46,373 kN/m + 30 kN/m) = 266,450 kN

Q_{Bl} = 0,674 · 4,45 m · (46,373 kN/m + 30 kN/m) = 229,066 kN

V_C = 0,516 · 4,45 m · 46,373 kN/m + 0,558·4,45 m · 30 kN/m = 180,975 kN

V_C ≈ Q_C

M_B → Stützbewehrung (Abs. 4.1.1) μ_{Eds} $= \dfrac{M_B}{b \cdot d^2 \cdot f_{cd}}$

M_1 → Feldbewehrung Feld 1 (Abs. 4.1.2) μ_{Eds} $= \dfrac{M_1}{b \cdot d^2 \cdot f_{cd}}$

M_2 → Feldbewehrung Feld 2 (Abs. 4.1.2) μ_{Eds} $= \dfrac{M_2}{b \cdot d^2 \cdot f_{cd}}$

Q_{Br} → Bügelbewehrung Feld 2 (Abs. 5.2) a_{sw} $= \dfrac{Q_{Br}}{f_{yd} \cdot z \cdot \cot\theta}$

Q_{Bl} → Bügelbewehrung Feld 1 (Abs. 5.3) a_{sw} $= \dfrac{Q_{Bl}}{f_{yd} \cdot z \cdot \cot\theta}$

Q_c → Verankerungslänge über C und A (Abs. 4.5.1) $l_{bd,dir}$ $= 2/3 \cdot l_{bd} \geq 6,7 \cdot \emptyset$

Verankerungslänge über Auflager B (Abs. 4.5.2) l $= 6 \cdot \emptyset$

4. Biegebemessung

4.1 Bemessung der Längseisen nach dem μ_{Ed} - Verfahren

4.1.1 Bemessung der Stützbewehrung (über Auflager B)

$$\mu_{Eds} = \frac{263{,}153\ kNm\ \cdot\ 100}{30\ cm\cdot(54\ cm)^2\ \cdot\ 1{,}42\ kN/cm^2} = 0{,}212\ [\text{-}]$$

    A 3.4

  d $= h - c_{nom} - 2\ cm$ („2cm" Annahme siehe 1-Feld Balken Abs. 4.1)
  d $= 58\ cm - 2{,}0\ cm - 2{,}0\ cm = 54\ cm$

$\rightarrow\ \omega$ $= 0{,}2528$

  A_{s1} $= (1/43{,}5)\cdot(0{,}2528\cdot 30\ cm\cdot 54\ cm\cdot 1{,}42\ kN/cm^2)$
    $= 13{,}37\ cm^2$

gew. 7 ø 16 mit $A_s = 14{,}1\ cm^2 \geq$ erf $A_{s1} = 13{,}37\ cm^2$ A 3.8

4.1.2 Bemessung der Feldbewehrung im Feld 1

$$\mu_{Eds} = \frac{107{,}483\ kNm\ \cdot\ 100}{30\ cm\cdot(54\ cm)^2\cdot 1{,}42\ kN/cm^2} = 0{,}087\ [\text{-}]$$

    A 3.4

$\rightarrow\ \omega$ $= 0{,}0946\ [\text{-}]$

$A_{s1}\ = 1/43{,}5\cdot(0{,}0946\cdot 30\ cm\cdot 54\ cm\cdot 1{,}42\ kN/cm^2)\ = 5{,}00\ cm^2$

gew. 7 ø 10 mit $A_s = 5{,}50\ cm^2 \geq$ erf $A_{s1} = 5{,}00\ cm^2$ A 3.8

4.1.3 Bemessung der Feldbewehrung im Feld 2

$$\mu_{Eds} = \frac{214{,}81\ kNm\ \cdot\ 100}{30\ cm\cdot(54\ cm)^2\ \cdot\ 1{,}42\ kN/cm^2} = 0{,}173\ [\text{-}]$$

$\rightarrow\ \omega$ $= 0{,}2007\ [\text{-}]$

$A_{s1}\ = 1/43{,}5\cdot(0{,}2007\cdot 30\ cm\cdot 54\ cm\cdot 1{,}42\ kN/cm^2)\ = 10{,}61\ cm^2$

gew. 7 ø 14 mit $A_s = 10{,}8\ cm^2 \geq$ erf $A_{s1} = 10{,}61\ cm^2$

4.2 Abstände der Längseisen in einer Lage

  Max. $A_s = 7$ ø 16 $\geq$ vorh. 7 ø 16   A 3.12

4.3 Mindestbewehrung

$$\min A_s = \frac{M_{cr}}{f_{y,k} \cdot z}$$

Rissmoment $\quad M_{cr} = f_{ctm} \cdot W$

$$= 0{,}26 \ kN/cm^2 \cdot \frac{b \cdot h^2}{6}$$

$$= 0{,}26 \ kN/cm^2 \cdot \frac{30 \ cm \cdot (58 \ cm)^2}{6}$$

$$= 4373{,}2 \ kNcm$$

$\qquad f_{y,k} \quad = 50 \ kN/cm^2 \quad$ (BST 500 $\rightarrow$ 500 N/mm²)

$\qquad z \quad = 0{,}9 \cdot d$

min. $A_s \quad = \dfrac{4373{,}2 \ kNcm}{50 \ kN/cm^2 \cdot 0{,}9 \cdot 54 \ cm} = 1{,}80 \ cm^2 \leq$ vorh. $A_s = 5{,}50 \ cm^2$

Mindestbewehrung ist eingehalten!

4.4 Maximale Biegebewehrung

max. $A_s \quad = 0{,}08 \cdot A_c$

$\qquad = 0{,}08 \cdot 30 \ cm \cdot 58 \ cm$
$\qquad = 139{,}2 \ cm^2 \geq$ vorh. $A_s = 14{,}1 \ cm^2 \qquad\qquad$ Nachweis erfüllt!

4.5 Verankerungslänge über dem Auflager

4.5.1 Verankerungslänge über dem Auflager „C"

$l_{bd,dir} \qquad = 2/3 \cdot l_{bd} \geq 6{,}7 \cdot \varnothing \qquad\qquad\qquad\qquad$ A 3.5

$\rightarrow l_{bd} \qquad = \alpha_1 \cdot l_{b,rqd} \cdot \dfrac{A_{Serf.}}{A_{Svorh.}} \geq l_{b,min} \qquad\qquad$ A 3.12

$\alpha_1 \qquad = 1{,}0 \quad$ (grades Stabende) $\qquad\qquad\qquad$ A 3.5
$l_{b,rqd} \qquad = 57 \ cm \ (\varnothing 14, \ C25/30)$

$A_{S,erf} \qquad = \dfrac{V_{Ed} \cdot 0{,}60}{43{,}5 \ kN/cm^2} \qquad\qquad$ mit $V_{Ed} \triangleq Q_c$

$\qquad\qquad = \dfrac{180{,}975 \ kN \cdot 0{,}60}{43{,}5 \ kN/cm^2}$

$\qquad\qquad = 2{,}496 \ cm^2$

$A_{S,vorh.} \qquad = 10{,}8 \ cm^2 \qquad\qquad$ (s. Abs. 4.1)

1) l_{bd} $= 1{,}0 \cdot 57 \text{ cm} \cdot \dfrac{2{,}496\ cm^2}{10{,}8\ cm^2}$

$\underline{= 13{,}2 \text{ cm}}$

2) l_{bmin1} $= 0{,}3 \cdot \alpha_1 \cdot l_{b,rqd}$

$= 0{,}3 \cdot 1{,}0 \cdot 57 \text{ cm}$

$\underline{= 17{,}1 \text{ cm}}$

3) l_{bmin2} $= 10 \cdot \varnothing$

$= 10 \cdot 1{,}4 \text{ cm}$

$\underline{= 14 \text{ cm}}$

Verankerungslänge über dem direkten Auflager „C"

$l_{bd,dir} = 2/3 \cdot l_{bd}$ $= 2/3 \cdot 17.1 \text{ cm}$ $\underline{= 11{,}4 \text{ cm}}$

$l_{bd,dir} = 6{,}7 \cdot \varnothing$ $= 6{,}7 \cdot 1{,}4 \text{ cm}$ $= 9{,}38 \text{ cm}$

Der größere Wert ist maßgebend.

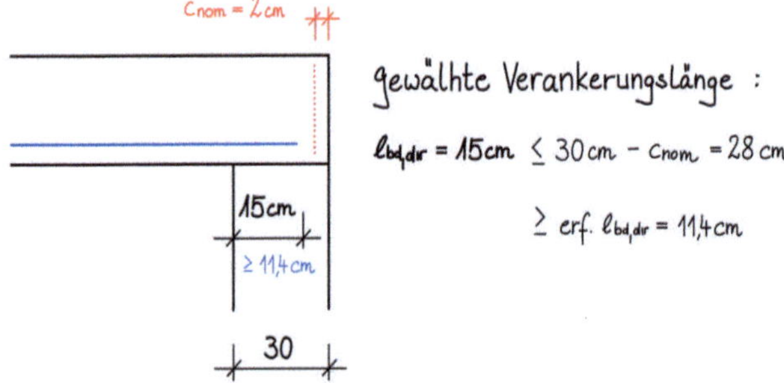

Bild 8.30: Verankerungslänge über dem Auflage C.

4.5.2   Verankerungslänge über dem Auflager „B"

$6 \cdot \varnothing = 6 \cdot 1{,}4 \text{ cm} = 8{,}4 \text{ cm} \rightarrow$ gew. 10 cm   A 3.5

Baupraktisches Maß für die Verankerungslänge wählen.

5 Schubbemessung / Querkraftbemessung (Bügelbemessung)

5.1 Nachweis der Druckstrebe

$$V_{Rd,max} = \frac{b_w \cdot z \cdot 0{,}75 \cdot f_{cd}}{\cot\theta + \tan\theta}$$

$$V_{Rd,max} = \frac{30\,cm \cdot 0{,}9 \cdot 54\,cm \cdot 0{,}75 \cdot 1{,}42\,kN/cm^2}{1{,}20 + \frac{1}{1{,}20}}$$

$$= 763{,}657\ kN\ \geq\ vorh.\ Q_{BR} = 266{,}450\ kN\quad Nachweis\ erfüllt!$$

5.2 Bügelbewehrung im Feld 1

$$a_{sw}[cm^2/m] = \frac{V_{Ed}}{f_{yd} \cdot z \cdot \cot\theta} \qquad V_{Ed} \mathrel{\hat=} Q_{Bl}$$

$$= \frac{229{,}065\ kN}{43{,}5\ kN/cm^2 \cdot 0{,}9 \cdot 54\ cm \cdot 1{,}20}$$

$$= 0{,}0903\ cm^2/cm \mathrel{\hat=} 9{,}03\ cm^2/m$$

$\rightarrow$ gew. ø12 / 25 cm mit vorh. a_{sw} = 9,05 cm²/m ≥ erf. a_{sw} = 9,03 cm²/m **A 3.9**

5.3 Bügelbewehrung im Feld 2

$$a_{sw}[cm^2/m] = \frac{V_{Ed}}{f_{yd} \cdot z \cdot \cot\theta} \qquad V_{Ed} \mathrel{\hat=} Q_{Br}$$

$$= \frac{266{,}450\ kN}{43{,}5\ kN/m^2 \cdot 0{,}9 \cdot 54\ cm \cdot 1{,}20}$$

$$= 0{,}1050\ cm^2/cm \qquad \mathrel{\hat=} 10{,}50\ cm^2/m$$

$\rightarrow$ gew. ø12 / 20 cm mit vorh. a_{sw} = 11,31 cm²/m ≥ erf. a_{sw} = 10,50 cm²/m **A 3.9**

5.4 Mindestbügelbewehrung

$$\min a_{sw} \geq p_{w,min} \cdot b_w \cdot \sin\alpha \qquad \sin\alpha = 1{,}0\ \text{Bügel 90° (senkrecht stehend)}$$

$$\geq 0{,}082 \cdot 30\ cm$$

$$= 2{,}46\ cm^2/m \leq vorh.\ a_{sw} = 9{,}05\ cm^2/m \qquad Nachweis\ erfüllt!\quad \textbf{A 3.6}$$

5.5 Maximalen Bügelabstände

$$\frac{V_{Ed}}{V_{RD,max}} \triangleq \frac{Q_{BR}}{V_{RD,max}} = \frac{266{,}450\ kN}{763{,}657\ kN} = 0{,}35\ [\text{-}]$$

A 3.7

$$0{,}30 \le \frac{V_{Ed}}{V_{RD,max}} = 0{,}35 \le 0{,}60\ V_{Rd,max}$$

- $\quad 0{,}50 \cdot h = 0{,}50 \cdot 58\ \text{cm} = 29\ \text{cm}$
- $\quad$ jedoch maximal 30 cm

→   Maximaler Bügelabstand 29 cm ≥ größter, gewählter Bügelabstand 25 cm (Feld 1)

6. Bewehrungsskizze

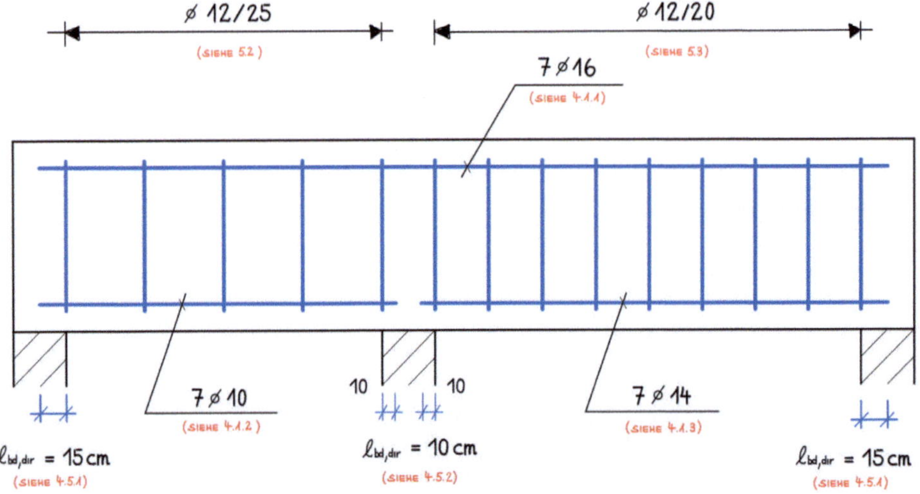

Bild 8.31: Bewehrungsskizze für den Stahlbetonballken.

8.7 Bemessung einer Stahlbetonplatte als 1-Feld-System

Stahlbetonbemessung entsprechend DIN EN 1992-1-1:2011-01 + NA:2011-01

Grundriss Garage

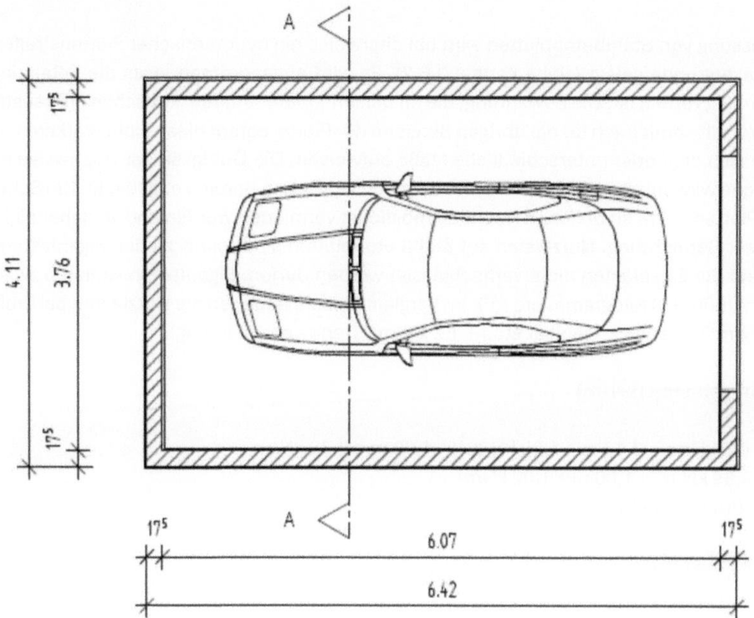

Schnitt A-A

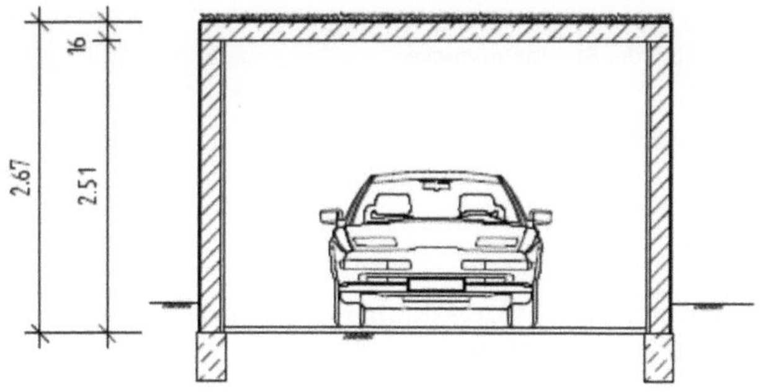

Bild 8.32: Übungsbeispiel Garage mit einer Stahlbetondecke.

Informationen zur Bemessung

Betongüte:	C25/30
Eigenlasten:	Deckeneigengewicht $h = 16$ cm ($\gamma_B = 25$ kN/m³)
Dachbegrünung:	gk = 1,00 kN/m²
Schnee (Hamburg):	Schnee $s_k = 0{,}80 \cdot 0{,}85$ kN/m² $= 0{,}68$ kN/m² (Hamburg)
Betondeckung:	$c_{nom} = 3{,}5$ cm

Bei der Bemessung von Stahlbetonplatten wird üblicherweise ein hypothetischer Plattenstreifen von 1 Meter Breite zugrunde gelegt (siehe Kapitel 3.6.2). Es wird angenommen, dass die Belastung der Platte gleichmäßig verteilt ist. Die Bewehrung, die für diesen 1 Meter breiten, kritischen Plattenstreifen berechnet wird, gilt somit auch für die übrigen Bereiche der Platte, sofern diese nicht stärkeren Belastungen ausgesetzt sind oder unterschiedliche Maße aufweisen. Die Gültigkeit der Nachweise für die übrigen Bereiche wird somit durch den Nachweis für den gewählten Bereich abgedeckt. Die Schubbewehrung bei Platten sollte im üblichen Hochbau möglichst vermieden werden und ist daher nicht Gegenstand dieser Betrachtung. Nutzlasten auf Stahlbetonplatten sind relativ zu den Eigenlasten eher gering, weshalb die Eigenlasten nicht vernachlässigt werden dürfen. Eigenlasten variieren zwischen 6,0 – 9,0 kN/m² (600-900 Kilogramm pro m²). Im Vergleich hierzu betragen die Nutzlasten bei Wohngebäuden 1,5 kN/m² (Personen, Mobiliar etc.) + 1,2 kN/m² (Trennwandzuschlag).

1. Bemessungslasten [kN/m]

$$g_d = 1{,}35 \cdot (25 \text{ kN/m}^3 \cdot 0{,}16 \text{ m} + 1{,}00 \text{ kN/m}^2) \cdot 1{,}00 \text{ m} = 6{,}75 \text{ kN/m}$$
$$q_d = 1{,}50 \cdot 0{,}68 \text{ kN/m}^2 \cdot 1{,}00 \text{ m} = 1{,}02 \text{ kN/m}$$
$$e_d = 6{,}75 \text{ kN/m} + 1{,}02 \text{ kN/m} = 7{,}77 \text{ kN/m}$$

2. Statisches System

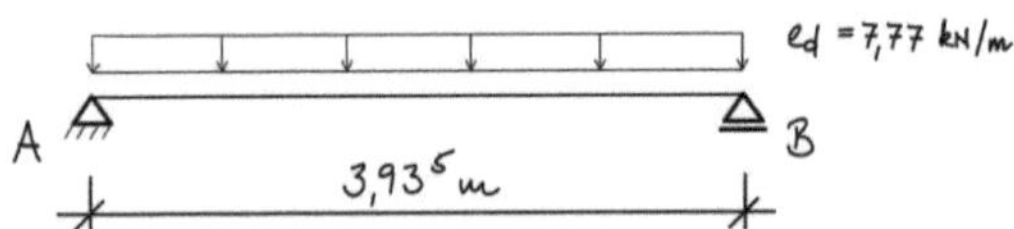

Bild 8.33: Statisches System der Stahlbetondecke.

$l_{eff} = 3{,}76 + 2 \cdot (0{,}175/2) = 3{,}935$ m

3. Schnittkraftermittlung

$\text{Max. } M_F = 7{,}77 \text{ kN/m} * (3{,}935\text{m})^2 / 8 = 15{,}039 \text{ kNm pro Meter} = \textbf{1503,9 kNcm}$

$A \triangleq B = 7{,}77 \text{ kN/m} * (3{,}935\text{m}) / 2 = \textbf{15,287 kN}$

$A \triangleq B \triangleq Q_A \triangleq Q_B$

4. Bemessung der Mattenbewehrung nach dem μ_{Ed} - Verfahren

Die statische Höhe „d" für die geplante Deckenstärke:

$\textbf{d} = \textbf{h} - \textbf{c}_{nom} - \textbf{0,5 cm}$

0,5 cm $\triangleq$ pauschaler Wert zur Berücksichtigung eines halben Stabdurchmessers der unteren Mattenbewehrung (i. d. R. ø 8 mm), da die statische Höhe bis zur Achse der Bewehrung gerechnet wird (siehe hierzu Stahlbetonbalken).

d = 16 cm – 3,5 cm – 0,5 cm = 12 cm (mit c_{nom}= 3,5cm)

Die Bewehrung wird nach dem µEds – Verfahren berechnet:

$$\mu_{Eds} = \frac{M_{Eds}}{b_{eff} \cdot d^2 \cdot f_{cd}} \; [-]$$

Für den gedachten 1 m breiten Stahlbetonstreifen wird in der μ_{Eds}- Formel bei Plattenbemessungen immer die Breite b_{eff} = 1 m $\triangleq$ 100 cm eingesetzt.

$$\mu_{Eds} = \frac{1503,9 \; kNcm}{100 \; cm \cdot (12 \; cm)^2 \cdot 1,42 \; kN/cm^2} = 0,0735 \; [-]$$

> Vereinfachend auf μ_{Eds} = 0,08 aufgerundet. Ansonsten Tabellenwerte aus A3.4 interpo-

➔ ω = 0,0836 [-]   A 3.4

Bewehrung in cm² pro 1 m Plattenstreifen

$$A_{s1} = \frac{1}{\sigma_{sd}} \; (\omega \cdot b \cdot d \cdot f_{cd})$$

$$A_{s1} = \frac{1}{43,5 \; kN/cm^2} \; (0,0836 \cdot 100cm \cdot 12 \; cm \cdot 1,42 \; kN/cm^2) = 3,27 \; cm^2$$ A 3.4

Gewählte Matte ➔ R 335 A   A 3.11
mit vorh. As1 = 3,35 cm² > erf As1 = 3,27 cm²

Anstatt Matten können auch „lose" Stäbe (Längseisen) verlegt werden. Hierfür sind folgende Bedingungen einzuhalten:

- maximale Abstände der Längseisen $s_{max,slab}$
$s_{max,slab}$ = 25 cm für h > 25 cm
$s_{max,slab}$ = 15 cm für h < 15 cm
Zwischenwerte sind zu interpolieren.

- Im Gegensatz zu schmalen Balken kann sich die Last in Platten auch in Querrichtung verteilen. Um zu verhindern, dass bei der Querverteilung der Lasten keine Risse im Beton entstehen, gilt folgende konstruktive Regel:
$\geq$ 20% der Bewehrung in Hauptrichtung muss in Querrichtung verlegt werden.

Beispiel:
Längsbewehrung aus Stabeisen: ø 8/15 cm ➔ As = 3,35 cm² /m   A 3.10

Querbewehrung: 3,35 cm²/m · 0,20 = 0,67 cm² /m
                                 gew.: ø 6/25 cm mit A_s = 1,13 cm² /m

5. obere Randbewehrung

Gemäß DIN EN 1992-1-1/NA:2013-04 NCI Zu 9.3.1.2 (2) sind bei frei drehbar angenommenen Endauf-
lagern 25% der Feldbewehrung durch eine obere konstruktive Bewehrung abzudecken.
Bewehrungsgrad der oberen Randbewehrung: **25 % der Feldbewehrung**
Länge der Randbewehrung: **20 % der Feldlänge** (DIN EN 1992-1-1:2011-01 Abs. 9.3.1.2)

obere Randbewehrung: A_{so} = 0,25 * 3,35 cm^2 = 0,84 cm^2
gew. R188A mit vorh. A_{so} = 1,88 cm^2 > erf. A_{so} = 0,84 cm^2
Mattenlänge der R 188A, l = 0,20 * 3,935m = 0,79 m gew. l = 80 cm.

6. Nachweis der Querkrafttragfähigkeit der Platte

Vgl. DIN EN 1992-1-1:2011-01 6.2.2 (Gl. 6.2a + 6.2b) und DIN EN 1992-1-1/NA:2013-04 (zu 6.2.2)

Nachweis V_{Ed} ≤ $V_{Rd,c}$ (hier: $V_{Ed} \triangleq V_A$)

V_{Ed} = vorhandene Querkraft
$V_{Rd,c}$ = von der Platte aufnehmbare Querkraft ohne zusätzliche Querkraftbewehrung.
$V_{Rd,c,min}$ = Mindestquerkrafttragfähigkeit. Es gilt max ($V_{Rd,c}$; $V_{Rd,c,min}$). Bei gering bewehrten Bauteilen
          kann $V_{Rd,c}$ unrealistisch kleine Werte ergeben. Das liegt daran, dass die Formel für $V_{Rd,c}$
          stark von der Längsbewehrung abhängig ist. Aber selbst unbewehrter Beton weist eine ge-
          wisse Querkrafttragfähigkeit auf. Daher darf $V_{Rd,c,min}$ für den Nachweis verwendet werden,
          sofern $V_{Rd,c}$ < $V_{Rd,c,min}$. In diesem Fall gilt: V_{Ed} ≤ $V_{Rd,c} \triangleq V_{Rd,c,min}$.

$$V_{Rd,c} = [0,10 \cdot k \cdot (100 \cdot \rho \cdot f_{ck})^{1/3} + 0,12 \cdot \sigma_{cp}] \cdot b_w \cdot d$$

$$V_{Rd,c,min} = [v_{min} + 0,12 \cdot \sigma_{cp}] \cdot b_w \cdot d$$

Nachweis mit $V_{Rd,c}$:
-      σ_{cp} = 0 (Betonlängsspannung = 0, da hier keine Längsdruckkraft N_{Ed} infolge äußerer
               Einwirkung bzw. Vorspannung vorhanden ist.)
-      b_w = **1000 mm** (1m Plattenstreifen)
-      d   = **120 mm**
-      f_{ck} = **25 N/mm^2** (C25/30)   A 3.2

-      k   = $1 + \sqrt{200/d}$ ≤ 2,00 mit **d in mm**

       k   = $1 + \sqrt{200/120\,mm}$ = 2,29 >! 2,00 daher → gew. **k = 2,00**

       Ist der berechnete k-Wert kleiner als 2,00, ist mit dem kleineren Wert weiterzurechnen

-      ρ = As / ($b_w \cdot$ d) ≤ 0,02

              = 3,35 cm^2 / (100 cm · 12 cm) = **0,0028** ≤ 0,02

$V_{Rd,c}$ = (0,10 · 2,00 · (100 · 0,0028 · 25 N/mm^2)$^{1/3}$ + 0) · 1000mm · 120mm = 45865 N $\triangleq$ 45,865 kN

Nachweis mit $V_{Rd,c,min}$:

Vgl. DIN EN 1992-1-1/NA:2013-04 NDP Zu 6.2.2 (1)

-     $v_{min} \geq \frac{0,0525}{\gamma c} \, k^{3/2} \cdot fck^{1/2}$ oder $v_{min} \geq \frac{0,0525}{\gamma c} \sqrt{k^3 \cdot fck}$

- Faktor 0,0525 für d ≤ 60 cm
  Faktor 0,0375 für d ≥ 80 cm (Zwischenwerte interpolieren)

- f_{ck} = 25 N/mm² (C25/30)   A 3.2
- γc = 1,50 (Sicherheitszuschlag für den Baustoff Beton)   A 3.1
- k = 2,0

$\rightarrow v_{min} \geq \frac{0,0525}{1,50} \sqrt{2^3 * 25} = 0,495$ N/mm²

$\rightarrow V_{Rd,c,min}$ = 0,495 N/mm² · 1000 mm * 120 mm = 59397 N ≙ 59,397 kN

Nachweis:

45,865 kN < 59,397 kN → 59,397 kN maßgebender Wert

Nachweis: V_{Ed} ≙ Q_A = 15,287 kN < $V_{Rd,c}$ = 59,397 kN
Es keine Querkraftbewehrung erforderlich.

7.   Begrenzung der Verformungen durch den Nachweis der Biegeschlankheit

Vgl. DIN EN 1992-1-1:2011-01, Abs. 7.4.1:
Verformungen sollen begrenzt werden, um
- das Erscheinungsbild und die Gebrauchstauglichkeit durch ein zu starkes Durchhängen von Decken bzw. Balken nicht zu beeinträchtigen. Bei quasi-ständiger Einwirkungskombination (Wohngebäude, Büro etc.) ist dies der Fall bei Überschreitung der Durchbiegung von l/250.
- angrenzende Bauteile des Tragwerks nicht zu beschädigen, wie z. B. Trennwände, Verglasungen, Bekleidungen, technische Anlagen etc. Richtwert ist hier die Begrenzung der Durchbiegung auf l/500.

Grenzzustand der Verformung darf folgendermaßen nachgewiesen werden:

Vgl. DIN EN 1992-1-1:2011-01, Abs. 7.4.2

$\frac{l}{d}$ = K · [11+ 1,5 · $\frac{\rho_o}{\rho}$ · $\sqrt{fck}$ + 3,2 · $(\frac{\rho_o}{\rho} - 1)^{1,5}$ · $\sqrt{fck}$]   wenn ρ ≤ ρ_0 (Gl. 1)

$\frac{l}{d}$ = K · [11+ 1,5 · $\frac{\rho_o}{\rho - \rho'}$ · $\sqrt{fck}$ + $\frac{1}{12}$ · $\sqrt{\frac{\rho'}{\rho_0}}$ · $\sqrt{fck}$]   wenn ρ > ρ_0 (Gl. 2)

Zusätzlich gilt:

DIN EN 1992-1-1/NA:2011-01 zu NCI 7.4.2
„NCI Zu 7.4.2 (2): Die Biegeschlankheiten ... sollten jedoch allgemein auf die Maximalwerte

$l / d \leq K \cdot 35$ und bei Bauteilen, die verformungsempfindliche Ausbauelemente beeinträchtigen können, auf $l / d \leq K^2 \cdot 150 / l$ begrenzt werden."

$$d \geq \frac{l}{K \cdot 35} \qquad \text{(für normale Anforderungen im üblichen Hochbau)} \qquad \text{(Gl. 3)}$$

$$d \geq \frac{l^2}{K^2 \cdot 150} \qquad \text{(l, d in [m] einsetzen, für erhöhte Anforderungen)} \qquad \text{(Gl. 4)}$$

- **Tab. 8.3:** K-Beiwert für statische Systeme vgl. DIN EN 1992-1-1:2011-01 Tabelle 7.4N:

1-Feld-System	Endfeld (z.B. 2-Feld-Sys.)	Mittelfeld (ab 3-Feld-Sys.)	Flachdecke (auf Sützen)	Kragträger
K = 1,0	K = 1,3	K = 1,5	K = 1,2	K = 0,4

- ρ_0 = Referenzbewehrungsgrad: $\qquad \rho_0 = \frac{\sqrt{f_{ck}}}{1000} \qquad f_{ck}$ in [N/mm²]

- ρ = Zugbewehrungsgrad in Feldmitte: $\quad \rho = \frac{A_S}{b \cdot d} \qquad A_s \triangleq$ Mattenbewehrung, b = 100 cm
- ρ' = Druckbewehrungsgrad in Feldmitte
- f_{ck} in [N/mm²]

Zurück zum Beispiel:

$$\rho_0 = \frac{\sqrt{f_{ck}}}{1000} = \frac{\sqrt{25}}{1000} = 0,005$$

$$\rho = \frac{A_S}{b \cdot d} = \frac{3,35 \; cm^2}{100 \; cm \cdot 12 \; cm} = 0,003 \quad \text{(s. Abs. 4: gewählte Mattenbewehrung R335 mit } A_s = 3,35 \text{ cm}^2\text{/m)}$$

Nach (Gl. 1):

$$\rho \leq \rho_0 \quad \rightarrow \quad \frac{l}{d} = K \cdot [\; 11 + 1,5 \cdot \frac{\rho_0}{\rho} \cdot \sqrt{f_{ck}} + 3,2 \cdot (\frac{\rho_0}{\rho} - 1)^{1,5} \cdot \sqrt{f_{ck}} \;]$$

$$\rightarrow \frac{l}{d} = 1,00 \cdot [11 + 1,5 \cdot \frac{0,005}{0,003} \cdot \sqrt{25} + 3,2 \cdot (\frac{0,005}{0,003} - 1)^{1,5} \cdot \sqrt{25} \;] = 35,7$$

$$\rightarrow d = \frac{l}{35,7} = \frac{393,5 \; cm}{35,7} = 11,03 \text{ cm}$$

Nach (Gl. 3):

$$d \geq \frac{l}{K \cdot 35} \quad \rightarrow \quad d \geq \frac{393,5}{1,0 \cdot 35} = 11,24 \text{ cm}$$

→ **Maßgebende, statische Mindesthöhe d = 11,24 aus Gleichung (Gl. 3)**

$d \triangleq$ statische Höhe (Achse der unteren Bewehrung bis OK Decke)

Rechnerisch erforderlich **h = 11,24 cm + 3,5 cm + 0,5 cm = 15,24 cm ≤ 16 cm** (geplante Deckenstärke)

- c_{nom} = 3,5 cm
- 0,5 $\triangleq$ pauschaler Wert zur Berücksichtigung eines halben Stabdurchmessers der unteren Mattenbewehrung.

Die Mindeststärke der Platte beträgt 15,24 cm zur Einhaltung der Biegeschlankheit. Mit der geplanten Deckenstärke von h = 16 cm ist der Nachweis der Biegeschlankheit somit eingehalten. Die Verformungen werden hiermit auf ein vertretbares Maß begrenzt.

8.8 Bemessung einer Stahlbetonplatte als 2-Feld-System

Stahlbetonbemessung entsprechend DIN EN 1992-1-1:2011-01 + NA:2011-01

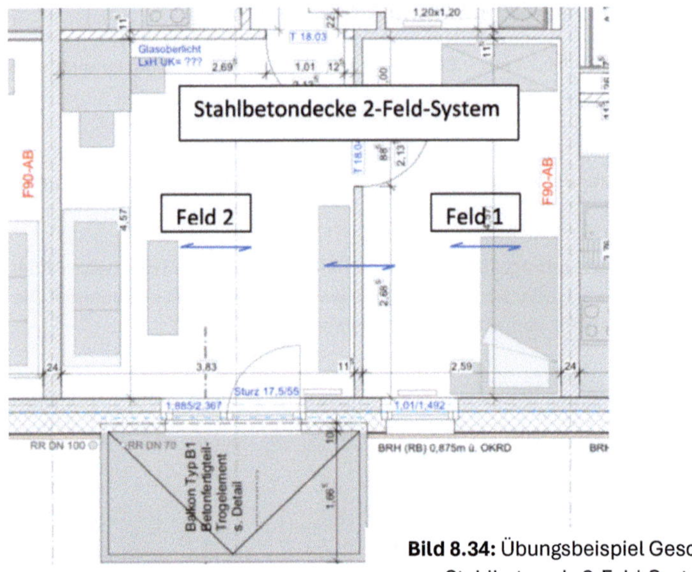

Bild 8.34: Übungsbeispiel Geschossdecke aus Stahlbeton als 2-Feld-System.

Info zur Stahlbetondecke:

- C20/25; B500A
- c_{nom} = 2,0 cm (XC1 Innenbauteil)
- geplante Plattenstärke h = 18 cm
- Eigenlast Deckenaufbau g_k = 2,20 kN/m² (Estrich etc.)
- Nutzlast Wohnraum q_k = 1,50 kN/m²   (siehe Kapitel 1.3)
- Nutzlast Trennwandzuschlag q_{k2} = 1,20 kN/m²   (siehe Kapitel 1.3)

1. Bemessungslasten [kN/m]

$$g_d = 1,35 \cdot (25 \text{ kN/m}^3 \cdot 0,18 \text{ m} + 2,20 \text{ kN/m}^2) \cdot 1,00 \text{ m} \quad = 9,045 \text{ kN/m}$$
$$q_d = 1,50 \cdot (1,50 + 1,20 \text{ kN/m}^2) \cdot 1,00 \text{ m} \quad\quad\quad\quad = 4,050 \text{ kN/m}$$
$$ed = 9,05 \text{ kN/m} + 4,05 \text{ kN/m} \quad\quad\quad\quad\quad\quad\quad = 13,100 \text{ kN/m}$$

2. Statisches System

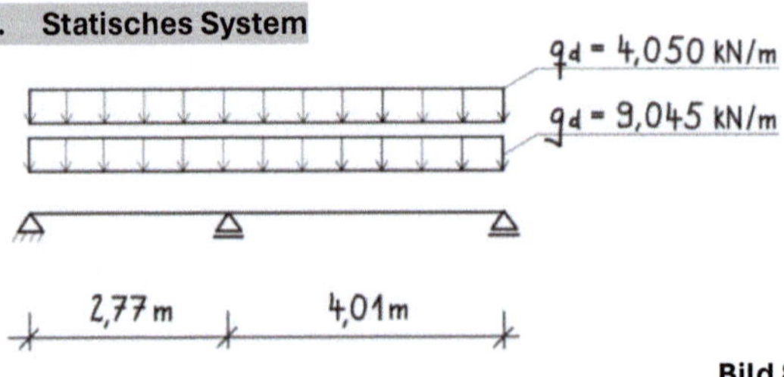

Bild 8.35: Statisches System der Stahlbetondecke.

$l_1 = 0,115/2 + 2,59 + 0,24/2 = 2,77$ m
$l_2 = 0,24/2 + 3,83 + 0,115/2 = 4,01$ m

3. Schnittkraftermittlung

l_2/l_1 = 4,01/2,77 = 1,45 → 1,50 (vereinfacht aufgerundet, ansonsten interpolieren)

max. M_B = 0,219 · 13,10 kN/m · $(2,77\ m)^2$ **= 22,004 kNm**

max. M_1 = 0,040 · 9,045 kN/m · $(2,77\ m)^2$ + 0,101 · 4.05 kN/m · $(2,77m)^2$ **= 5,915 kNm**

max. M_2 = 0,183 · 9,045 kN/m · $(2,77\ m)^2$ + 0,203 · 4.05 kN/m · $(2,77m)^2$ **= 19,009 kNm**

Q_{Br} = 0,896 · 13,10 kN/m · 2,77 m **= 32,501 kN**

Q_{Bl} = 0,719 · 13,10 kN/m · 2,77 m **= 26,080 kN**

> Schnittkraft-
> fakoren siehe
> Anlage A4

4. Stützbewehrung über dem mittleren Auflager (Mattenbewehrung)

$$\mu_{Eds} = \frac{M_{Eds}}{b_{eff} \cdot d^2 \cdot f_{cd}}\ [\text{-}]$$

A 3.4

Für den gedachten 1 m breiten Plattenstreifen, wird bei Deckenbemessungen
in der μ_{Eds}- Formel die Breite immer mit b_{eff} = 1 m ≙ 100 cm gerechnet.

$$\mu_{Eds} = \frac{2200,4\ kNcm}{100\ cm \cdot (15,5)^2 \cdot 1,13\ kN/cm^2} = 0,0811\ [\text{-}] \rightarrow \mu_{Eds} = 0,090\ \text{(vereinfacht aufgerundet)}$$

→ ω = 0,0946

A 3.4

Bewehrung in cm² pro m Stahlbetonstreifen

$$A_{s1} = \frac{1}{\sigma_{sd}}\ (\omega \cdot b \cdot d \cdot f_{cd})$$

$$A_{s1} = \frac{1}{43,5\ kN/cm^2}\ (0,0946 \cdot 100cm \cdot 15,5\ cm \cdot 1,13\ kN/cm^2) = 3,81\ cm^2$$

A 3.4

Gewählte Matte → R 424 A
mit vorh. As1 = 4,24 cm² > erf. As1 = 3,81 cm²

A 3.11

5. Feldbewehrung im Feld 2 (Mattenbewehrung)

$$\mu_{Eds} = \frac{M_{Eds}}{b_{eff} \cdot d^2 \cdot f_{cd}}\ [\text{-}]$$

A 3.4

$$\mu_{Eds} = \frac{1900,9\ kNcm}{100\ cm \cdot (15,5)^2 \cdot 1,13\ kN/cm^2} = 0,0700\ [\text{-}] \rightarrow \mu_{Eds} = 0,070$$

→ ω = 0,0728

A 3.4

Bewehrung in cm² pro 1 m Plattenstreifen

$$A_{s1} = \frac{1}{\sigma_{sd}}\ (\omega \cdot b \cdot d \cdot f_{cd})$$

$$A_{s1} = \frac{1}{43,5\ kN/cm^2}\ (0,0728 \cdot 100\ cm \cdot 15,5\ cm \cdot 1,13\ kN/cm^2) = 2,93\ cm^2$$ **A 3.4**

Gewählte Matte → R 335 A   **A 3.11**

mit vorh. As1 = 3,35 cm² > erf As1 = 2,93 cm²

6.   Feldbewehrung im Feld 1 (Mattenbewehrung)

$$\mu_{Eds} = \frac{M_{Eds}}{b_{eff} \cdot d^2 \cdot f_{cd}}\ [\text{-}]$$ **A 3.4**

$$\mu_{Eds} = \frac{591,5\ kNcm}{100\ cm \cdot (15,5)^2 \cdot 1,13\ kN/cm^2} = 0,0218\ [\text{-}] \rightarrow \mu_{Eds} = 0,030$$

→ ω = 0,0306   **A 3.4**

Bewehrung in cm² pro m Stahlbetonstreifen

$$A_{s1} = \frac{1}{\sigma_{sd}}\ (\omega \cdot b \cdot d \cdot f_{cd})$$

$$A_{s1} = \frac{1}{43,5\ kN/cm^2}\ (0,0306 \cdot 100cm \cdot 15,5\ cm \cdot 1,13\ kN/cm^2) = 1,23\ cm^2$$ **A 3.4**

Gewählte Matte → R 188 A   **A 3.11**

mit vorh. As1 = 1,88 cm² > erf As1 = 1,23 cm²

7.   obere Randbewehrung

Es sind folgende konstruktive Werte einzuhalten vgl. DIN EN 1992-1-1/NA:2013-04 NCI Zu 9.3.1.2 (2):
Bewehrungsgrad der oberen Randbewehrung: 25 % der Feldbewehrung
Länge der Randbewehrung: 20 % der Feldlänge

obere Randbewehrung: A_{so} = 0,25 * 3,35 cm² = 0,84 cm²
gew. R188A mit vorh. A_{so} = 1,88 cm² > erf. Aso = 0,84 cm²

Mattenlänge der R 188 A, l = 0,20 * 4,01m ~ 0,80 m gew. l = 80 cm.

8.   Nachweis der Querkrafttragfähigkeit der Platte

Nachweis V_{Ed} ≤ $V_{Rd,c}$ (hier: $V_{Ed} \triangleq Q_{Br}$)

V_{Ed} = vorhandene Querkraft
$V_{Rd,c}$ = von der Platte aufnehmbare Querkraft ohne zusätzliche Querkraftbewehrung
$V_{Rd,c,min}$ = Mindestquerkrafttragfähigkeit.

$$V_{Rd,c} = [0,10 \cdot k \cdot (100 \cdot \rho \cdot f_{ck})^{1/3} + 0,12 \cdot \sigma_{cp}] \cdot b_w \cdot d$$

$$V_{Rd,c,min} = [v_{min} + 0,12 \cdot \sigma_{cp}] \cdot b_w \cdot d$$

Nachweis mit $V_{Rd,c}$:

- σ_{cp} = 0 (Betonlängsspannung = 0, da hier keine Längsdruckkraft N_{Ed} infolge äußerer Einwirkung bzw. Vorspannung vorhanden ist.)
- b_w = **1000 mm** (Die Betondecke wird für einen Abschnitt von 1m bemessen)
- d = **155 mm**
- f_{ck} = **20 N/mm²** (C20/25)

A 3.2

- $k = 1 + \sqrt{200/d} \leq 2,00$ mit **d in mm**

$k = 1 + \sqrt{200/155mm} = 2,136 >! 2,00$ daher → gew. k = 2,00

Ist der berechnete k-Wert kleiner als 2,00, ist mit dem kleineren Wert weiterzurechnen

- ρ = As / ($b_w \cdot$ d) ≤ 0,02 (A_s Stützbewehrung, dort wo Q am größten, also bei Q_{Br})

= 4,24 cm² / (100 cm · 15,5 cm) = **0,0027** ≤ 0,02

$V_{Rd,o}$ = (0,10 · 2,00 · (100 · 0,0027 · 20 N/mm²)$^{1/3}$ + 0) · 1000mm · 155mm = 54624 N ≙ 54,624 kN

Nachweis mit $V_{Rd,c,min}$:

- $v_{min} \geq \dfrac{0,0525}{\gamma c} \, k^{3/2} \cdot fck^{1/2}$ oder $v_{min} \geq \dfrac{0,0525}{\gamma c} \sqrt{k^3 \cdot fck}$

  - Faktor 0,0525 für d ≤ 60 cm
    Faktor 0,0375 für d ≥ 80 cm (Zwischenwerte interpolieren)

  - f_{ck} = 20 N/mm² (C20/25)
  - γc = 1,50 (Sicherheitszuschlag für den Baustoff „Beton")

A 3.2
A 3.1

→ $v_{min} \geq \dfrac{0,0525}{1,50} \sqrt{2^3 * 20} = 0,443$ N/mm²

→ VRd,c = 0,443 N/mm² · 1000 mm * 155 mm = 68621 N ≙ 68,621 kN

Nachweis:

54,524 kN < 68,621 kN → 68,621 kN maßgebender Wert

Q_{Br} = 32,501 kN < VRd,c = 68,621 kN
Es ist keine Querkraftbewehrung erforderlich.

9.   Begrenzung der Verformungen durch den Nachweis der Biegeschlankheit

Informationen zu diesem Nachweis siehe Kapitel 8.7 Abs. 7.

Vgl. DIN EN 1992-1-1:2011-01, Abs. 7.4.2

$$\frac{l}{d} = K \cdot \left[11 + 1{,}5 \cdot \frac{\rho_0}{\rho} \cdot \sqrt{fck} + 3{,}2 \cdot \left(\frac{\rho_0}{\rho} - 1\right)^{1{,}5} \cdot \sqrt{fck} \right] \qquad \text{wenn } \rho \leq \rho_0 \qquad \text{(Gl. 1)}$$

$$\frac{l}{d} = K \cdot \left[11 + 1{,}5 \cdot \frac{\rho_0}{\rho - \rho'} \cdot \sqrt{fck} + \frac{1}{12} \cdot \sqrt{\frac{\rho'}{\rho_0}} \cdot \sqrt{fck} \right] \qquad \text{wenn } \rho > \rho_0 \qquad \text{(Gl. 2)}$$

Zusätzlich gilt:

$$d \geq \frac{l}{K \cdot 35} \qquad \text{(für normale Anforderungen im üblichen Hochbau)} \qquad \text{(Gl. 3)}$$

$$d \geq \frac{l^2}{K^2 \cdot 150} \qquad \text{(l, d in [m] einsetzen, für erhöhte Anforderungen)} \qquad \text{(Gl. 4)}$$

- K-Beiwert siehe **Tab. 8.3** (Abs. 8.7)

- ρ_0 = Referenzbewehrungsgrad: $\qquad\qquad \rho_0 = \dfrac{\sqrt{fck}}{1000} \qquad$ f_{ck} in [N/mm²]

- ρ = Zugbewehrungsgrad in Feldmitte: $\qquad \rho = \dfrac{A_S}{b \cdot d} \qquad$ $A_s \triangleq$ Mattenbewehrung, b = 100 cm
- ρ' = Druckbewehrungsgrad in Feldmitte
- f_{ck} in [N/mm²]

Zurück zum Beispiel:

$$\rho_0 = \frac{\sqrt{fck}}{1000} = \frac{\sqrt{20}}{1000} = 0{,}0045$$

$$\rho = \frac{A_S}{b \cdot d} = \frac{3{,}35\ cm^2}{100\ cm \cdot 15{,}5\ cm} = 0{,}0022 \text{ (s. Abs. 5: Mattenbewehrung im langen Feld 2 → R335)}$$

Nach (Gl. 1):

$$\rho \leq \rho_0 \qquad \rightarrow \frac{l}{d} = K \cdot \left[11 + 1{,}5 \cdot \frac{\rho_0}{\rho} \cdot \sqrt{fck} + 3{,}2 \cdot \left(\frac{\rho_0}{\rho} - 1\right)^{1{,}5} \cdot \sqrt{fck} \right]$$

$$\rightarrow \frac{l}{d} = 1{,}30 \cdot \left[11 + 1{,}5 \cdot \frac{0{,}0045}{0{,}0022} \cdot \sqrt{20} + 3{,}2 \cdot \left(\frac{0{,}0045}{0{,}0022} - 1\right)^{1{,}5} \cdot \sqrt{20} \right] = 52{,}91$$

$$\rightarrow d = \frac{l}{52{,}91} = \frac{401\ cm}{52{,}91} = 7{,}58 \text{ cm}$$

Nach (Gl. 3):

$$d \geq \frac{l}{K \cdot 35} \qquad \rightarrow \qquad d \geq \frac{401}{1{,}3 \cdot 35} = 8{,}81 \text{ cm}$$

→ Maßgebende, statische Mindesthöhe d = 8,81 nach Gleichung Gl. 3

d $\triangleq$ statische Höhe (Achse der unteren Bewehrung bis OK Decke)

Rechnerisch erforderlich **h = 8,81 cm + 2,0 cm + 0,5 cm = 11,31 cm ≤ 18 cm** (geplante Deckenstärke)
- c_{nom} = 2,0 cm
- 0,5 ≙ pauschaler Wert zur Berücksichtigung eines halben Stabdurchmessers der unteren
  Mattenbewehrung.

Der Nachweis der Biegeschlankheit gemäß DIN EN 1992-1-1:2011-01, Abs. 7.4.2 ist mit der geplanten Deckenstärke von h = 18 cm erfüllt.

8.9 Stahlbetonstütze (Pendelstütze)

Stahlbetonstütze entsprechend DIN EN 1992 -2011-01-Abs. 12.6.5.2 + Abs. 9.5

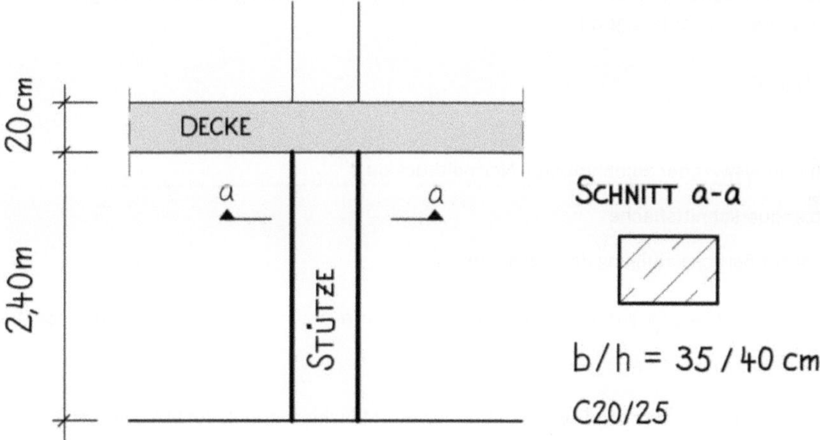

Bild 8.36: Prinzipskizze einer Stütze unter einer Geschossdecke.

1. **Bemessungslast**

N_{Ed} = 1900 kN (Für das Beispiel angenommen)

2. **Statisches System**

N_{Ed} = 1900 kN

B

A

2,40 m

l_{eff} = $l \cdot \beta$ (≙ l_{eff})

= 2,40 m · 1,0

= 2,40 m

3. Schnittkraft

N   = N_{Ed}

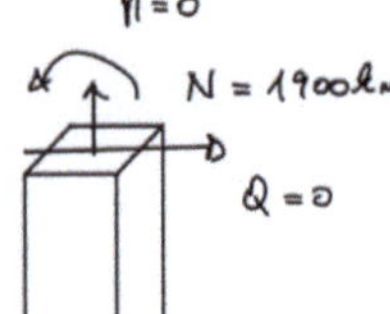

Bild 8.37: Stützenquerschnitt mit
Darstellung der Schnittkräfte.

4. Knicknachweis (Stabilitätsnachweis)

Vgl. DIN EN 1992-1-1/A1:2015-03 (6) Änderung in 12.6.5.2 „Vereinfachtes Verfahren für Einzeldruck-
glieder" Vereinfacht bedeutet in diesem Zusammenhang, dass die Schnittgrößenermittlung nach
Theorie II. Ordnung vernachlässigt wird:

N_{Rd} = b · h · $f_{cd,pl}$ · Φ

Dabei ist:

N_{Rd} ≙ Bemessungswert der aufnehmbaren Normaldruckkraft

b · h ≙ Stützenquerschnittsfläche

Φ   ≙ Faktor zur Berücksichtigung der Lastausmitte

> Φ = 1,14 · (1 − 2 · e_{tot} / h_w) − 0,02 · l_0 / h_w ≤   1 − 2 · e_{tot} / h_w (h_w ≙ kürzere Stützenseite)
>
> e_{tot} = e_0 + e_i + e_φ
>
> e_0 = Lastausmitte nach Theorie I. Ordnung e_0 = M/N; hier vereinfacht M = 0 → e_0 = 0
> e_i = für ungewollte zusätzliche Lastausmitte infolge geometrischer Imperfektionen
>   gemäß DIN EN 1992-1-1:2011-01 5.2 (7) darf bei Einzelstützen in ausgesteiften Sys-
>   temen vereinfacht immer e_i = l_0 / 400 verwendet werden.
> e_φ = 0 ; DIN EN 1992-1-1/NA:2013-04 NCI Zu 12.6.5.2 (1): „Eine Zusatzausmitte infolge
>   Kriechen in e_{tot} darf im Allgemeinen vernachlässigt werden."
>
> → Φ = 1,14 · (1 − 2 · (l_0/400) / h_w) − 0,02 · l_0 / hw   ≤   1 − 2 · (l_0/400) / h_w
>
> oder Ablesen aus Diagramm im Anhang A 3.13

Schlankheit:

$$\lambda = \frac{l_{eff}}{i} = \frac{l_{eff}}{0,289 \cdot b}$$

> b   ≙ knickgefährdete Seite (i. d .R. die kürzere Querschnittsseite/siehe Kapitel 6.5)
>
> 0,289   ≙ gilt nur für rechteckige Querschnitte: i = $\sqrt{\dfrac{I}{A}}$ = $\sqrt{\dfrac{\frac{h \cdot b^3}{12}}{b \cdot h}}$ = $\sqrt{\dfrac{b^2}{12}}$ ≈ 0,289 · b

$$\lambda = \frac{240\ cm}{0,289 \cdot 35\ cm} = 23,7 \ \leq 25 \ \text{und} \leq 86$$

Es gilt nach dem vereinfachten Verfahren vgl. DIN EN 1992 -2011-01-Abs. 12.6.5.2 + Abs. 9.5 + DIN EN 1992-1-1/A1:2015-03

1) $0 \leq \lambda \leq 25$ Stütze darf nach diesem Verfahren als bewehrte Stütze ausgeführt werden

2) $25 < \lambda \leq 86$ Stütze darf nach diesem vereinfachten Verfahren <u>nur als unbewehrte Stütze</u> bemessen werden.

3) $\lambda > 86$ Die Schlankheit unbewehrter Stützen und Wände darf $l = 86$ nicht überschreiten vgl. DIN EN 1992 -2011-01-Abs. 12.6.5.1 (5) + NA:2013-04 NCI Zu 12.6.5.2 (1)

Erläuterungen zu 1) und 2):

zu 1)
Vgl. DIN EN 1992-1-1:2011-01 Abs. 5.8.3.: Auswirkungen nach Theorie II. Ordnung dürfen vernachlässigt werden, wenn nach DIN EN 1992-1-1/NA:2013-04 NDP Zu 5.8.3.1 (1) gilt:

$\lambda \leq 25$ für $n \geq 0{,}41$

$\lambda \leq \frac{16}{\sqrt{n}}$ für $n < 0{,}41$

Dabei ist $n = \dfrac{N_{Ed}}{A_c \cdot f_{cd}}$

zu 2)
Für Stützen aus unbewehrtem Beton mit $l_{col} / h < 2{,}5$ [$\lambda \leq 86$] ist eine Schnittgrößenermittlung nach Theorie II. Ordnung nicht erforderlich vgl. DIN EN 1992-1-1/NA:2013-04 NCI Zu 12.6.5.1.

Nach dem v. g. vereinfachten Verfahren ohne Berücksichtigung der Auswirkungen nach Theorie II. Ordnung dürfen Stützen zusammenfassend in folgenden Fällen bemessen werden:

Schlankheit	$N_{Ed} > N_{Rd}$	$N_{Ed} \leq N_{Rd}$
≤ 25	✓	✓
$25 \leq \lambda \leq 86$	✗	✓
> 86	✗	✗

$N_{Rd} \triangleq$ vom Beton aufnehmbare Drucklast ohne Knickgefahr

$N_{Ed} \triangleq$ einwirkende Drucklast

Wenn $N_{Ed} > N_{Rd}$, dann ist die einwirkende Last größer als die vom Beton aufnehmbare Belastung. Eine Bewehrung ist zur Unterstützung notwendig → bewehrte Stütze.

Wenn $N_{Ed} \leq N_{Rd}$, dann ist die einwirkende Last kleiner als die vom Beton aufnehmbare Belastung. Der Beton kann die Last ohne Knickgefährdung aufnehmen. Eine Bewehrung zur Unterstützung der Lastaufnahme ist nicht erforderlich.

Die im Beispiel aufgeführte Stütze darf gemäß der oben genannten Norm als bewehrte Stütze bemessen werden ($\lambda = 23{,}7 \leq 25$)

„Bewehrte Stütze" bedeutet hierbei, dass auch die Bewehrungsstäbe zur Aufnahme von Lasten herangezogen werden dürfen.

Im Gegensatz dazu hat eine unbewehrte Stütze lediglich eine Mindestbewehrung, die vor allem Risse im Rahmen von Schwinden und Kriechen des Betons verhindern soll. Diese Mindestbewehrung dient der Sicherstellung einer ausreichenden Duktilität und unterstützt den Beton planmäßig nicht aktiv bei der Lastaufnahme.

Maximal aufnehmbare Last vom Beton (ohne Bewehrung)

$N_{Rd} = b \cdot h \cdot f_{cd} \cdot \Phi \qquad (\lambda \leq 25)$ Φ siehe **A 3.13**

$N_{Rd} = b \cdot h \cdot f_{cd,pl} \cdot \Phi \qquad (25 < \lambda \leq 86)$ $f_{cd,pl}$ (plastisch)

$f_{cd} = \dfrac{0,85 \cdot f_{ck}}{1,50} \qquad$ (bei bewehrten Stützen)

$f_{cd,Pl} = \dfrac{0,70 \cdot f_{ck}}{1,50} \qquad$ (bei unbewehrten Stützen)

$N_{Rd} = 35\,\text{cm} \cdot 40\,\text{cm} \cdot 1,13\,\text{kN/cm}^2 \cdot 0,97$ $\Phi = 0,97$

$\qquad\; = 1532\,\text{kN}$ s.u. Diagramm

$N_{Rd} = 1532\,\text{kN} \leq N_{Ed} = 1900\,\text{kN}$ **A 3.13**

Die einwirkende Drucklast ist somit größer als die maximale Last, die der Beton ohne Bewehrung aufnehmen kann.

Es ist also zusätzlich eine Bewehrung erforderlich, die die Differenzlast aufnimmt:

$N_{Rd,s} = N_{Ed} - N_{Rd}$

$\qquad\; = 1900\,\text{kN} - 1532\,\text{kN}$

$\qquad\; = 368\,\text{kN} \qquad$ (diese Last übernimmt die Bewehrung)

$\text{erf } A_s \quad = \dfrac{N_{Ed,s}}{f_{y,d}} = \dfrac{368\,kN}{43,5\,kN/cm^2}$ $\boxed{\begin{array}{l} f_{y,d} \triangleq \text{maximale Druckspannung} \\ \text{des Bewehrungsstahls B500 A} \end{array}}$

$\qquad\qquad\; = 8,46\,\text{cm}^2$

$\Rightarrow\; 6\,\varnothing\,14 \text{ mit } A_s = 9,24\,\text{cm}^2 \geq \text{erf } A_s = 8,46\,\text{cm}^2$ **A 3.8**

Diagramm: Traglastfunktion Φ **A 3.13**

vgl. DIN EN 1992-1-1/A1:2015:03 Abs. 6 Formel (12.11 + 12.12)

Φ $= 1{,}14 \cdot (1 - 2 \cdot l/400 / h_w) - 0{,}02 \cdot l_0 / h_w \;\leq\; 1 - 2 \cdot e_{tot} / h_w$

      $= 1{,}14 \cdot (1 - 2 \cdot (240\ cm/400) / 35\ cm) - 0{,}02 \cdot 240\ cm/35\ cm$

      $= 0{,}96 \;\leq\; 1 - 2 \cdot (240\ cm/400) / 35\ cm = \underline{\mathbf{0{,}97}}$

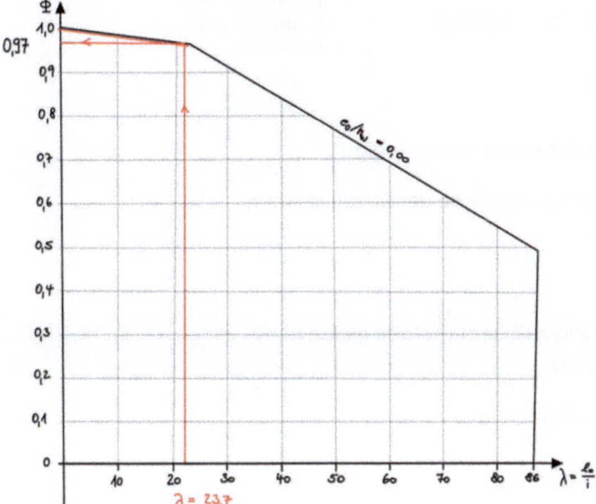

Bild 8.38: Diagramm zum Ablesen des Faktors Φ (siehe A3.13).

5)   Konstruktive Bewehrung

Gilt sowohl für unbewehrte als auch für die bewehrte Stützen nach EC2 2011-1, Abs. 9.5:

Längsbewehrung:	Gewählte Bewehrung:
- Mindestens in jeder Ecke der Stütze 1 ø 12 $\rightarrow$ 4 ø 12	$\leq$ 6 ø 14
- Mindestbewehrung: $\min A_s = \dfrac{0{,}15 \cdot N_{Ed}}{43{,}5}$	
$\min A_s = \dfrac{0{,}15 \cdot 1900\ kN}{43{,}5} = 6{,}55\ cm^2$	$\leq$ 9,24 cm^2 (6 ø 14)
- Maximale Bewehrung: $A_{Smax} = 0{,}09 \cdot A_c$ $= 0{,}09 \cdot 35\ cm \cdot 40\ cm$ $= 126\ cm^2$	$> 2 \cdot 9{,}24\ cm^2$ (2 x 6 ø 14 im Stoßbereich)
- Abstand der Längsstäbe $\leq$ 30 cm Bei Stützenabmessungen b $\leq$ 40 cm reicht 1ø12 je Ecke	

Bügelbewehrung:

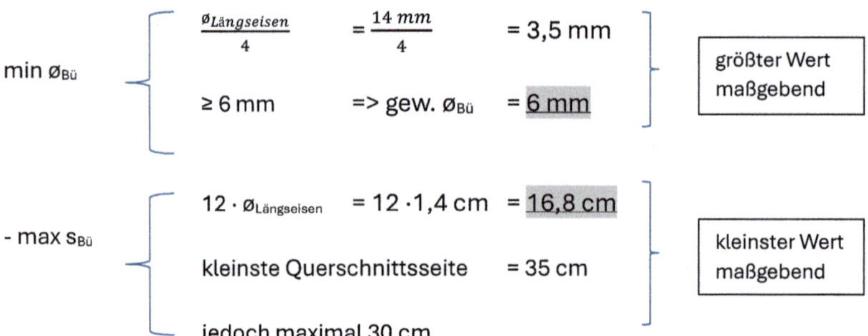

$\min \varnothing_{B\ddot{u}}$

$\dfrac{\varnothing_{L\ddot{a}ngseisen}}{4} = \dfrac{14\,mm}{4} = 3{,}5\,mm$

$\geq 6\,mm \quad \Rightarrow \text{gew.}\ \varnothing_{B\ddot{u}} = 6\,mm$

größter Wert maßgebend

$- \max s_{B\ddot{u}}$

$12 \cdot \varnothing_{L\ddot{a}ngseisen} = 12 \cdot 1{,}4\,cm = 16{,}8\,cm$

kleinste Querschnittsseite $= 35\,cm$

jedoch maximal 30 cm

kleinster Wert maßgebend

➔ gewählt: ø 6 / 15 (15 cm ≤ 16,8 cm baupraktisches Maß gewählt)

Im Kopf- und Fußbereich der Stütze werden die Abstände der Bügel um den **Faktor 0,6** vermindert (1992 Abs. 9.5.3 (4))

$\max s_{B\ddot{u}} = 15\,cm \cdot 0{,}6 = 9\,cm$

Unmittelbar über und unter Platten bzw. Balken über eine Höhe gleich der größeren Abmessung des Stützenquerschnitts.

➔ gew.: ø 6 / 9   (Im Kopf- und Fußbereich)

Tab. 8.4: Bügellänge

Haken			
Stabdurchmesser	Biegerollen- durchmesser	Haken	Länge: Ausrundung + Haken
ø < 20 mm	4· ø	10 · ø	12 · ø
ø ≥ 20 mm	7· ø	10 · ø	14 · ø

vgl. DIN EN 1992-1-1/NA:2013-04 Tabelle 8.1DE + NCI Zu 8.5, Bild 8.5

Stützenabmessungen: 35/40 cm
Betondeckung: $c_{nom} = 2{,}0$ (Beispiel)

Bügelseiten:
l   = 40 cm – 2 · c_{nom} = 36 cm
b   = 35 cm – 2 · c_{nom} = 31 cm

Bügelschloss: 12 · ø
Vorhanden: Bügel ø 6 mm
12 · ø = 12 · 6 mm = 72 mm ≙ 7,2 cm ➔ gewählt 8 cm

A.3.14

Gesamte Länge des Bügels: $l_{B\ddot{u}gel}$ = 2 · 36 cm + 2 · 31 cm + 2 · 8 cm = 150 cm

Gesamtlänge der Längseisen

Übergreifungslänge: **A3.5.1**

$$l_o = \alpha_1 \cdot l_{b,rqd} \cdot \frac{A_{Serf.}}{A_{Svorh.}}$$

$\text{min. } l_{o1} \quad = 0{,}3 \cdot l_{b,rqd}$

$\text{min. } l_{o2} \quad = 15 \cdot \varnothing_{LÄ}$

$\text{min. } l_{o3} \quad = 200 \text{ mm}$

mit $\alpha_1 = 1{,}0$

$l_o \qquad = 66 cm \cdot \dfrac{8{,}46\ cm^2}{9{,}24\ cm^2} \qquad = 60{,}4 \text{ cm}$

$\text{min. } l_{o1} \quad = 0{,}30 \cdot 66 \text{ cm} \qquad = 19{,}8 \text{ cm}$

$\text{min. } l_{o2} \quad = 15 \cdot 1{,}4 \text{ cm} \qquad = 21 \text{ cm}$

$\text{min. } l_{o3} \qquad\qquad\qquad\quad = 20 \text{ cm}$

größter Wert maßgebend

$l_o = 60{,}4 \text{ cm} \rightarrow \qquad$ gewählt $l_o = 65 \text{ cm}$

Gesamtlänge der Längseisen:

$l \quad = 2{,}40 \text{ m} + 0{,}20 \text{ m} + 0{,}65 \text{ m} = 3{,}25 \text{ m}$ (20 cm $\triangleq$ Deckenstärke / siehe Skizze)

Bewehrungsskizze:

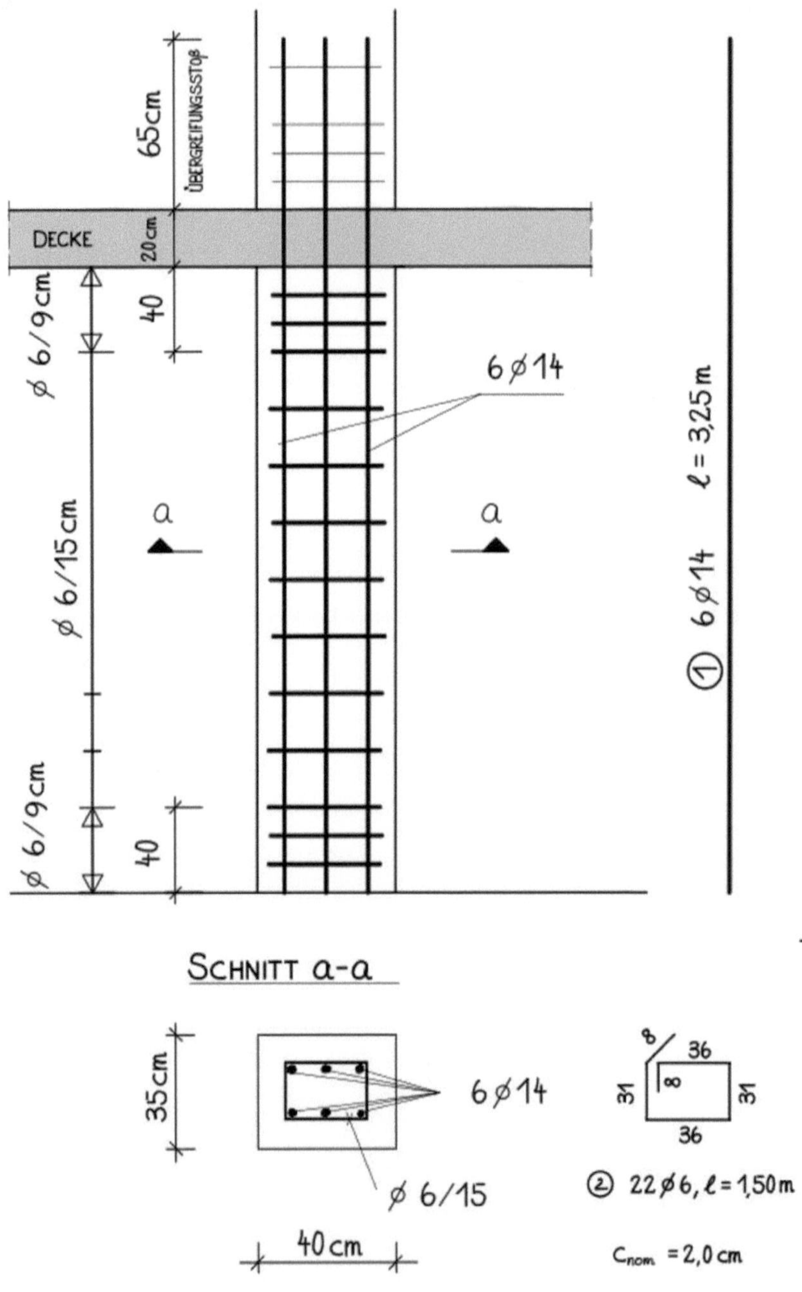

Bild 8.39: Bewehrungsskizze der Stahlbetonstütze.

8.10 Unbewehrtes Einzel-/Streifenfundament

Vgl. DIN EN 1992-2011 Abs. 12.9.3

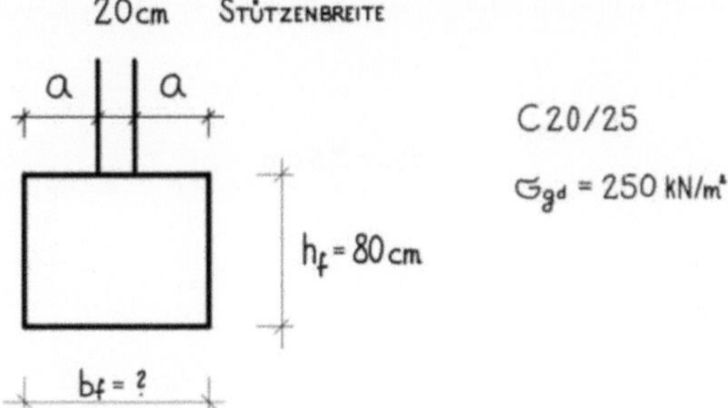

Bild 8.40: Prinzipskizze eines Einzel- bzw. Streifenfundamentes unter einer Stütze bzw. Wand.

$$\frac{0{,}85 \cdot h_F}{a} \geq \sqrt{\frac{3 \cdot \sigma_{gd}}{f_{ctd,pl}}} \quad \rightarrow \quad \text{max. } a \leq \frac{0{,}85 \cdot h_F}{\sqrt{\dfrac{3 \cdot \sigma_{gd}}{f_{ctd,pl}}}} \quad \text{mit } \frac{h_F}{a} \geq 1$$

f_{ctd} für ständige und vorübergehende Lasten i. d. R.: f_{ctd} = 0,85 · $f_{ctk;0,05}$ / 1,5

Tab. 8.5: Ausgewählte Werte entsprechend DIN EN 1992-2011 Abs. 12.9.3

Beton	f_{ctd} [kN/m²]
C16/20	760
C20/25	880
C25/30	1020
C30/37	1150

Beispiel: Fundamenthöhe h = 80 cm; C20/25; σ_{gd} = 250 kN/m²; Stützenquerschnitt 20/20cm

$$a \leq \frac{0{,}85 \cdot 0{,}80\ m}{\sqrt{\dfrac{3 \cdot 250\ kN/m^2}{880\ kN/m^2}}} = 0{,}737 \qquad \text{max. } a \rightarrow \text{gew. } a = 0{,}70$$

$$\frac{h_F}{a} = \frac{80\ cm}{70\ cm} = 1{,}14 \geq 1 \quad \checkmark$$

b_f = 70 cm + 20 cm + 70 cm

= 160 cm

Als Streifenfundament: 160 cm / 80 cm

Als Einzelfundament: 160 cm / 160 cm / 80 cm

8.11   Bewehrtes Einzelfundament

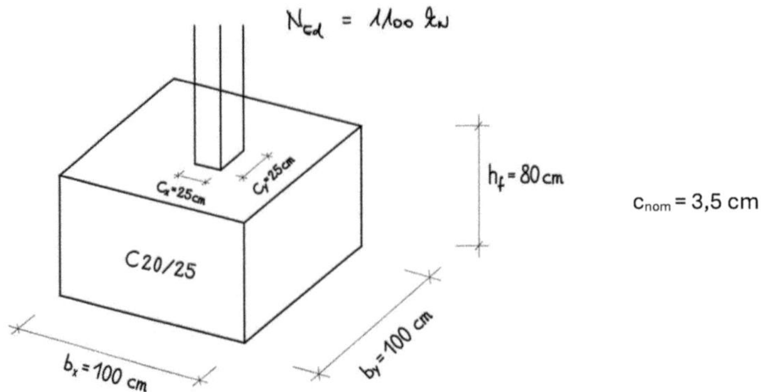

Bild 8.41: Prinzipskizze eines Einzelfundamentes mit Darstellung der draufstehenden Stütze und zentrisch einwirkender Kraft N_{Ed}.

Biegemoment:

$$M_x = N_{Ed} \cdot \frac{b_x}{8}$$

Abgerundetes Moment:

$$M_x{}' = M_x \cdot \left(1 - \frac{c_x}{b_x}\right)$$

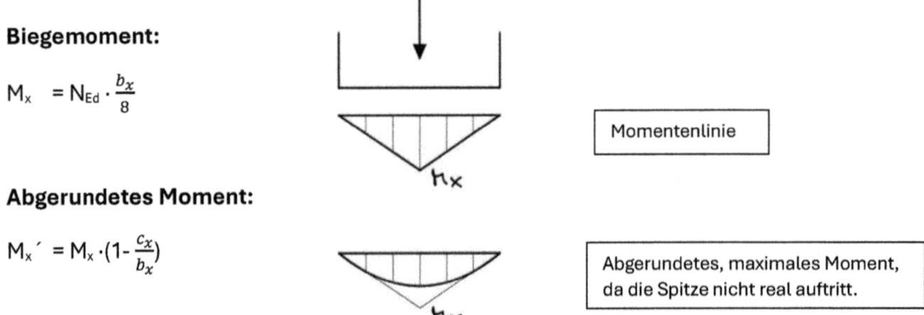

Bild 8.42: Rechnerischer und abgerundeter Momentenverlauf im Fundament infolge einer punktuellen Stützenlast.

Biegebewehrung (unterseitig) nach dem μ_{ed} - Verfahren, wobei $M_{ed,s} \triangleq M_x{}'$.

Mindestbewehrung ist zu beachten!

Biegemoment:

$$M_x = 1100 \text{ kN} \cdot \frac{100 \text{ cm}}{8} = 13750 \text{ kNcm}$$

Abgerundetes Moment:

$$M_x{}' = 13750 \text{ kNcm} \cdot \left(1 - \frac{25 \text{ cm}}{100 \text{ cm}}\right)$$

$$= 10312,5 \text{ kNcm}$$

$$\mu_{Ed} = \frac{10312,5 \text{ kNcm}}{100 \text{ cm} \cdot (80 - 3,5 - 1)^2 \cdot 1,13 \, kN/cm^2} = 0,016 \qquad \text{A3.4}$$

$$\rightarrow \omega = 0,0203$$

$$A_s = \frac{1}{43,5} \cdot (0,0203 \cdot 100 \cdot 75,5 \cdot 1,13)$$

$$= 3,98 \text{ cm}^2$$

mit d= h – c_{nom} – 1cm = 75,5 cm (bis zur Achse der Bewehrung)

Mindestbewehrung:

$$\min A_s = \frac{M_{cr}}{f_{y,k} \cdot z}$$

$$M_{cr} = = f_{ctm} \cdot W = f_{ctm} \cdot \frac{b \cdot h^2}{6} \qquad\qquad W = \frac{b \cdot h^2}{6} \text{ für Rechteckprofile}$$

$$M_{cr} = 0,22 \text{ kN/cm}^2 \cdot \frac{100 \; cm \cdot (80 \text{ cm})^2}{6}$$

$$= 23466,7 \text{ kNcm}$$

$$A_s = \frac{23466,7 \; kNcm}{0,9 \cdot 75,5 \cdot 50 \text{ kN}/cm^2}$$

$$= 6,91 \text{ cm}^2$$

→   gew. 8 ø 8 kreuzweise mit a_s = 6,28 cm²/m   **A3.10**

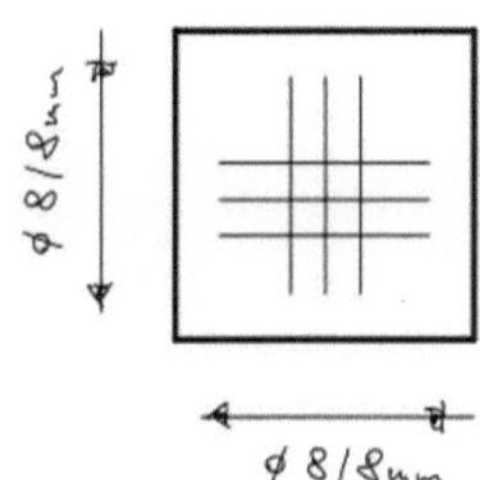

Bild 8.43: Prinzipskizze für die untere Bewehrungslage des Einzelfundamentes. Die Bewehrung ist nur ausschnittsweise dargestellt.

9 Anhänge

9.1 Anhang A1: Holz

A1. 1: Teilsicherheitsbeiwerte Holz

Teilsicherheitsbeiwerte γ_M für den Baustoff Vollholz	
Bemessungssituation	γ_M
ständige und vorübergehende	**1,30**
außergewöhnliche	**1,00**

vgl. DIN EN 1995-1-1/NA:2013-08 NDP zu 2.4.1(1)P

A1. 2: Materialkennwerte von Nadelholz

Charakteristische Materialkennwerte von Nadelholz [kN/cm²]			C24	C30	C35
	Bezug z. Faser				
Biegung		$f_{m,k}$	2,4	3,0	3,5
Schub		$f_{v,k}$	0,40	0,40	0,40
Druck	parallel	$f_{c,0,k}$	2,1	2,3	2,5
	rechtwinklig	$f_{c,90,k}$	0,25	0,27	0,28
E-Modul	parallel	$E_{0,mean}$	1100	1200	1300
E-Modul	parallel	$E_{0,05}$	740	800	870

vgl. DIN EN 338:2016-07 Tabelle 1

$E_{0,05}$ für die Stützenbemessung Kapitel 5.6

Bemessungswerte:
$$f_d = \frac{k_{mod} \cdot f_k}{\gamma_M}$$

© Der/die Herausgeber bzw. der/die Autor(en), exklusiv lizenziert an
Springer Fachmedien Wiesbaden GmbH, ein Teil von Springer Nature 2025
B. Uerek, *Dimensionierung von Holz-, Stahl- sowie Stahlbetonprofilen*,
https://doi.org/10.1007/978-3-658-48702-7

A1. 3: Bemessungswerte für k_{mod} = 0,80

Bemessungswerte für den üblichen Wohnungsbau [kN/cm^2]					
k_{mod} = 0,80 → Nutzungsklasse 1 (beheizte Räume); Lasteinwirkungsdauer KLED = „mittel" $$f_d = \frac{0,80 \cdot f_k}{1,30}$$					
	Bezug z. Faser		**C24**	**C30**	**C35**
Biegung		$f_{m,d}$	1,477	1,846	2,154
Schub		$f_{v,d}$	0,246	0,246	0,246
Druck	parallel	$f_{c,0,d}$	1,292	1,415	1,538
	rechtwinklig	$f_{c,90,d}$	0,154	0,166	0,172

vgl. DIN EN 1995-1-1:2010-12 Abs. 2.4.3 (Gl. 2.17)

A1. 4: Lasteinwirkungsdauer KLED

Lasteinwirkungsdauer KLED	**KLED**
Nutzlasten	
Spitzböden, Wohn- und Aufenthaltsräume	**mittel**
Büros, Arbeitsflächen, Flure	**mittel**
nicht begehbare Dächer, außer für übliche Erhaltungsmaßnahmen, Reparaturen	**kurz**
Windlasten nach DIN EN 1991-1-4	**kurz/sehr kurz**
Schneelasten nach DIN EN 1991-1-3 Geländehöhe ü. NN ≤ 1000 m	**kurz**

vgl. DIN EN 1995-1-1/NA:2013-08 Tab. NA.1

A1. 5 Nutzungsklasse + k_{def} für Vollholz

Nutzungsklasse NKL + k_{def}	**NKL**	**k_{def}**
Einsatzort		
beheizte Innenräume	1	**0,60**
überdachte, offene Tragwerke	2	**0,80**
frei der Witterung ausgesetzt	3	**2,00**

vgl. DIN EN 1995-1-1:2010-12 Abs. 2.3.1.3 + Tab. 3.2

A1. 6: Modifikationsbeiwert k_{mod}

Modifikationsbeiwert k_{mod} für Vollholz, Brettschichtholz			
NKL	KLED „mittel"	KLED „kurz"	KLED „sehr kurz"
1	0,80	0,90	1,10
2	0,80	0,90	1,10
3	0,65	0,70	0,90

vgl. DIN EN 1995-1-1:2010-12 Tab. 3.1 – Werte für k_{mod}

„Bei Wind darf für $k$mod das Mittel aus kurz und sehr kurz verwendet werden."
(DIN EN 1995-1-1/NA:2013-08 Tab. NA.1)

Sofern also Windlasten berücksichtigt werden, darf wie im Kapitel 5.5 bei der Bemessung eines Sparrens in der NKL 2 ein Mittel aus 1,10 und 0,90 verwendet werden. Für den Sparren im Kapitel 5.5 wurde daher mit k_{mod} = 1,00 gerechnet.

Für die Stützenbemessung:

A1. 7: Knicksicherheitsbeiwerte k_c (Zwischenwerte dürfen interpoliert werden)

λ	C24	C30	C35	C40		λ	C24	C30	C35	C40
15	1,000	1,000	1,000	1,000		105	0,279	0,276	0,276	0,286
20	0,991	0,991	0,991	0,992		110	0,256	0,253	0,253	0,263
25	0,971	0,970	0,970	0,972		115	0,236	0,233	0,233	0,242
30	0,948	0,947	0,947	0,950		120	0,218	0,216	0,216	0,223
35	0,920	0,919	0,919	0,923		125	0,202	0,200	0,200	0,207
40	0,887	0,885	0,885	0,890		130	0,188	0,185	0,185	0,192
45	0,846	0,843	0,843	0,851		135	0,175	0,173	0,173	0,179
50	0,796	0,793	0,793	0,803		140	0,163	0,161	0,161	0,167
55	0,739	0,734	0,734	0,747		145	0,153	0,151	0,151	0,156
60	0,676	0,671	0,672	0,686		150	0,143	0,141	0,141	0,147
65	0,614	0,608	0,608	0,624		160	0,126	0,125	0,125	0,130
70	0,554	0,548	0,549	0,564		170	0,112	0,111	0,111	0,115
75	0,499	0,494	0,494	0,509		180	0,101	0,099	0,099	0,103
80	0,450	0,445	0,445	0,459		190	0,091	0,090	0,090	0,093
85	0,406	0,402	0,402	0,415		200	0,082	0,081	0,081	0,084
90	0,368	0,364	0,364	0,376		210	0,075	0,074	0,074	0,077
95	0,335	0,331	0,331	0,342		220	0,068	0,067	0,067	0,070
100	0,305	0,302	0,302	0,312		230	0,063	0,062	0,062	0,064

Quelle: Eigene Darstellung. Berechnung der Werte in Anlehnung an DIN EN 1995-1-1:2010-12 Abs. 6.3.2
Formeln siehe Kapitel 5.6 Holzstütze

A1. 8: Holzquerschnitte

b	/	h	A	W_y	W_z	I_y	I_z	i_y	i_z
[cm]		[cm]	[cm²]	[cm³]	[cm³]	[cm⁴]	[cm⁴]	[cm]	[cm]
8	/	8	64	85	85	341	341	2,31	2,31
8	/	10	80	133	106	667	427	2,89	2,31
8	/	12	96	192	128	1152	512	3,47	2,31
8	/	14	112	261	149	1829	597	4,05	2,31
8	/	16	128	341	170	2731	683	4,62	2,31
8	/	18	144	432	192	3888	768	5,20	2,31
8	/	20	160	533	213	5333	853	5,78	2,31
8	/	22	176	645	234	7099	939	6,36	2,31
8	/	24	192	768	256	9216	1024	6,93	2,31
10	/	10	100	166	166	833	833	2,89	2,89
10	/	12	120	240	200	1440	1000	3,47	2,89
10	/	14	140	326	233	2287	1167	4,05	2,89
10	/	16	160	426	266	3413	1333	4,62	2,89
10	/	18	180	540	300	4860	1500	5,20	2,89
10	/	20	200	666	333	6667	1667	5,78	2,89
10	/	22	220	806	366	8873	1833	6,36	2,89
10	/	24	240	960	400	11520	2000	6,93	2,89
10	/	26	260	1126	433	14647	2167	7,51	2,89
12	/	12	144	288	288	1728	1728	3,47	3,46
12	/	14	168	392	336	2744	2016	4,05	3,46
12	/	16	192	512	384	4096	2304	4,62	3,46
12	/	18	216	648	432	5832	2592	5,20	3,46
12	/	20	240	800	480	8000	2880	5,78	3,46
12	/	22	264	968	528	10648	3168	6,36	3,46
12	/	24	288	1152	576	13824	3456	6,93	3,46
12	/	26	312	1352	624	17576	3744	7,51	3,46
12	/	28	336	1568	672	21952	4032	8,09	3,46
14	/	14	196	457	457	3201	3201	4,05	4,04
14	/	16	224	597	522	4779	3659	4,62	4,04
14	/	18	252	756	588	6804	4116	5,20	4,04
14	/	20	280	933	653	9333	4573	5,78	4,04
14	/	22	308	1129	718	12423	5031	6,36	4,04
14	/	24	336	1344	784	16128	5488	6,93	4,04
14	/	26	364	1577	849	20505	5945	7,51	4,04
14	/	28	392	1829	914	25611	6403	8,09	4,04
16	/	16	256	682	682	5461	5461	4,62	4,62
16	/	18	288	864	768	7776	6144	5,20	4,62
16	/	20	320	1066	853	10667	6827	5,78	4,62
16	/	22	352	1290	938	14197	7509	6,36	4,62
16	/	24	384	1536	1024	18432	8192	6,93	4,62
16	/	26	416	1802	1109	23435	8875	7,51	4,62
16	/	28	448	2090	1194	29269	9557	8,09	4,62
18	/	18	324	972	972	8748	8748	5,20	5,20
18	/	22	396	1452	1188	15972	10692	6,36	5,20
20	/	20	400	1333	1333	13333	13333	5,78	5,77
20	/	24	480	1920	1600	23040	16000	6,93	5,77

9.2 Anhang A2: Stahl

A2. 1: Teilsicherheitsbeiwerte Stahl

Teilsicherheitsbeiwerte γ_M für den Baustoff Stahl	
Bemessungssituation	
Kein Stabilitätsversagen (z. B. Träger)	$\gamma_M = 1,00$
Stabilitätsversagen (z. B. Stützen)	$\gamma_{M1} = 1,10$

vgl. DIN EN 1993-1-1/NA:2022-10 NDP zu 6.1(1) Anmerkung 2B

A2. 2: Materialkennwerte von Stahl

Ausgewählte Bemessungswerte für Biegung σ_{Rd} und Schub τ_{Rd} in [kN/cm^2] inkl. Teilsicherheitsbeiwert:

	S 235		S 355	
γ_M	σ_{Rd}	τ_{Rd}	σ_{Rd}	τ_{Rd}
1,00	23,5	13,6	35,5	20,5
E-Modul	21000 kN/cm^2			

vgl. DIN EN 1993-1-1:2010-12, Tab.3.1 ; mit $\tau_{Rd} = \sigma_{Rd} / \sqrt{3}$

A2. 3: Abminderungsfaktoren χ der Knicklinien für Stahlstützen

λ	a	b	c	d	λ	a	b	c	d
0,20	1,000	1,000	1,000	1,000	1,40	0,418	0,385	0,349	0,306
0,30	0,977	0,964	0,949	0,923	1,50	0,372	0,342	0,315	0,277
0,40	0,953	0,926	0,897	0,850	1,60	0,333	0,308	0,284	0,251
0,50	0,924	0,884	0,843	0,779	1,70	0,299	0,278	0,258	0,229
0,60	0,890	0,837	0,785	0,710	1,80	0,27	0,252	0,235	0,209
0,70	0,848	0,784	0,725	0,643	1,90	0,245	0,229	0,214	0,192
0,80	0,796	0,724	0,662	0,580	2,00	0,223	0,209	0,196	0,177
0,90	0,734	0,661	0,600	0,521	2,10	0,204	0,192	0,180	0,163
1,00	0,667	0,597	0,540	0,467	2,20	0,187	0,176	0,166	0,151
1,10	0,596	0,535	0,484	0,419	2,30	0,172	0,163	0,154	0,140
1,20	0,530	0,478	0,434	0,376	2,40	0,159	0,151	0,143	0,130
1,30	0,470	0,427	0,389	0,339	2,50	0,147	0,140	0,132	0,121

Berechnung der Werte in Anlehnung an DIN EN 1993-1-1:2010-12, Abs. 6.3.1.2, Formeln siehe Kapitel 6.5 Stahlstütze

A2. 4: Zuordnung der Querschnitte zu den Knicklinien

Querschnitt			Ausweichen rechtwinklig zur Achse	Knicklinie für S235, S275, S355
gewalzte I – Profile Doppel-T-Träger	h/b > 1,2	$t_f \leq 40$ mm	y-y	a
			z-z	b
		40 mm < $t_f \leq 100$ mm	y-y	b
			z-z	c
	h/b ≤ 1,2	$t_f \leq 100$ mm	y-y	b
			z-z	c
		$t_f > 100$ mm	y-y; z-z	d
Hohlprofile Rund-/Rechteck-/ Quadratrohrprofile		warmgefertigt	jede Richtung	a

vgl. DIN EN 1993-1-1:2010-12, Tab. 6.2

A2. 5: Querschnittswerte von Stahlprofilen

h	Profilhöhe
b	Profilbreite
d	Höhe des geraden Stegteils
t_f	Flanschdicke
t_w	Stegdicke
A	Querschnittsfläche
A_v	wirksame Schubfläche
I	Trägheitsmoment
W	Widerstandsmoment (elastisch, plastisch)

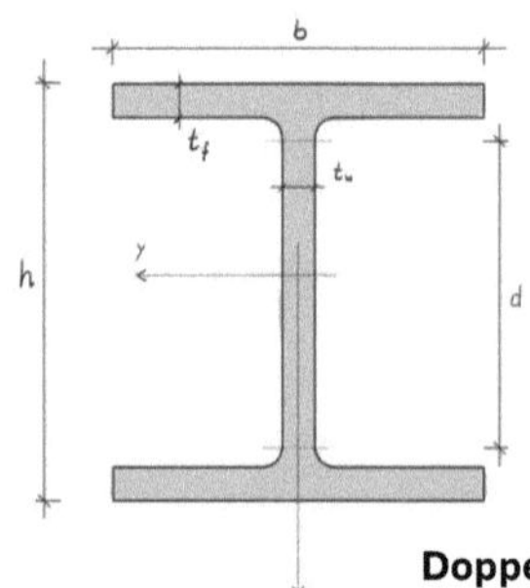

Doppel-T-Träger.

IPE-Profile Querschnittswerte vgl. DIN 1025-5 (1994-03) Tab. 1										
Nenn-höhe	h [mm]	b [mm]	t_f [mm]	A [cm²]	Av [cm²]	I_y [cm⁴]	I_z [cm⁴]	Wpl,y [cm³]	Wpl,z [cm³]	M [kg/m]
80	80	46	5,2	7,64	3,58	80,1	8,49	23,2	5,82	6,00
100	100	55	5,7	10,3	5,08	171	15,9	39,4	9,15	8,10
120	120	64	6,3	13,2	6,31	318	27,7	60,7	13,6	10,4
140	140	73	6,9	16,4	7,64	541	44,9	88,3	19,2	12,9
160	160	82	7,4	20,1	9,66	869	68,3	124	26,1	15,8
180	180	91	8,0	23,9	11,3	1320	101	166	34,6	18,8
200	200	100	8,5	28,5	14,0	1940	142	221	44,6	22,4
220	220	110	9,2	33,4	15,9	2 770	205	285	58,1	26,2
240	240	120	9,8	39,1	19,1	3890	284	367	73,9	30,7
270	270	135	10,2	45,9	22,1	5 790	420	484	97,0	36,1
300	300	150	10,7	53,8	25,7	8 360	604	628	125	42,2
330	330	160	11,5	62,6	30,8	11770	788	804	154	49,1
360	360	170	12,7	72,7	35,1	16 270	1040	1019	191	57,1
400	400	180	13,5	84,5	42,7	23130	1320	1307	229	66,3

HEA-Profile Querschnittswerte vgl. DIN 1025-3 (1994-03)

Nenn-höhe	h [mm]	b [mm]	t_f [mm]	A [cm²]	A_v [cm²]	I_y [cm⁴]	I_z [cm⁴]	Wpl,y [cm3]	Wpl,z [cm³]	M [kg/m]
100	96	100	8	21,2	7,56	349	134	83,0	41,1	16,7
120	114	120	8	25.3	8.46	606	231	119	58,9	19,9
140	133	140	8,5	31.4	10,1	1 030	389	173	84,8	24,7
160	152	160	9	38,8	13,2	1 670	616	245	118	30.4
180	171	180	9,5	45,3	14,5	2 510	925	325	156	35,5
200	190	200	10	53,8	18,1	3 690	1 340	429	204	42,3
220	210	220	11	64,3	20,7	5 410	1 950	568	271	50,5
240	230	240	12	76,8	25,2	7760	2 770	745	352	60,3
260	250	260	12,5	86,8	28,8	10 450	3 670	920	430	68,2
280	270	280	13	97,3	31,7	13 670	4 760	1 112	518	76.4
300	290	300	14	112	37,3	18 260	6 310	1 383	641	88,3
320	310	300	15,5	124	41,1	22 930	6990	1 628	710	97,6
340	330	300	16,5	133	45,0	27 690	7 440	1 850	756	105
360	350	300	17,5	143	49.0	33 090	7 890	2 088	802	112
400	390	300	19	159	57,3	45 070	8 560	2 562	873	125

HEB-Profile Querschnittswerte vgl. DIN 1025-2 (1995-11)

Nenn-höhe	h [mm]	b [mm]	t_f [mm]	A [cm²]	A_v [cm²]	I_y [cm⁴]	I_z [cm⁴]	Wpl,y [cm³]	Wpl,z [cm³]	M [kg/m]
100	100	100	10	26,0	9,04	450	167	104	51,4	20,4
120	120	120	11	34,0	11,0	864	318	165	81,0	26.7
140	140	140	12	43.0	13,1	1 510	550	245	120	33.7
160	160	160	13	54,3	17,6	2 490	889	354	170	42,6
180	180	180	14	65,3	20,2	3 830	1 360	481	231	51.2
200	200	200	15	78,1	24,8	5 700	2 000	643	306	61,3
220	220	220	16	91,0	27,9	8 090	2 840	827	394	71,5
240	240	240	17	106	33,2	11 260	3 920	1 053	498	83,2
260	260	260	17,5	118	37,6	14 920	5 130	1 283	602	93,0
280	280	280	18	131	41,1	19 270	6 590	1 534	718	103
300	300	300	19	149	47,4	25 170	8 560	1 869	870	117
320	320	300	20,5	161	51,8	30 820	9 240	2 149	939	127
340	340	300	21,5	171	56,1	36 660	9 690	2 408	986	134
360	360	300	22,5	181	60,6	43 190	10 140	2 683	1 032	142
400	400	300	24	198	70,0	57 680	10 820	3 232	1 104	155

Kreisförmige -Hohlprofile
Querschnittswerte vgl. DIN 10219-2 (2019_07)

ø	t	A	$I_y \triangleq I_z$	i	W_{pl}	M
[mm]	[mm]	[cm]	[cm]	[cm]	[cm]	[kg/m]
48,3	2,6	3,73	9,78	1,63	5,44	2,93
1/1	5,0	6,80	16,2	1,54	9.42	5,34
60.3	2,6	4,71	19,7	2,04	8,66	3,70
1/1	5,0	8,69	33,5	1,96	15,3	6,82
76.1	2.6	6.00	40,6	2,60	14,1	4,71
1/1	5,0	11,17	70,9	2,52	25,3	8,77
88,9	3,2	8,62	79,2	3,03	23,5	6,76
1/1	5.0	13,2	116	2,97	35,2	10,3
101,6	3,2	9,89	120	3,48	31,0	7,8
1/1	6,3	18,9	215	3,38	57,3	14,8
114,3	3,2	11,2	172	3,93	39,5	8,8
1/2	6,3	21.4	313	3,82	73,6	16,8
139,7	4,0	17,1	393	4,80	74	13.4
1/2	8.0	33.1	720	4,66	139	26,0
168,3	4.0	20,6	697	5,81	108	16,2
1/2	8,0	40,3	1 297	5,67	206	31,6

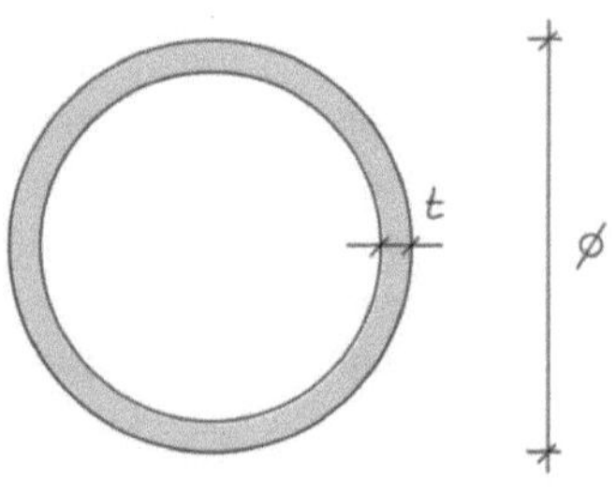

Rundrohrprofil (RR)

Quadratische -Hohlprofile
Querschnittswerte vgl. DIN 10219-2 (2019_07)

b x b	t	A	$I_y \triangleq I_z$	i	W_{pl}	M
[mm]	[mm]	[cm]	[cm]	[cm]	[cm]	[kg/m]
40	4,0	5,59	11,8	1,45	7,44	4,39
1/1	5,0	6,73	13,4	6,68	8,66	5,28
60	4,0	8,79	45,4	2,27	18,3	6,90
1/1	6,0	12,6	59,9	2,18	25,5	9,78
80	4,0	12,0	114	3,09	34,0	9,41
1/1	6,0	17,4	156	3,00	47,8	13,6
100	4,0	15,2	232	3,91	54,4	11,9
1/1	6,0	22,2	323	3,82	77,6	17,4
120	4,0	27	579	4,63	115	21,2
1/1	8,0	35,2	726	4,55	146	27,6
140	6,0	31,8	944	5,45	159	24,9
1/1	8,0	41,6	1195	5,36	204	32,6
160	8,0	48,0	1831	6,18	272	37,6
1/1	10,0	58,9	2186	6,09	329	46,3
180	8,0	54,4	2661	7,00	349	42,7
1/2	10,0	66,9	3193	6,91	424	52,5

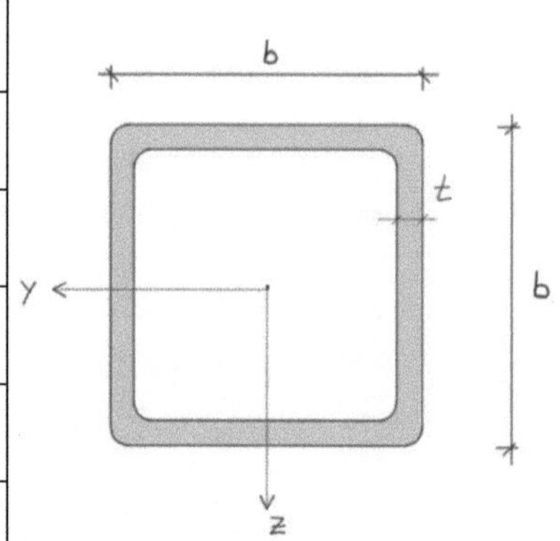

Quadratrohrprofil (QR)

9.3 Anhang A3: Stahlbeton

A3. 1: Teilsicherheitsbeiwerte Stahlbeton

Teilsicherheitsbeiwerte für den Baustoff Beton und Bewehrungsstahl		
Bemessungssituation	Beton γc	Bewehrungsstahl (B500) γs
ständige und vorübergehende	**1,50**	**1,15**
außergewöhnliche Bemessungssituation	**1,30**	**1,00**

vgl. DIN EN 1992-1-1/NA:2013-04 Tab. 2.1DE

A3. 2: Materialkennwerte von Beton und Betonstahl

Charakteristische Druck- und Zugfestigkeiten				
N/mm²	C20/25	C25/30	C30/37	C35/45
f_{ck}	20	25	30	35
$f_{ck,cube}$	25	30	37	45
f_{ctm}	2,2	2,6	2,9	3,2
ε_{c2}	2,0 ‰			
ε_{cu2}	3,5 ‰			

vgl. DIN EN 1992-1-1:2011-01 Tab. 3.1

Bemessungswert der Druckfestigkeit in **[kN/cm²]** inklusive Sicherheitsfaktoren

f_{cd} [kN/cm²]	1,13	1,42	1,7	1,98

$$f_{cd} = \frac{\alpha \cdot f_{ck}}{\gamma_c} = \frac{0{,}85 \cdot f_{ck}}{1{,}50}$$

Beispiel:

C20/25 → f_{ck} = 20 N/mm² ≙ 2,0 kN/cm²

$f_{cd} = \dfrac{0,85 \cdot 2,0\ kN/cm^2}{1,50} = 1,13$ kN/cm²

γ_c Teilsicherheitsbeiwerte für Beton

α Abminderungsbeiwerte zur Berücksichtigung von Langzeitwirkungen sowie von ungünstigen Auswirkungen durch die Art der Beanspruchung auf die Druck- bzw. Zugfestigkeit des Betons:

      $\alpha_{cc} = \alpha_{ct} = 0,85$

Druck- und Zugfestigkeit von Betonstahl B500A und B

B500A bzw. B → 500 N/mm²

f_{yk}	50,0 kN/cm²
$f_{yd} \triangleq \sigma_{sd}$	43,5 kN/cm²

vgl. DIN EN 1992-1-1/NA:2013-04 NDP zu 3.2.2 (3)P mit $f_{yd} = f_{yk}/\gamma_s$

A3. 3: Ausgewählte Expositionsklassen und Betondeckungen c_{nom}

Expositionsklasse	Mindestbetondeckung $c_{min,dur}$ [cm]	Vorhaltemaß Δc_{dev} [cm]	Nennmaß der Betondeckung $c_{nom} = c_{min,dur} + \Delta c_{dev}$
XC1	1,0	1,0	2,0 cm
XC2 / XC2	2,0	1,5	3,5 cm
XC4	2,5	1,5	4,0 cm

vgl. DIN DIN EN 1992-1-1/NA:2013-04 Tabelle 4.1 + E.1DE

A3. 4: μ_{Eds} – Verfahren

$$\mu_{Eds} = \frac{M_{Eds}}{b_{eff} \cdot d^2 \cdot f_{cd}} \;[\text{-}] \;\rightarrow\; \omega\;[\text{Tabelle s.u.}] \;\rightarrow\; A_{s1} = \frac{1}{\sigma_{sd}}\,(\omega \cdot b \cdot d \cdot f_{cd})$$

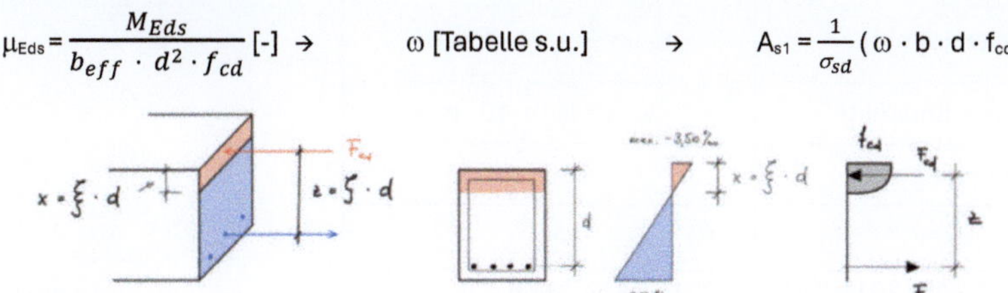

µEds	ω	ξ	ζ	ε_{c2}	ε_{s1}	σ_{sd}
0,01	0,0101	0,030	0,990	-0,77	25,00	435
0,02	0,0203	0,044	0,985	-1,15	25,00	435
0,03	0,0306	0,055	0,980	-1,46	25,00	435
0,04	0,0410	0,066	0,976	-1,76	25,00	435
0,05	0,0515	0,076	0,971	-2,06	25,00	435
0,06	0,0621	0,086	0,967	-2,37	25,00	435
0,07	0,0728	0,097	0,962	-2,68	25,00	435
0,08	0,0836	0,107	0,956	-3,01	25,00	435
0,09	0,0946	0,118	0,951	-3,35	25,00	435
0,10	0,1057	0,131	0,946	-3,50	23,29	435
0,11	0,1170	0,145	0,940	-3,50	20,71	435
0,12	0,1285	0,159	0,934	-3,50	18,55	435
0,13	0,1401	0,173	0,928	-3,50	16,73	435
0,14	0,1518	0,188	0,922	-3,50	15,16	435
0,15	0,1638	0,202	0,916	-3,50	13,80	435
0,16	0,1759	0,217	0,910	-3,50	12,61	435
0,17	0,1882	0,232	0,903	-3,50	11,56	435
018	0,2007	0,248	0897	-3,50	10,62	435
0,19	0,2134	0,264	0,890	-3,50	9,78	435
0,20	0,2263	0,280	0,884	-3,50	9,02	435
0,21	0,2395	0,296	0,877	-3,50	8,33	435
0,22	0,2528	0,312	0,870	-3,50	7,71	435
0,23	0,2665	0,329	0,863	-3,50	7,13	435
0,24	0,2804	0,346	0,856	-3,50	6,60	435
0,25	0,2946	0,364	0,849	-3,50	6,12	435
0,26	0,3091	0,382	0,841	-3,50	5,67	435
0,27	0,3239	0,400	0,834	-3,50	5,25	435
0,28	0,3391	0,419	0,826	-3,50	4,86	435
0,29	0,3546	0,438	0,818	-3,50	4,49	435
0,30	0,3706	0,458	0,810	-3,50	4,15	435
0,31	0,3869	0,478	0,801	-3,50	3,82	435
0,32	0,4038	0,499	0,793	-3,50	3,52	435
0,33	0,4211	0,520	0,784	-3,50	3,23	435
0,34	0,4391	0,542	0,774	-3,50	2,95	435
0,35	0,4576	0,565	0,765	-3,50	2,69	435
0,36	0,4768	0,589	0,755	-3,50	2,44	435
0,37	0,4968	0,614	0,745	-3,50	2,20	435
0,38	0,5177	0,640	0,734	-3,50	1,97	395
0,39	0,5396	0,667	0,723	-3,50	1,75	350
0,40	0,627	0,695	0,711	-3,50	1,54	307

Bilineare Arbeitslinie des Betonstahls mit horizontalem Verlauf des oberen Astes (siehe Kapitel 9.3)

A3. 5: Verankerungslänge

Am Endauflager (direkt)	$l_{bd,dir} = \dfrac{2}{3} \cdot l_{bd} \geq 6{,}7 \cdot \varnothing$
Am Endauflager (indirekt)	$l_{bd,ind} = l_{bd} \geq 10 \cdot \varnothing$
Am Zwischenauflager	$l = 6 \cdot \varnothing$
Im Feld	$l = l_{bd}$

vgl. DIN EN 1992-1-1:2011-01 + /NA:2013-04 NCI zu 8.4.4

Mit l_{bd} ohne angeschweißten Querstäben, also lose Bewehrungsstäbe:

$$l_{bd} = \alpha_1 \cdot l_{b,rqd} \cdot \frac{A_{s,erf.}}{A_{s,vorh.}} \geq l_{b,min}$$

α_1:   gerades Stabende $\alpha_1 = 1{,}0$

Haken, Winkelhaken, Schlaufen
(lose verlegt, nicht angeschweißt) $\alpha_1 = 0{,}7$

$l_{b,min}$:   Verankerung von Zugstäben[1] $l_{b,min} = 0{,}3 \cdot \alpha_1 \cdot l_{b,rqd} \geq 10 \cdot \varnothing$
Verankerung von Druckstäben $l_{b,min} = 0{,}6 \cdot l_{b,rqd} \geq 10 \cdot \varnothing$

[1] ohne angeschweißte Querstäbe

$A_{s,vorh.}$ $\triangleq$ vorhandene Bewehrung im Verankerungsbereich

$A_{s,erf.}$ $= \dfrac{F}{43{,}5\ kN/cm^2}$ (Regelfall s. u.: $F = 0{,}60 \cdot V_{Ed}$)

Es gilt:
$F \geq 0{,}5 \cdot V_{Ed}$ ($F \triangleq$ Zugkraft in Richtung der Bewehrungsachse)
$F = |V_{Ed}| \cdot \dfrac{a_l}{z} + N_{Ed}$
mit $a_l = \dfrac{z}{2} \cdot (\cot \theta - \cot \alpha)$

$V_{Ed} =$ Kraft quer zur Bauteilachse (z. B. Querkraft am Auflager zur Verankerung
der Bewehrungsstäbe über dem Auflager)
$\theta \triangleq$ Winkel der Betondruckstrebe zur Bauteilachse, $\cot \theta = 1{,}20$
$\alpha \triangleq$ Winkel der Bügel zur Bauteilachse, $\cot 90° = 0$
$z \triangleq$ innerer Hebelarm $z = 0{,}90 \cdot d$

Regelfall:
-      $a_l = \dfrac{z}{2} \cdot 1{,}20 = z \cdot 0{,}60$
- $N_{Ed} = 0$ (Kraft in Richtung der Bauteilachse)

$\rightarrow$ $F = V_{Ed} \cdot \dfrac{z \cdot 0{,}60}{z} = \mathbf{F = 0{,}60 \cdot V_{Ed}}$

$l_{b,rqd}$ [cm]: Grundmaß der Verankerungslänge

Beton	ø 6	ø 8	ø 10	ø 12	ø 14	ø 16	ø 20	ø 25	ø 28
C16/20	33	43	54	65	76	87	109	136	152
C20/25	28	37	47	56	66	75	94	117	131
C25/30	24	32	40	48	57	65	81	101	113
C30/37	21	29	36	43	50	57	71	89	100
C35/45	19	26	32	39	45	52	64	81	90

vgl. DIN EN 1992-1-1:2011-01 Abs. 8.4.3

Beispiel:
Verankerung am direkten Endauflager (Stahlbetonbalken auf Mauerwerkswand)
- C20/25
- Querkraft am Endauflager Q_A = 100 kN
- zu verankernde Bewehrung am Endauflager: 3 ø 16 mit $A_{s,vorh}$ = 6,03 cm^2

Der größere Wert folgender 3 Werte ist maßgebend:

1) $l_{bd} = \alpha_1 \cdot l_{b,rqd} \cdot \dfrac{A_{s,erf.}}{A_{s,vorh.}}$

2) $l_{b,min} = 0,3 \cdot \alpha_1 \cdot l_{b,rqd}$

3) $l_{b,min} = 10 \cdot ø$

zu 1)　　$l_{bd} = 1,0 \cdot 75 \text{ cm} \cdot \dfrac{2,30 \; cm^2}{6,03 \; cm^2} = \textbf{28,6 cm}$

　　　　mit $A_{s,erf}$:

　　　　F= 0,60 · 100 kN = 60 kN

　　　　$A_{s,erf} = \dfrac{100}{43,5 \; kN/cm^2} = 2,30 \text{ cm}^2$

zu 2)　　$l_{b,min} = 0,3 \cdot 75 = \textbf{22,5 cm}$

zu 3)　　$l_{b,min} = 10 \cdot 1,6 \text{ cm} = \textbf{16 cm}$　　　　(ø16mm ≙ 1,6 cm)

→ l_{bd} = **28,6 cm** maßgebend!

<u>Verankerung am Endauflager direkt:</u>

$l_{bd,dir} = \dfrac{2}{3} \cdot l_{bd}$　　→　　$\dfrac{2}{3} \cdot 28,6 \text{ cm} = \textbf{19,1 cm}$

$l_{bd,dir} = 6,7 \cdot ø$　　→　　6,7 · 1,6 cm = 10,7 cm

Verankerungslänge am direkten Endauflager mindestens 19,1 cm

A3.5.1 Übergreifungsstöße für Druckkräfte (z. B. bei Anschlusseisen von Stützen)

$$l_o = \alpha_1 \cdot l_{b,rqd} \cdot \frac{A_{s,erf.}}{A_{s,vorh.}} \geq l_{0,min}$$

$l_{0,min} = 0,3 \cdot \alpha_1 \cdot l_{b,rqd}$

$l_{0,min} = 15 \cdot \varnothing$ der größere Wert ist maßgebend!

$l_{0,min} = 200$ mm

$\alpha_1 = 1,0$ $\triangleq$ gerades Stabende (Haken im Druckbereich nicht zulässig)

$l_{b,rqd}$ $\triangleq$ Grundmaß der Verankerungslänge

$A_{s,erf.}$ $\triangleq$ rechnerisch erforderliche Bewehrung (Stützen: Bewehrung aus dem Knicknachweis)

$A_{s,vorh.}$ $\triangleq$ gewählte, einzubauende Bewehrung

A3. 6: Mindestbügelbewehrung in cm2/m

min $a_{sw} \geq \rho v_{w,im} \cdot b_w \cdot \sin \alpha$ (mit α Neigung der Bügel i.d.R. 90°, somit sin 90° = 1,0)				
Beton	C20/25	C25/30	C30/37	C35/45
$\rho_{w,im}$ [%]	0,071	0,082	0,093	0,103

vgl. DIN EN 1992-1-1/NA:2013-04 NDP zu 9.2.2 (5)

Beispiel: Stahlbetonbalken b/h = 30/40 cm; C20/25

senkrechte Bügel $\alpha = 90° \rightarrow \sin 90° = 1,0$

Mindestbügelbewehrung:

min $a_{sw} = 0,071 \cdot 20$ cm = 1,42 cm²/m

A3. 7: Maximale Bügelabstände

Querkraftausnutzung	Längsabstand der Bügel
$\dfrac{V_{Ed}}{V_{Rd,max}} \leq 0,30$	$s_{max} = 0,7 \cdot h$, mind. 30 cm
$0,30 < \dfrac{V_{Ed}}{V_{Rd,max}} \leq 0,60$	$s_{max} = 0,5 \cdot h$, mind. 30 cm
$\dfrac{V_{Ed}}{V_{Rd,max}} > 0,60$	$s_{max} = 0,25 \cdot h$, mind. 20 cm

vgl. DIN EN 1992-1-1/NA:2013-04 NDP zu 9.2.2 (6)

V_{Ed} $\triangleq$ größte aufzunehmende Querkraft (Balken: Querkraft am Auflager)

$V_{Rd,max}$ $\triangleq$ Maximale Querkrafttragfähigkeit des Betons mit Bügelbewehrung

$$V_{Rd,max} = \frac{b_w \cdot z \cdot 0,75 \cdot f_{cd}}{\cot \theta + \tan \theta}$$

b_w	= Balkenbreite
z	= $0,9 \cdot d$
f_{cd}	= Druckfestigkeit des Betons
$\cot \theta$	= 1,20 und $\tan \theta$ = 1 / 1,20

A3. 8: Bewehrungsstäbe

Querschnitte von Balkenbewehrungen A_S [cm^2]										
Stabdurchmesser ser Ø [mm]	Anzahl der Stäbe									
	1	2	3	4	5	6	7	8	9	10
6	0,28	0,57	0,85	1,13	1,41	1,70	1,98	2,26	2,54	2,83
8	0,50	1,01	1,51	2,01	2,51	3,02	3,52	4,02	4,52	5,03
10	0,79	1,57	2,36	3,14	3,93	4,71	5,50	6,28	7,07	7,85
12	1,13	2,26	3,39	4,52	5,65	6,79	7,92	9,05	10,2	11,3
14	1,54	3,08	4,62	6,16	7,7	9,24	10,8	12,3	13,9	15,4
16	2,01	4,02	6,03	8,04	10,1	12,1	14,1	16,1	18,1	20,1
20	3,14	6,28	9,42	12,6	15,7	18,8	22,0	25,1	28,3	31,4
25	4,91	9,82	14,7	19,6	24,5	29,5	34,4	39,3	44,2	49,1
28	6,16	12,3	18,5	24,6	30,8	36,9	43,1	49,3	55,4	61,6
32	8,04	16,1	24,1	32,2	40,2	48,3	56,3	64,3	72,4	80,4
40	12,57	25,1	37,7	50,3	62,8	75,4	88,0	100,5	113,1	125,7

$$A = \frac{\pi \cdot \phi^2}{4} \cdot \text{Anzahl der Stäbe}$$

Beispiel ø 8mm ≙ 0,8 cm:

$$A = \frac{\pi \cdot (0{,}8cm)^2}{4} \cdot 1 = 0{,}5027 \text{ cm}^2$$
$$A = \frac{\pi \cdot (0{,}8cm)^2}{4} \cdot 2 \approx 1{,}01 \text{ cm}^2$$

A3. 9: Bügelbewehrung

Zweischnittige Bügel: Querschnittswerte a_S [cm^2/m]						
Abstand s [cm]	Bügeldurchmesser $Ø_{Bü}$ [mm]					
	6	8	10	12	14	16
6,0	9,42	16,76	26,18	37,70	51,31	67,02
7,0	8,08	14,36	22,44	32,31	43,98	57,45
7,5	7,54	13,40	20,94	30,16	41,05	53,62
8,0	7,07	12,57	19,63	28,27	38,48	50,27
9,0	6,28	11,17	17,45	25,13	34,21	44,68
10,0	5,65	10,05	15,71	22,62	30,79	40,21
11,0	5,14	9,14	14,28	20,56	27,99	36,56
12,0	4,71	8,38	13,09	18,85	25,66	33,51
12,5	4,52	8,04	12,57	18,10	24,63	32,17
15,0	3,77	6,70	10,47	15,08	20,53	26,81
20,0	2,83	5,03	7,85	11,31	15,39	20,11
25,0	2,26	4,02	6,28	9,05	12,32	16,08
30,0	1,86	3,35	5,24	7,54	10,26	13,40

Beispiel ø 8 / 15cm:
Durch einen zweischnittigen Bügel geschnitten:
$2 \cdot A = 2 \cdot 0{,}5027 \text{ cm}^2 = 1{,}0053 \text{ cm}^2$
Pro Meter: 1,0053 cm^2 / 0,15 m = 6,70 cm^2/m

A3. 10: Bewehrungsstäbe lose verlegt pro m

Querschnitte von Flächenbewehrungen (z.B. Wände) a_S [cm²/m]									
Stababstand [cm]	Stabdurchmesser $\varnothing$ [mm]								
	6	8	10	12	14	16	20	25	28
5,0	5,65	10,05	15,71	22,62	30,79	40,21	62,83	98,17	-
6,0	4,71	8,38	13,09	18,85	25,66	33,51	52,36	81,81	102,63
7,0	4,04	7,18	11,22	16,16	21,99	28,72	44,88	70,12	87,96
7,5	3,77	6,70	10,47	15,08	20,53	26,81	41,89	65,45	82,10
8,0	3,53	6,28	9,82	14,14	19,24	25,13	39,27	61,36	76,97
9,0	3,14	5,59	8,73	12,57	17,10	22,34	34,91	54,54	68,42
10,0	2,83	5,03	7,85	11,31	15,39	20,11	31,42	49,09	61,58
12,5	2,26	4,02	6,28	9,05	12,32	16,08	25,13	39,27	49,26
15,0	1,88	3,35	5,24	7,54	10,26	13,40	20,94	32,72	41,05
20,0	1,41	2,51	3,93	5,65	7,70	10,05	15,71	24,54	30,79
25,0	1,13	2,01	3,14	4,52	6,16	8,04	12,57	19,63	24,63

Beispiel:

lose verlegte Einzelstäbe ø 8 / 15cm

ø8: A = 0,5027 cm² → 0,5027 cm² / 0,15 m = 3,35 cm²/m

A3. 11: Mattenbewehrung

Matten-bezeichnung	Länge / Breite	Matte in Längs- und Querrichtung		
		Stabab-stände	Stabdurch-messer Innen-bereich	Querschnitte längs quer
	[m]	[mm]	[mm]	[cm² / m]
Q 188		150 150	6,0 6,0	1,88 1,88
Q 257		150 150	7,0 7,0	2,57 2,57
Q 335	6,00 / 2,30	150 150	8,0 8,0	3,35 3,35
Q 424		150 150	9,0 9,0	4,24 4,24
Q 524		150 150	10,0 10,0	5,24 5,24
Q 636	6,00 / 2,35	100 125	9,0 10,0	6,36 6,28
R 188		150 250	6,0 6,0	1,88 1,13
R 257		150 250	7,0 6,0	2,57 1,13
R 335	6,00 / 2,30	150 · 250 ·	8,0 6,0	3,35 1,13
R 424		150 250	9,0 8,0	4,24 2,01
R 524		150 250	10,0 8,0	5,24 2,01

Tabelle gilt für Duktilitätsklassen A und B, i.d.R. keine Lagerhaltung für B500B (Duktilitätsklasse B), nur auf Anforderung gefertigt.

Duktilität bezeichnet die Eigenschaft eines Werkstoffes sich plastisch zu verformen.

Bewehrungseisen der Duktilitätsklasse B sind somit nachgiebiger.

Duktilitätsklasse A (übliche Anwendung)
Duktilitätswerte: $f_t/f_y = 1{,}05\,\%$, $\varepsilon_{uk} = 2{,}5\%$

Bezeichnung: B500A

Verhältnis Zugfestigkeit zur Streckgrenze: f_t/f_y

Duktilitätsklasse B
Duktilitätswerte: $f_t/f_y = 1{,}08\,\%$, $\varepsilon_{uk} = 5{,}0\%$

Bezeichnung: B500B

A3. 12: Größte Anzahl von Stäben in einer Lage

Die Werte dieser Tabelle beruhen auf einem Mindestabstand von 2 cm zwischen den Längseisen.

Balkenbreite	Durchmesser ø [mm]						
b [cm]	ø10	ø12	ø14	ø16	ø20	ø25	ø28
20	5	4	4	4	3	3	2
25	6	6	6	5	5	4	3
30	8	8	7	7	6	5	4
35	10	9	9	8	7	6	5
40	11	11	10	9	8	7	6
45	13	12	12	11	10	8	7
50	15	14	13	12	11	9	8
55	16	15	14	14	12	10	8
60	18	17	16	15	13	11	9
Bügeldurch-messer	≤ ø8				≤ ø10	≤ ø12	≤ ø16

Bei einer Betondeckung von $c_{nom} = 2{,}5$ cm

A3. 13: Traglastfunktion Φ für die Bemessung von Stahlbetonstützen

Für Rechteckprofile
Die ungewollte Ausmitte $e_i = l_0 / 400$ ist für $\lambda \le 86$ berücksichtigt.
$e_0 = M / N$

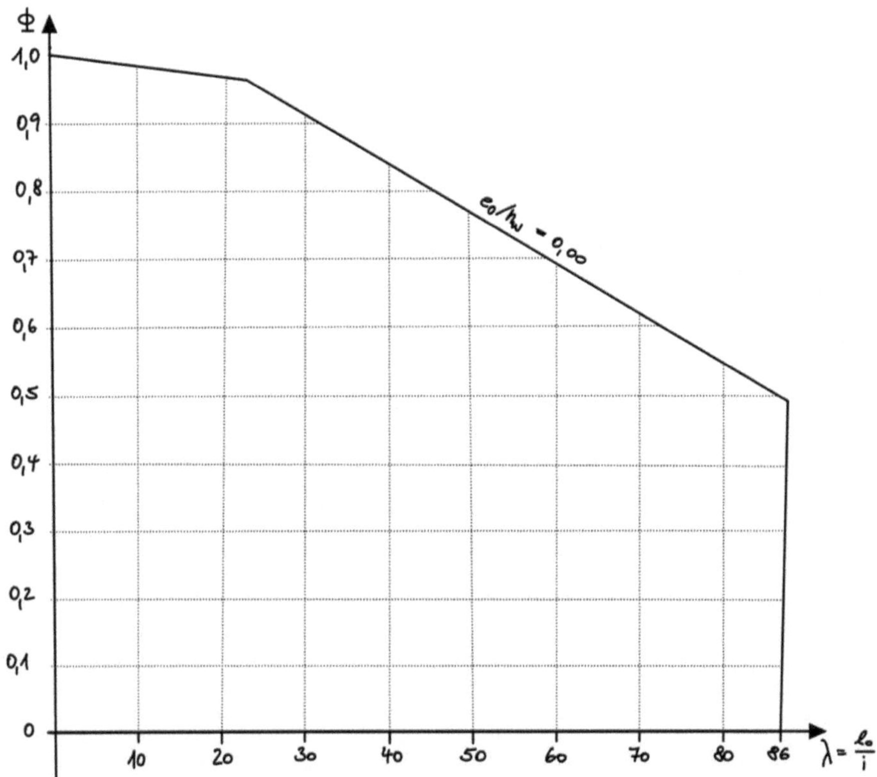

Berechnung der Werte in Anlehnung an DIN EN 1992-1-1/A1:2015:03 Abs. 6 Formel (12.11 + 12.12)

A3. 14: Bügelhaken

Die Hakenlänge gemäß DIN EN 1992 gewährleistet das Schließen der Bügel und damit die Aufnahme des Querdrucks aus den Längseisen. Für die Berechnung der Länge eines Bügels ist die Ausrundung im Bereich der Biegerolle zu berücksichtigen.

Haken			
Stabdurchmesser	Biegerollen-durchmesser	Haken	Länge: Haken + Ausrundung
ø < 20 mm	4 · ø	10 · ø aber ≥ 7 cm	12 · ø
ø ≥ 20 mm	7 · ø	10 · ø aber ≥ 7 cm	14 · ø

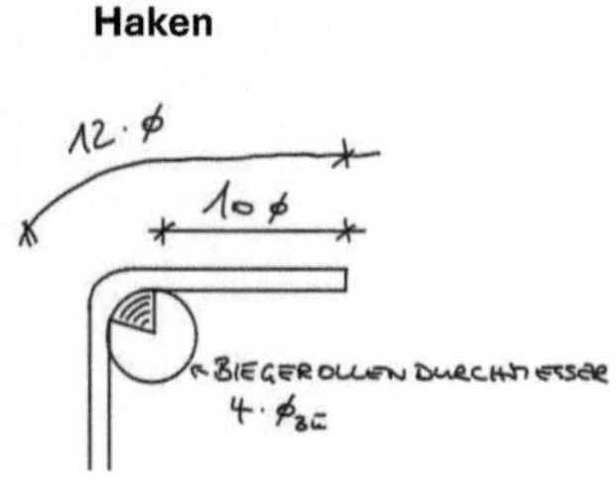

Beispiel ø < 20 mm :

$U = 2 \cdot r \cdot \pi = d \cdot \pi \rightarrow$ Umfang der Biegerolle = $4 \cdot \text{ø}_{Bü} \cdot 3{,}14.. \sim 12 \cdot \text{ø}_{Bü}$

Ausrundung der Bewehrung über der Biegerolle:

$\sim$ Umfang / 6 $= 12/6 \cdot \text{ø}_{Bü} = 2 \cdot \text{ø}_{Bü}$

Insgesamt $10 \cdot \text{ø} + 2 \cdot \text{ø} = 12 \cdot \text{ø}_{Bü}$

Winkelhaken			
Stabdurchmes-ser	Biegerollen-durchmesser	Winkelhaken	Länge: Haken + Ausrundung
ø < 20 mm	4 · ø	5 · ø aber ≥ 5 cm	8 · ø
ø ≥ 20 mm	7 · ø	5 · ø aber ≥ 7 cm	11 · ø

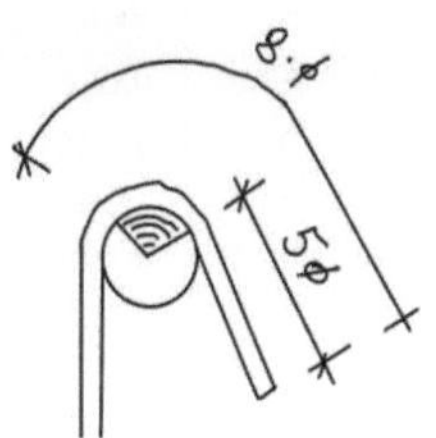

Beispiel ø < 20 mm :

$\sim$ Umfang / 4 $= 12/4 \cdot \text{ø}_{Bü} = 3\,\text{ø}_{Bü}$ $\rightarrow$ Insgesamt $5\,\text{ø} + 3\,\text{ø} = 8\,\text{ø}$

$\sim$ Umfang / 4 $= (\sim 8 \cdot 3{,}14)/4 \cdot \text{ø}_{Bü} \sim 6\,\text{ø}_{Bü}$ $\rightarrow$ Insgesamt $5\,\text{ø} + 6\,\text{ø} = 11\,\text{ø}$

Hakenlängen und Biegerollendurchmesser:
vgl. DIN EN 1992-1-1/NA:2013-04 Tabelle 8.1DE + NCI Zu 8.5, Bild 8.5

9.4 Anhang A4: Schnittkraftfaktoren für 2-Feld-Systeme

Tabelle 1: Eigenlast und/oder veränderliche Last auf beiden Feldern

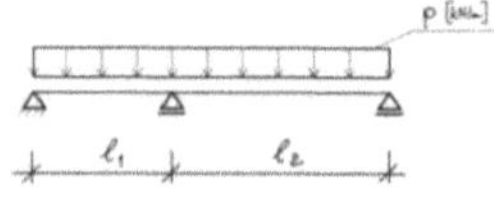

l_2/l_1	M_B	M_1	M_2	Q_{Bl}	Q_{Br}	A	C
1	-0,125	0,070	0,070	-0,625	0,625	0,375	0,375
1,1	-0,139	0,065	0,090	-0,639	0,676	0,361	0,424
1,2	-0,155	0,060	0,111	-0,655	0,729	0,345	0,471
1,3	-0,174	0,053	0,133	-0,674	0,784	0,326	0,516
1,4	-0,195	0,047	0,157	-0,695	0,839	0,305	0,561
1,5	-0,219	0,040	0,183	-0,719	0,896	0,281	0,604
1,6	-0,245	0,033	0,209	-0,745	0,953	0,255	0,646
1,7	-0,274	0,026	0,237	-0,774	1,011	0,226	0,689
1,8	-0,305	0,019	0,267	-0,805	1,069	0,195	0,731
1,9	-0,339	0,013	0,298	-0,839	1,128	0,161	0,772
2,0	-0,375	0,008	0,330	-0,875	1,188	0,125	0,813
2,1	-0,414	0,004	0,364	-0,914	1,247	0,086	0,853
2,2	-0,455	0,001	0,399	-0,955	1,307	0,045	0,893
2,3	-0,499	0,000	0,435	-0,999	1,367	0,001	0,933
2,4	-0,545	negv.	0,473	-1,045	1,427	-0,045	0,973
2,5	-0,594	negv.	0,513	-1,094	1,488	-0,094	1,013

Formeln:

$$M = TW \cdot p \cdot (l_1)^2$$
$$F = TW \cdot p \cdot l_1$$

Es gilt:

TW $\triangleq$ Tabellenwert
F $\triangleq$ A, C, Q_B oder Q_{Bl}
M $\triangleq$ Biegemoment
p $\triangleq$ g, q, s, w etc.
l_1 ist immer die kürze Feldlänge

Tabelle 2: Veränderliche Last nur auf Feld 1

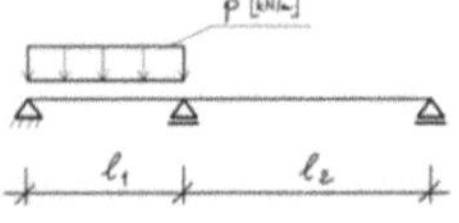

Tabelle 3: Veränderliche Last nur auf Feld 2

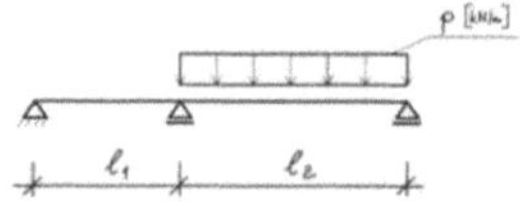

l_2/l_1	M_B	M_1	A	Q_{Bl}	Q_{Br}	C	M_B	M_2	A	Q_{Bl}	Q_{Br}	C
1	-0,063	0,096	0,438	-0,563	0,063	-0,063	-0,063	0,096	-0,063	-0,063	0,563	0,438
1,1	-0,060	0,097	0,441	-0,560	0,054	-0,054	-0,079	0,114	-0,079	-0,079	0,622	0,478
1,2	-0,057	0,098	0,443	-0,557	0,047	-0,047	-0,098	0,134	-0,098	-0,098	0,682	0,518
1,3	-0,054	0,099	0,446	-0,554	0,042	-0,042	-0,119	0,156	-0,119	-0,119	0,742	0,558
1,4	-0,052	0,100	0,448	-0,552	0,037	-0,037	-0,143	0,179	-0,143	-0,143	0,802	0,598
1,5	-0,050	0,101	0,450	-0,550	0,033	-0,033	-0,169	0,203	-0,169	-0,169	0,863	0,638
1,6	-0,048	0,102	0,452	-0,548	0,030	-0,030	-0,197	0,229	-0,197	-0,197	0,923	0,677
1,7	-0,046	0,103	0,454	-0,546	0,027	-0,027	-0,228	0,257	-0,228	-0,228	0,984	0,716
1,8	-0,045	0,104	0,455	-0,545	0,025	-0,025	-0,260	0,285	-0,260	-0,260	1,045	0,755
1,9	-0,043	0,104	0,457	-0,543	0,023	-0,023	-0,296	0,316	-0,296	-0,296	1,106	0,794
2,0	-0,042	0,105	0,458	-0,542	0,021	-0,021	-0,333	0,347	-0,333	-0,333	1,167	0,833
2,1	-0,040	0,106	0,460	-0,540	0,019	-0,019	-0,373	0,380	-0,373	-0,373	1,228	0,872
2,2	-0,039	0,106	0,461	-0,539	0,018	-0,018	-0,416	0,415	-0,416	-0,416	1,289	0,911
2,3	-0,039	0,107	0,462	-0,538	0,017	-0,017	-0,461	0,451	-0,461	-0,461	1,350	0,950
2,4	-0,037	0,107	0,463	-0,537	0,015	-0,015	-0,508	0,488	-0,508	-0,508	1,412	0,988
2,5	-0,036	0,108	0,464	-0,536	0,014	-0,014	-0,558	0,527	-0,558	-0,558	1,473	1,027

Literaturverzeichnis

Grundlagen der Tragwerksplanung (Bemessungssituationen)
DIN EN 1990-1-1:2010-12, Eurocode: Grundlagen der Tragwerksplanung
DIN EN 1990-1-1/NA:2010-12, Nationaler Anhang –Eurocode: Grundlagen der Tragwerksplanung

Sicherheitsfaktoren
DIN EN 1990-1-1/NA/A1:2024-05, Nationaler Anhang –Eurocode: Grundlagen der Tragwerksplanung; Änderung A1

Lasten
DIN EN 1991-1-1:2010-12, Eurocode 1: Einwirkungen auf Tragwerke – Teil 1-1: Allgemeine Einwirkungen auf Tragwerke – Wichten, Eigengewicht und Nutzlasten im Hochbau

DIN EN 1991-1-1/NA:2010-12 Nationaler Anhang – Eurocode 1: Einwirkungen auf Tragwerke – Teil 1-1: Allgemeine Einwirkungen auf Tragwerke – Wichten, Eigengewicht und Nutzlasten im Hochbau

Schneelasten
DIN EN 1991-1-3:2010-12, Eurocode 1: Einwirkungen auf Tragwerke – Teil 1-3: Allgemeine Einwirkungen, Schneelasten

DIN EN 1991-1-3/NA:2019-04, Nationaler Anhang – Eurocode 1: Einwirkungen auf Tragwerke –T eil 1-3: Allgemeine Einwirkungen – Schneelasten

DIN EN 1991-1-3/A1:2015-12, Eurocode 1 – Einwirkungen auf Tragwerke – Teil 1-3: Allgemeine Einwirkungen – Schneelasten

Windlasten
DIN EN 1991-1-4:2010-12, Eurocode 1: Einwirkungen auf Tragwerke – Teil 1-4: Allgemeine Einwirkungen – Windlasten

DIN EN 1991-1-4/NA:2010-12, Nationaler Anhang – Eurocode 1: Einwirkungen auf Tragwerke – Teil 1-4: Allgemeine Einwirkungen – Windlasten

Stahlbeton
DIN EN 1992-1-1:2011-01, Eurocode 2: Bemessung und Konstruktion von Stahlbeton- und Spannbetontragwerken – Teil 1-1: Allgemeine Bemessungsregeln und Regeln für den Hochbau

(hier: Sicherheitsbeiwerte, Expositionsklassen etc. im Stahlbetonbau)
DIN EN 1992-1-1/NA:2013-04 Nationaler Anhang – Eurocode 2: Bemessung und Konstruktion von Stahlbeton- und Spannbetontragwerken – Teil 1-1: Allgemeine Bemessungsregeln und Regeln für den Hochbau

(hier: Stützenbemessung siehe Kapitel 8.9)
DIN EN 1992-1-1/A1:2015-03, Nationaler Anhang – Eurocode 2: Bemessung und Konstruktion von Stahlbeton- und Spannbetontragwerken – Teil 1-1: Allgemeine Bemessungsregeln und Regeln für den Hochbau; Änderung A1

Stahlbemessung
DIN EN 1993-1-1:2010-12, Eurocode 3: Bemessung und Konstruktion von Stahlbauten – Teil 1-1: Allgemeine Bemessungsregeln und Regeln für den Hochbau

(hier: Teilsicherheitsbeiwerte)
DIN EN 1993-1-1/NA:2022-10, Nationaler Anhang – Eurocode 3: Bemessung und Konstruktion von Stahlbauten – Teil 1-1: Allgemeine Bemessungsregeln und Regeln für den Hochbau

Holzbemessung
DIN EN 1995-1-1:2010-12, Eurocode 5: Bemessung und Konstruktion von Holzbauten – Teil 1-1: Allgemeines – Allgemeine Regeln und Regeln für den Hochbau

DIN EN 1995-1-1/NA:2013-08, Nationaler Anhang – National festgelegte Parameter – Eurocode 5: Bemessung und Konstruktion von Holzbauten – Teil 1-1: Allgemeines – Allgemeine Regeln und Regeln für den Hochbau

DIN EN 1995-1-1/A2:2014-07: Eurocode 5: Bemessung und Konstruktion von Holzbauten – Teil 1-1: Allgemeines – Allgemeine Regeln und Regeln für den Hochbau

Deutsches Institut für Normung e. V., Am DIN-Platz, Burggrafenstraße 6, 10787 Berlin, dann den Beuth Verlag

© Der/die Herausgeber bzw. der/die Autor(en), exklusiv lizenziert an
Springer Fachmedien Wiesbaden GmbH, ein Teil von Springer Nature 2025
B. Uerek, *Dimensionierung von Holz-, Stahl- sowie Stahlbetonprofilen*,
https://doi.org/10.1007/978-3-658-48702-7

Sachwortverzeichnis

© Der/die Herausgeber bzw. der/die Autor(en), exklusiv lizenziert an
Springer Fachmedien Wiesbaden GmbH, ein Teil von Springer Nature 2025
B. Uerek, *Dimensionierung von Holz-, Stahl- sowie Stahlbetonprofilen*,
https://doi.org/10.1007/978-3-658-48702-7

MIX
Papier aus verantwortungsvollen Quellen
Paper from responsible sources
FSC® C105338

If you have any concerns about our products,
you can contact us on
ProductSafety@springernature.com

In case Publisher is established outside the EU,
the EU authorized representative is:
Springer Nature Customer Service Center GmbH
Europaplatz 3, 69115 Heidelberg, Germany

Printed by Libri Plureos GmbH
in Hamburg, Germany